Nota:

La medicina es una ciencia en constante cambio, conforme surgen nuevos conocimientos se requieren ajustes a la terapéutica. Los que participamos en el presente proyecto nos hemos esforzado para que los cuadros e información presentados sean actuales. Sin embargo ante los posibles cambios en la medicina y ante el error humano no se garantiza que la información sea precisa o completa, ni tampoco responsables de errores u omisiones, ni de los resultados de que con dicha información se obtengan.

Prohibida la reproducción total o parcial de esta obra, por cualquier medio, sin autorización escrita del editor.

http://www.medicinainterna.com.mx

INDICE

CAPITULO 1. CARDIOLOGIA 17
  1.1 INSUFICIENCIA CARDIACA 17
    1.1.1 Clasificación funcional de las cardiopatías según la New York Heart Association (NYHA). 17
    1.1.2 Clasificación clínica de las cardiopatías según la New York Heart Association. 17
    1.1.3 Clasificación de Forrester de la Insuficiencia Cardiaca en el I.A.M. 17
    1.1.4 Clasificación de la Insuficiencia Cardiaca de Killip-Kimball. 18
    1.1.5 Criterios de Framingham para el diagnóstico de la Insuficiencia Cardiaca. 18
    1.1.6 Clasificación de los factores relevantes en la predicción de la supervivencia en la Insuficiencia Cardiaca. 18
  1.2 CARDIOPATIA ISQUEMICA 19
    1.2.1 Clasificación de la Angina de pecho de Braunwald. 19
    1.2.2 Clasificación de la angina según la Canadian Cardiovascular Society. 19
    1.2.3 Clasificación de la Angina según la Sociedad Española de Cardiología (SEC). 19
    1.2.4 Criterios Modificados de Sgarbossa para diagnostico de IAM en presencia de bloqueo de rama izquierda. 19
    1.2.5 Estratificación del riesgo en la angina inestable. 20
    1.2.6 Riesgo de muerte o de IAM no fatal a corto plazo en pacientes con angina inestable. 20
    1.2.7 Comparación de IAM anterior vs inferior. 21
    1.2.8 Correlación del Infarto del Miocardio con el vaso dañado. ...22
    1.2.9 Clasificación Clinica del infarto del miocardio. 22
    1.2.10 Clasificación Topográfica del infarto del miocardio. 22
    1.2.11 Clasificación de IAM basada en EKG de Presentación y Correlación Angiográfica 23
    1.2.12 Grados TIMI de reperfusión. 23
    1.2.13 Clasificación y caracterización de la muerte cardiaca súbita (M.C.S.). 24
    1.2.12 Clasificación de las lesiones coronarias. 25
    1.2.13 Predictores basales de oclusión aguda postangioplastía. ...25
    1.2.14 Clasificación de las lesiones coronarias. 26
    1.2.15 Predictores basales de oclusión aguda postangioplastía. ...26
    1.2.16 Resultados de pruebas no invasivas que predicen alto riesgo de eventos adversos en pacientes isquemicos. 27
    1.2.17 Score de riesgo TIMI para Infarto del Miocardio con Elevacion del ST (STEMI). 27
    1.2.18 Biomarcadores cardiacos de daño miocardico. 28

1.3.1 Clasificación clínica de las miocardiopatías. 29
1.3.2 Clasificación de las miocardiopatías según su presentación clínica. 29
1.3.3 Clasificación de las miocardiopatías según la OMS. 30
1.3.4 Criterios ECG para el diagnóstico definitivo de Hipertrofia Ventricular Izquierda. 30
1.3.5 Criterios diagnósticos de las alteraciones del pericardio 30
1.4 HIPERTENSION ARTERIAL 31
    1.4.1 Clasificación del JNC 8. 31
    1.4.2 Clasificación de Keith y Wagener para retinopatía hipertensiva. 31
    1.4.3 Clasificación de las crisis hipertensivas. 31
1.5 ARRITMIAS 32
    1.5.1 Clasificación de las arritmias cardiacas. 32
    1.5.2 CHADS2 score para riesgo de tromboembolismo en fibrilación auricular. 32
    1.5.3 CHA2DS2-VASc score para riesgo de Stroke y tromboembolismo en fibrilación auricular. 33
    1.5.4 Clasificación de las arritmias ventriculares jerarquizadas por su frecuencia y su forma. 33
    1.5.5 Conducción aberrante vs ectopia ventricular. 33
    1.5.6 Clasificación de las Extrasístoles ventriculares según Lown y Wolf. 34
    1.5.7 Origen de los ocho patrones básicos del ritmo cardiaco. 34
    1.5.8 Criterios electrocardiográficos utilizados para el diagnóstico de Taquicardia Ventricular (TV). 35
    1.5.9 Criterios de Brugada para el diagnóstico de Taquicardia Ventricular (TV). 36
    1.5.10 Criterios morfológicos para Taquicardia Ventricular. 36
    1.5.12 Clasificación de Vaughan-Williams de los fármacos antiarritmicos. 37
    1.5.13 Ritmos comunes en electrocardiografía. 37
1.6 PATOLOGIA VASCULAR 40
    1.6.1 Clasificación de los aneurismas aórticos 40
    1.6.2 Clasificación de Debakey de la disección aórtica 40
    1.6.3 Clasificación de Stanford de la disección aórtica. 40
    1.6.4 Clasificación de Crawford de los aneurismas toraco-abdominales. 40
    1.6.5 Clasificación funcional de Leriche y Fontaine de la isquemia crónica de miembros inferiores. 40
    1.6.6 Clasificación Clínica de Insuficiencia Venosa: CEAP classification. 41
1.7 RIESGO QUIRURGICO 42
    1.7.1 Estimación preoperatoria del riesgo en cirugía cardíaca, Newark Beth Israel Medical Center. 42

1.7.2 Indice de riesgo para mortalidad, tiempo de estancia en UCI y tiempo de estancia postoperatoria. Ontario, Canadá 43
1.7.3 Valoración del riesgo quirúrgico de Roques. 44
1.7.4 Clases del estado físico de la American Society of Anesthesiologists (ASA) 44
1.7.5 Valoración del riesgo quirúrgico de PONS. 45
1.7.6 Indice de calculo de riesgo operatorio (Goldman) 46
1.7.7 Indice de Detsky modificado de riesgo cardiaco. 46
1.7.8 Valor predictivo de las complicaciones cardiacas. 47
1.7.9 Escala de Torrington y Henderson para riesgo respiratorio. .. 47
1.7.10 Clasificación del Choque Hipovolemico. 47
1.7.11 Riesgo tromboembólico. 48
1.7.12 Score de Wells para riesgo de Tromboembolia Pulmonar (TEP). 48
1.7.13 Modelo Clínico para predecir la probabilidad de Trombosis Venosa Profunda (TVP). 49
1.7.14 Riesgo Cardiovascular por Framingham (cálculo de sufrir un accidente cardiovascular en los próximos diez años). 49
1.7.15 Geneva score simplificada para riesgo de Tromboembolia Pulmonar (TEP). 50
1.7.16 Predictores clínicos de aumento del riesgo cardiovascular perioperatorio (IAM, ICC, muerte). 51
1.8 OTRAS CLASIFICACIONES EN CARDIOLOGIA 52
1.8.1 Predictores de mortalidad tras intentos de RCP. 52
1.8.2 Criterios de suspensión de RCP. 52
1.8.3 Clasificación de la intensidad de los soplos cardiacos según Levine. 52
1.8.4 Criterios de inclusión y exclusión en programa de trasplante cardiaco. 53
1.8.5 Evaluación y criterios del donante cardiaco. 53
1.8.6 Clasificación del rechazo agudo a trasplante cardiaco. 53

CAPITULO 2. NEUMOLOGIA 55

2.1 INSUFICIENCIA RESPIRATORIA 55
2.1.1 Clasificación de la Insuficiencia Respiratoria Aguda. 55
2.1.2 Clasificación de EPOC basado en el FEV1. 55
2.1.3 Sistema de estadificación GOLD para severidad de EPOC. 55
2.1.4 Indice de severidad de daño pulmonar. 56
2.1.5 Factores de riesgo de desarrollo de complicaciones respiratorias postoperatorias. 56
2.1.6 Neumonias véase capitulo5.3 NEUMONIA 56
2.2 SINDROME DE DISTRESS RESPIRATORIO DEL ADULTO 57
2.2.1 Criterios para el diagnóstico de SDRA. 57
2.2.2 Sistema de puntuación de Murray del SDRA. 57

2.2.3 Sistema de puntuación de Ginebra del SDRA.........................58
2.2.4 Sistema de puntuación Euroxy Study del SDRA......................58
2.2.5 Sistema de puntuación del SDRA, Massachusetts General Hospital...58
2.2.6 Criterios diagnósticos de lesión pulmonar aguda secundaria a transfusión (TRALI: transfusión-related acute lung injury)...............58
2.3 ASMA 59
2.3.1 Clasificación por nivel de control del asma........................59
2.3.2 Valoración Clínica Del Estatus Asmático..............................59
2.3.3 Valoración Gasométrica Del Estatus Asmático....................60
2.3.4 Valoración Funcional Del Estatus Asmático........................60
2.3.5 Criterios Diagnósticos De Asma Grave.................................60
2.3.6 Criterios De Intubación En Asma Grave..............................60
2.4 VENTILACION MECANICA..61
2.4.1 Clasificación de las funciones básicas de los Sistemas De Ventilación Mecánica...61
2.4.2 Parámetros mínimos para el retiro de ventilador................62
2.4.3 Parámetros gasometricos mínimos para retiro de ventilador. 62
2.4.4 Otros criterios de desconexión de la Ventilación Mecánica...63
2.4.5 Criterios de fracaso del tubo en T previo a la desconexión de la ventilación mecánica...63
2.4.6 Criterios de exito en la desconexión de la Ventilación Mecánica (Indice de Tobin)...63
2.5 DERRAME PLEURAL Y EMPIEMA 64
2.5.1 Criterios de Light para derrame pleural exudativos..............64
2.5.2 Criterios ATS/ERS para el diagnóstico de fibrosis pulmonar idiopática (FPI) en ausencia de biopsia pulmonar quirúrgica..........64
2.5.3 Clasificación y tratamiento del derrame pleural y empiema según Light..65
2.6 SINDROME DEL EMBOLISMO GRASO 66
2.6.1 Escala de Shier para el riesgo de Síndrome de Embolismo Graso. 66
2.6.2 Criterios diagnósticos de Síndrome de Embolismo Graso......66
2.6.3 Criterios de Gurds para el diagnóstico de Síndrome de Embolismo Graso..66
2.7 OTRAS CLASIFICACIONES EN NEUMOLOGIA 67
2.7.1 Clasificación de las Bronquiectasias de Reid.........................67
2.7.2 Sistema de cruces en la Baciloscopía....................................67
2.7.3 Criterios del candidato a trasplante pulmonar......................67
2.7.4 Criterios de selección del donante de pulmón......................67
2.7.5 Clasificación de personas expuestas a/o infectadas con M. tuberculosis..68
2.7.6 Criterios fisiológicos para escoger los candidatos a trasplante pulmonar...69

CAPITULO 3. GASTROENTEROLOGIA 71
   3.1 HEMORRAGIA DIGESTIVA 71
      3.1.1 Valoración clínica de la hemorragia digestiva. 71
      3.1.2 Score de Rockall para hemorragia digestiva alta. 71
      3.1.3 Score de Glasgow-Blatchford para hemorragia digestiva alta.
      72
      3.1.4 Factores de pronóstico adverso en la hemorragia por úlcera
      péptica. 72
      3.1.5 Clasificación endoscópica de las úlceras gastroduodenales
      después de hemorragia reciente: prevalencia y tasa de resangrado.
      73
      3.1.6 Clasificación de Forrest: signos endoscópicos de valor
      pronóstico. 73
      3.1.7 Clasificación de Roma III de los Trastornos Funcionales
      Digestivos del adulto. 73
      3.1.8 Criterios Diagnósticos de Roma III. 74
   3.2 FRACASO HEPATICO. 76
      3.2.1 Estratificación del riesgo en el fracaso hepático agudo 76
      3.2.2 Clasificación pronóstica de la Cirrosis Hepática de Child-
      Campbell. 76
      3.2.3 Clasificación de la cirrosis hepática de Child-Pugh. 76
      3.2.4 Criterios de Trey para valoración de la encefalopatía hepática.
      76
      3.2.5 Criterios de West-Haven para la valoración del estado mental
      en la encefalopatía hepática. 77
      3.2.6 Encefalopatia Portosistemica. 77
      3.2.7 Criterios diagnósticos de síndrome hepatorrenal. 78
      3.2.8 Criterios Diagnósticos de Sindrome Hepatorrenal
      (International Club of Ascitis). 78
      3.2.9 Definición de Sindrome Hepatorrenal (International Club of
      Ascitis). 79
      3.2.10. Diagnóstico diferencial de Ascitis. 79
   3.3 HEPATITIS 80
      3.3.1 Perfil serológico de las hepatitis agudas. 80
      3.3.2 Perfil serológico de la hepatitis aguda por virus B. 80
      3.3.3 Diagnostico de enfermedad hepatica. 80
      3.3.4 Criterios diagnósticos de hepatitis autoinmune. 81
      3.3.5 Sistema de puntuación para realizar diagnóstico de hepatitis
      autoinmunes atípicas en adultos 82
      3.3.6 Criterios de gravedad en hepatitis alcohólica (Maddrey, MELD
      y Glasgow). 83
      3.3.7 Escala de Glasgow para hepatopatía alcohólica. 83
   3.4 PATOLOGIA INTESTINAL 84

3.4.1 Criterios para la evaluación de la gravedad de la colitis ulcerosa. 84
3.4.2 Criterios Diagnósticos del Megacolon Tóxico. 84
3.4.3 Criterios de Fazio de toxicidad en el megacolon tóxico. 84
3.4.4 Criterios de Jalan de toxicidad en el megacolon tóxico 84
3.4.5 Criterios de gravedad en el ataque de colitis del megacolon tóxico. 85
3.5 OTROS. 86
 3.5.1 Criterios diagnósticos del lavado peritoneal. 86
 3.5.2 Criterios clínicos diferenciales entre Peritonisis bacteriana secundaria y Espontánea por lavado peritoneal diagnóstico. 86
 3.5.3 Criterios para el trasplante de hígado en el fracaso hepático fulminante. King's College Hospital, Londres. 86
 3.5.4 Condiciones para el trasplante hepático. 87
 3.5.5 Clasificación de la función hepática después del injerto. 87

CAPITULO 4. TERAPIA INTENSIVA 89

4.1 PANCREATITIS AGUDA. 89
 4.1.1 Clasificación de la Pancreatitis Aguda basada en la clínica. conferencia de consenso Atlanta 1992. 89
 4.1.2 Clasificación de Balthazar: valoración morfológica de las pancreatitis agudas según la TAC. 91
 4.1.3 Valoración de la severidad de la pancreatitis aguda por TAC. 91
 4.1.4 Factores pronósticos en la pancreatitis aguda criterios de Glasgow. 91
 4.1.5 Criterios de gravedad en la pancretitis aguda por punción lavado. 92
 4.1.6 Factores pronósticos en la pancreatitis aguda, criterios de Ranson. 92
4.2 FRACASO ORGANICO 93
 4.2.1 Valoración del fracaso multiorgánico relacionado con la sepsis: sepsis-related organ failure assessment (SOFA). 93
 4.2.2 Criterios de Faist del fracaso orgánico. 93
 4.2.3 Valoración de la disfunción multiorgánica (SDMO). 94
 4.2.4 Criterios de TRAN y CUESTA según la insuficiencia de sistemas orgánicos. 94
 4.2.5 Criterios de Knaus del fracaso orgánico (OFS). 95
 4.2.6 Criterios de fallo orgánico de Deitch. 96
 4.2.7 Criterios de Goris del fracaso orgánico. 97
4.3 POLITRAUMATIZADOS 98
 4.3.1 Trauma score. 98
 4.3.2 Trauma score revisado (RTS). 98
 4.3.3 Escala abreviada de los traumatismos (AIS-85). 98

4.3.4 Injury severity score (ISS). 99
4.3.5 Escala del coma de Glasgow (GCS). 100
4.3.6 Escala del coma de Glasgow al alta. 100
4.3.7 Clasificación de los traumatismos craneoencefálicos. 101
4.3.8 Clasificación de las lesiones craneoencefálicas según la TAC.
... 101
4.3.9 Clasificación tomográfica del traumatismo craneo-encefálico según el National Traumatic Coma Data Bank (TCDB). 101
4.3.10 Indice de severidad de traumatismo grave. 102
4.3.11 Clasificación de moore de los traumatismos hepáticos. 102
4.3.12 Criterios diagnósticos del lavado peritoneal en traumatismos abdominales. 103
4.3.13 Criterios de inestabilidad de la columna vertebral. 103
4.3.14 Clasificación de las lesiones medulares. 104
4.3.15 Criterios radiológicos sugerentes de inestabilidad de la columna vertebral. 104

CAPITULO 5. INFECTOLOGIA..105

5.1 CONFERENCIA DEL CONSENSO ACCP/ SCCM 105
5.1.1 Tercer consenso internacional para la definición de sepsis y shock séptico (Sepsis 3). 105
5.2 INFECCIONES NOSOCOMIALES 107
5.2.1 Criterios diagnósticos de infección nosocomial (C.D.C.). 107
5.2.2 Causas de fiebre en la UCI. 113
5.3 NEUMONIA 114
5.3.1 Criterios diagnósticos de neumonía grave adquirida en la comunidad (ATS/IDSA). 114
5.3.2 Etiologías más comunes de neumonía adquirida en la comunidad. 114
5.3.3 Clasificación de la American Thoracic Asociation (ATS) para neumonía adquirida en la comunidad. 115
5.3.4 Neumonía nosocomial: escala de valoración clínica de la infección pulmonar (Clinical Pulmonary Infection Score, CPIS). 115
5.3.5 Calculo del pronostico CURB-65. 115
5.3.6 Escala PSI/PORT (Pneumonia Severity Index/Pneumonia Outcomes Research Team). 116
5.4 ENDOCARDITIS..118
5.4.1 Criterios diagnósticos de endocarditis infecciosa (EI). 118
5.4.2 Criterios de ingreso en UCI de pacientes con endocarditis infecciosa. 119
5.5 INFECCIONES DEL SNC...120
5.5.1 Criterios diagnósticos de los hallazgos de laboratorio en LCR.
... 120
5.5.2 Criterios diagnósticos del líquido cefalo-raquideo. 120

 5.5.3 Fisiopatología del Abceso cerebral. 120
 5.5.4 Criterios de ingreso en uci de pacientes con meningitis
 bacteriana. 121
 5.5.5 Criterios diagnósticos en las infecciones de los espacios
 cervicales profundos. 122
 5.5.6 Clasificación del tétanos generalizado. 122
 5.6 VIH 123
  5.6.1 Clasificación CDC revisada de la infección y vigilancia de
  infección por vih en adultos y adolescentes. 123
  5.6.2 Criterios para inicio de terapia ARV. 124
  5.6.3 Recomendaciones del Panel on Antiretroviral Guidelines for
  Adults and Adolescents. 124
  5.6.4 Criterios para interpretación del Western Blot. 125
  5.6.5 Estadificación del Sarcoma de Kaposi TIS del National Institute
  of Allergy and Infectious Diseases AIDS Clinical Trial Group. 126
 5.7 OTROS. 127
  5.7.1 Síndrome del shock tóxico. 127
  5.7.1 Síndrome del shock tóxico. 127
  5.7.2 Criterios sugerentes de sepsis por catéter. 128

TEMA 6. NEUROLOGIA **129**

 6.1 DEPRESION DE CONCIENCIA 129
  6.1.1 Clasificación fisiopatológica del coma. 129
  6.1.2 Puntuación de Pittsburgh para valoración del tronco cerebral.
  129
  6.1.3 Reflejos del tallo cerebral. 129
  6.1.4 Clasificación de los estados confusionales agudos. 130
  6.1.5 Clasificación de efectos de toxicos en el SNC (Reed L). 130
  6.1.6 Criterios diagnósticos de encefalopatía metabólica. 131
  6.1.7 Score ABCD2 para Ataque Isquemico Transitorio. 131
  6.1.8 Sistema Oxford de clasificación del ACV. 132
  6.1.9 Escala ROSIER (Recognition of Stroke in the Emergency
  Room). 132
  6.1.10 Escala FAST (Functional Assessment Staging). 132
  6.1.11 Escala de Accidente Vascular Cerebral de los National
  Institutes of Health. 133
  6.1.12 Escala de isquemia de Hachinski. 133
  6.1.13 Escala de Rankin. 134
  6.1.14 La Escala Global del Deterioro para la Evaluación de la
  Demencia Primaria Degenerativa (GDS) (también conocida como la
  Escala de Reisberg). 134
 6.2 CONVULSIONES 136
  6.2.1 Clasificación clínica del estatus epiléptico. 136
  6.2.2 Clasificación de las crisis epilépticas. 136

6.3 HEMORRAGIA SUBARACNOIDEA 137
    6.3.1 Clasificación de la hemorragia subaracnoidea de Hunt y Hess. 137
    6.3.2 Escala pronóstica de la hemorragia subaracnoidea de botterell. 137
    6.3.3 Clasificación de Fisher de la hemorragia subaracnoidea. 137
    6.3.4 Severidad de la hemorragia subaracnoidea. 137
    6.3.5 Reglas de decisión clínica para identificar pacientes con alto riesgo de hemorragia subaracnoidea. 138
6.4 EXPLORACION NEUROLOGICA 139
    6.4.1 Exploración neurológica. 139
    6.4.2 Exploración de pares craneales. 139
    6.4.3 Transtornos motores. 140
    6.4.4 Niveles de principales Dermatomas. 142
    6.4.5 Inervación de los segmentos espinales y músculos. 143
    6.4.6 Ramas de la Arteria carótida externa 143
    6.4.7 Ramas de la carótida interna 144
    6.4.8 Segmentos de la arteria carótida interna. 144
    6.4.9 Arteria cerebral anterior. 145
    6.4.10 Arteria cerebral media 145
    6.4.11 Arteria basilar 145
    6.4.12 Arteria cerebral posterior. 146
    6.4.13 Arteria vertebral 146
    6.4.14 Cápsula interna. 147
    6.4.15 Vías en pedúnculos cerebelosos. 147
    6.4.16 Sindromes cerebelosos. 148
    6.4.17 Cambios en el flujo cerebral. 148
    6.4.18 Generalidades del metabolismo cerebral. 148
    6.4.19 Características del líquido cefalorraquídeo. 149
    6.4.20 Areas de Brodmann y características de lesiones. 149
6.5 OTRAS CLASIFICACIONES EN NEUROLOGIA. 151
    6.5.1 Clasificación de Osserman para Miastenia Gravis. 151
    6.5.2 Criterios Diagnósticos para Neuropatia de pequeñas fibras. 151
    6.5.3 Criterios de McDonald para diagnóstico de Esclerosis Multiple (Revisión 2010). 152
    6.5.4 Criterios neurológicos para la determinación de muerte cerebral (U.S. Guidelines) 153
    6.5.5 Escala PD-CQ/FS (Parkinson's Disease-Cognitive Questionnaire and Functional Scale) 154

CAPITULO 7. NEFROLOGIA 155
    7.1 FRACASO RENAL 155

7.1.1 Criterios diagnósticos de los principales síndromes en nefrología. 155
7.1.2 Criterios diagnósticos típicos en situaciones que causan FRA. 156
7.1.3 Clasificación del fracaso renal agudo. 156
7.1.4 Criterios diagnósticos de fracaso renal agudo. 157
7.1.5 Factores asociados con recuperación de la función renal tras fracaso renal agudo. 159
7.1.6 Factores de riesgo asociados a nefropatía por radiocontraste. 160
7.1.7 Estadios de Insuficiencia Renal Crónica (KDOQI). 160
7.1.8 Criterios RIFLE para Insuficiencia Renal Aguda (IRA). 160
7.1.9 Criterio Diagnóstico para Lesión Renal Aguda (AKIN: Acute Kidney Injury Network). 161
7.1.10 Clasificación/Estadificación de Lesión Renal Aguda (AKIN: Acute Kidney Injury Network). 161
7.1.11 Criterios de selección e identificación del donante renal. ...161

CAPITULO 8. ENDOCRINO Y METABOLISMO 163

8.1 DIABETES MELLITUS 163
    8.1.1 Criterios para el diagnostico de Diabetes Mellitus. 163
    8.1.2 Criterios para el diagnostico de Riesgo de Diabetes (Prediabates). 163
    8.1.3 Diagnostico de la diabetes mellitus gestacional. 163
    8.1.4 Clasificación de la diabetes mellitus. 164
    8.1.5 Estadios de la Diabetes tipo 1. 164
    8.1.6 Correlación entre la Hemoglobina Glucosilada y concentración de Glucosa Plasmática. 165
    8.1.7 Insulinas disponibles de forma común en el mercado. 165
    8.1.8 Clasificación de Wagner para las ulceras diabéticas. 165
    8.1.9 Clasificación de la Universidad de Texas para Úlceras en Pie Diabético. 166
    8.1.10 Correlación Clasificaciones PEDIS, IDSA y San Elian para pié diabético. 167
    8.1.11 Escala Internacional de la gravedad clínica de la retinopatía diabética (RD) 167
8.2 HIPERLIPEMIAS 168
    8.2.1 Clasificación de las hiperlipidemias de Fredrickson. 168
8.3 TRANSTORNOS HIDROELECTROLITICOS Y ACIDOBASICOS 168
    8.3.1 Criterios diagnósticos del síndrome de secreción inapropiada de ADH (SSIADH). 168
    8.3.2 Criterios electrocardiográficos de hipokaliemia. 168
    8.3.3 Clasificación clínica de la acidosis láctica. 169
8.4 CATABOLISMO Y PATOLOGIA AMBIENTAL 170

8.4.1 Grados de estrés metabólico. 170
8.4.2 Clasificación de la hipotermia. 170
8.5 REQUERIMIENTOS BASALES 171
    8.5.1 Necesidades caloricas. 171
    8.5.2 Requerimientos basales diarios. 171
    8.5.3 Perdida de electrolitos. 171
8.6 OTROS CRITERIOS. 172
    8.6.1 Criterios para Síndrome de Secreción Inapropiada de Hormona Antidiurética (SIADH). 172
    8.6.2 Criterios Diagnósticos para Tormenta Tiroidea. 172

CAPITULO 9. HEMATOLOGIA, DERMATOLOGIA. 173

9.1 HEMATOLOGIA 173
    9.1.1 Clasificación de las alteraciones hemostáticas y las causas de sangrado patológico. 173
    9.1.2 Clasificación de reacciones transfusionales. 174
    9.1.3 Criterios para el Sindrome Antifosfolípido. 174
    9.1.4 Nuevas definiciones de Mieloma Multiple y Mieloma temprano. 175
    9.1.5 Sistema de Estadiage Internacional (pronóstico) International Staging System (ISS) para Mieloma Multiple. 175
    9.1.6 Sistema de estadiaje de Durie y Salmon. 176
    9.1.7 Estadios Pronosticos en el Linfoma de Hodgkin 176
    9.1.8 Clasificación de Ann Arbor para la Enfermedad de Hodking. 177
    9.1.9 Indice pronóstico internacional de los linfomas no hodgkinianos (Células grandes). 177
    9.1.10 Clasificación de Cotswolds. 178
    9.1.11 Criterios EORTC para grupos de riesgo con Enfermedad Localizada. 178
    9.1.12 Criterio International Prognostic System (Hasenclever Score) para grupos de riesgo con enfermedad avanzada. 179
    9.1.13 Estadificación de la leucemia linfoide habitual de células B (RAI/BINET). 179
    9.1.14 Eastern Cooperative Oncology Group Performance Scale (ECOG-PS) correlacionado a escala de Karnofsky. 180
    9.1.15 Indice Pronostico Internacional en Linfoma Folicular (Follicular Lymphoma International Prognostic Index (FLIPI) 180
    9.1.16 Indice Pronostico en Linfoma del Manto (MCL Internacional Prognostic Index, MIPI) 180
    9.1.17 Clasificación de la OMS para los Sindromes Mielodisplasicos. 181
    9.1.18 Sistema Internacional de Puntuación Pronóstica (International Prognostic Scoring System, IPSS) del SMD. 182

9.1.19 Índice de Puntuación MASCC para Identificar Pacientes con Cáncer Neutropénicos Febriles de Bajo Riesgo. 182
9.1.20 Factores de Coagulación. 183
9.1.21 Guias de decisión para diagnostico de Anemias. 184
9.2 DERMATOLOGIA 187
9.2.1 Clasificación de los problemas dermatológicos en UCI. 187
9.2.2 Clasificación de Gell y Coombs de las reacciones inmunitarias. 188
9.2.3 Clasificación de la Reacción Adversa a Farmacos. 188

CAPITULO 10. REUMATOLOGIA 189

10.1.1 Criterios de Clasificación para el Diagnóstico de Lupus Eritematoso Sistémico (LES). 189
10.1.2 Patrones de las artritis inflamatorias 189
10.1.3 Criterios Revisados de la ARA para la Clasificación de la Artritis Reumatoide (AR). 190
10.1.4 Criterios de Jones (fiebre reumatica). 191

CAPITULO 11. ESCALAS DE GRAVEDAD, VALORACION DEL ESTADO FISICO 193

11.1 ESCALAS DE GRAVEDAD 193
11.1.1 Sistema de puntuación UCI 24 horas (SACRAMENTO). 193
11.1.2 Evaluación fisiológica aguda y crónica (APACHE II) 193
11.1.3 Evaluacion fisiologica aguda y cronica (APACHE III) 195
11.1.4 Sistema de puntuación de intervenciones terapéuticas (T.I.S.S). 196
11.2 VALORACION DEL ESTADO FISICO 198
11.2.1 Clases del estado físico de la American Society of Anesthesiologists (ASA). 198
11.2.2 Escala de sedación de Ramsay... 198
11.2.3 Escala visual-analógica (EVA). 198
11.2.4 Escala de Norton de posibilidad de lesiones por presión. ...199
11.2.5 Factores estresantes para el personal de UCI. 199
11.2.6 Indice de Katz de actividades de la vida diaria (AVD). 200
11.2.7 Escala de graduación de la fuerza del Medical Research Council. 200
11.2.8 Escala degraduación de fuerza de Daniels modificada por ASIA. 200
11.2.9 Escala de discapacidad ASIA (por las iniciales de la American Spinal Injury Association). 201
11.2.10 Indice de actividades instrumentales de la vida diaria de Lawton y Brody1. 201
11.2.11 Escala de incapacidad de la Cruz Roja. 202
11.2.12 Escala de Karnofsky. 203

11.2.13 Indice de Barthel. 204
CAPITULO 12. TOXICOLOGIA. **207**

    12.1 INTOXICACIONES. 207
        12.1.1 Clasificación de los principales síndromes tóxicos. 207
        12.1.2 Grados de severidad de la intoxicación por salicilatos. 207
        12.1.4 Antidotos más frecuentes en intoxicaciones. 207
    12.2 ENVENENAMIENTOS. 209
        12.2.1 Clasificación de la gravedad de los envenenamientos según Russell. 209
        12.2.2 Clasificación de Wood-Parrish para accidente ofídico. 209
        12.2.3 Criterios de Christopher y Rodning. 209
        12.2.4 Gravedad del envenenamiento. 210

CAPITULO 13. PUBLICACIONES, MEDICINA BASADA EN EVIDENCIA, ESTADISTICA **211**

    13.1 PUBLICACIONES 211
        13.1.1 Clasificación de las recomendaciones de la ACC/AHA practice guidelines. 211
    13.2 MEDICINA BASADA EN EVIDENCIAS 211
        13.2.1 Criterios de Horwitz Feinstein para la evaluación metodológica de los estudios caso-control. 211
        13.2.2 Guías de los usuarios de un artículo sobre el pronóstico. ...211
        13.2.3 Criterios para la valoración de un artículo sobre tratamiento. 212
    13.3 ESTADISTICA 213
        13.3.1 Términos de uso habitual en epidemiología y proceso de toma de decisiones. 213

CAPITULO 14. VALORES NORMALES DE LABORATORIO **215**

CAPITULO 15. FORMULAS **221**

    15.1 HEMODINAMICO 221
    15.2 RESPIRATORIO 221
    15.3 VARIOS 223
        15.3.1 Formulas diversas. 223
        15.3.2 Equivalencia de esteroides. 225
    15.4 ESQUEMAS DIVERSOS. 225
        15.4.1 Anatomia cardiaca radiográfica. 225

CAPITULO 16. GLOSARIO **227**

    16.1 ABREVIATURAS 277

CAPITULO 1. CARDIOLOGIA

1.1 INSUFICIENCIA CARDIACA

1.1.1 Clasificación funcional de las cardiopatías según la New York Heart Association (NYHA).

Clase I	Es posible desarrollar la actividad física habitual sin que aparezca sintomatología.
Clase II	El paciente se halla asintomático en reposo, pero la actividad física habitual produce síntomas (disnea, fatiga, etc.).
Clase III	Existen acentuadas limitaciones a la actividad física y los síntomas aparecen con actividades menos intensas que lo habitual.
Clase IV	El paciente presenta disnea en reposo.

Fuente: Modificado de Criteria Committee. New York Heart Association Inc. Diseases of the heart and blood vessels. Nomenclature and critera for diagnosis. 6ª ed. Boston, Little Brown and Co. 1964; 114

1.1.2 Clasificación clínica de las cardiopatías según la New York Heart Association.

Parámetros	I	II	III	IV
Frecuencia cardíaca	70-85	85-100	90-110	>110
TA sistólica (mm Hg)	> 90	80-90	60-80	<60
PCP (mg Hg)	< 12	12-14	14-18	>18
IC	>3	2.5-3	2-2.5	< 2
ITSVI	>270	200	120-200	<120
Mortalidad	10%	25%	40%	60%

TA: presión arterial; PCP: presión capilar pulmonar; IC: índice cardíaco; ITSVI: índice de trabajo sistólico de ventrículo izquierdo.

Fuente: Balakumaran K. Hugenholtz PG. Cardiogenic shock; current concepts in management, Drugs 1986; 32: 372.

1.1.3 Clasificación de Forrester de la Insuficiencia Cardiaca en el I.A.M.

Clase funcional	Presión capilar pulmonar (mm Hg)	Índice cardíaco (l/min/m2)
I. Normal	< 15-18	> 2,2
II. Congestión	> 18	> 2,2
III. Hipoperfusión	< 15-18	< 2,2
IV. Congestión + hipoperfusión	> 18	< 2,2

Fuente: Forrester JS, Diamond GA, Swan HJC. Correlative clasification of clinical and hemodinamic function after acute myocardial infarction. Am J Cardiol 1977; 39: 137

1.1.4 Clasificación de la Insuficiencia Cardiaca de Killip-Kimball.

CLASE	Descripción	Mortalidad %
I	Infarto sin insuficiencia cardiaca.	< 10
II	Insuficiencia cardíaca moderada: estertores en bases pulmonares, galope por 3º ruido, taquicardia.	10 – 20
III	Insuficiencia cardíaca grave con edema agudo de pulmón.	35 – 50
IV	Shock cardiogénico.	> 80

Fuente: Modificado de Killip T, Kimball JT. Treatment of myocardial infarction in a coronary unit. Am J Cardiology 1967; 20: 457-64.

1.1.5 Criterios de Framingham para el diagnóstico de la Insuficiencia Cardiaca.

MAYORES	MENORES	MAYORES O MENORES
Disnea paroxística nocturna	Edema en miembros	Adelgazamiento mayor o igual 4,5 Kg después de 5 días de tratamiento
Distensión venosa yugular	Tos nocturna	
Crepitantes	Disnea de esfuerzo	
Cardiomegalia	Hepatomegalia	
Edema agudo de pulmón	Derrame pleural	
Ritmo de galope por 3er ruido	Capacidad vital disminuida un tercio	
Aumento de la presión venosa	Taquicardia	
Reflujo hepatoyugular positivo		

Para establecer el diagnóstico de insuficiencia cardíaca congestiva se necesitan como mínimo un criterio mayor y dos menores.

Fuente: Tomado de Braunwald E. Insuficiencia cardíaca. En: Harrison: Principios de Medicina Interna. McGraw-Hill-Interamericana de España S.A., 14º Edition. 1998: 1471-1483. Basado en: Ho KKL y col. Circulation 1993; 88: 107.

1.1.6 Clasificación de los factores relevantes en la predicción de la supervivencia en la Insuficiencia Cardiaca.

VARIABLE	PARÁMETROS CLÍNICOS
Función ventricular	FE de VI < 30%
	FE de VD < 35%
Tolerancia al ejercicio	NYHA clase IV
	Consumo de Oxígeno < 14 ml/Kg/min en <300 m caminando durante 6 min.
Tamaño cardíaco	Cardiomegalia en RX
	Diámetro telediastólico VI >7 cm
	Volumen diastólico VI > 130 ml
Electrolitos	Sodio plasmático < 134 mEq/l
Hemodinámica	Índice de trabajo VI < 20 g/m2
	Índice cardíaco < 2.25 l/min/m2
	PCP >27 mm Hg
Arritmias	TV
	FV
Hormonal	Norepinefrina > 600 pg/ml
	Peptido natriurético atrial > 125 pg/ml

FE: fracción de eyección: VI: ventrículo izquierdo; VD: ventrículo derecho; NYHA: clasificación de la New York Heart Association. TV: taquicardia ventricular; FV: fibrilación ventricular.

Fuente: Mehra MR, Ventura HO. Heart failure. En: Civeta JM, Taylor RW, Kirby RR: Critical Care Third edition. Lippincott- Raven publishers, Philadelphia. 1997. 117: 1749-1767.

1.2 CARDIOPATIA ISQUEMICA

1.2.1 Clasificación de la Angina de pecho de Braunwald.

Severidad clínica	Secundaria*	Primaria**	Postinfarto
Clase I: Reciente (<2 meses)/ Acelerada (crescendo)	IA	IB	IC
Clase II: Reposo/Subaguda (>48h)	IIA	IIB	IIC
Clase III: Reposo/aguda (<48h)	IIIA	IIIB	IIIC
(*) Secundaria: episodios de angina aparecen con reducción del aporte de O2 al miocardio (anemia, hipoxemia, hipotensión...) o con incrementos de las demandas de O2 miocárdicas (fiebre, taquicardia...). (**) Primaria: no se objetivan condiciones extracardíacas que desencadenen o acentúen la isquemia miocárdica.			

Fuente: Braunwald E. Unstable Angina: A clasification. Circulation 1989; 80: 410-414.

1.2.2 Clasificación de la angina según la Canadian Cardiovascular Society.

Clase	Actividad que desencadena angina	Limitación de la actividad normal
I	Ejercicio intenso	Ninguna
II	Paseo >2 manzanas	Leve
III	Paseo <2 manzanas	Moderado
IV	Mínima o reposo	Severo

Fuente: Campeau L. Grading of angina pectoris. Circulation 1976; 54: 522-523

1.2.3 Clasificación de la Angina según la Sociedad Española de Cardiología (SEC).

Angina estable Angina inestable	Grados I, II, III, IV * Formas de presentación: -Angina esfuerzo de reciente comienzo -Angina progresiva -Angina de reposo -Angina prolongada -Angina postinfarto -Angina variante
Situaciones especiales:	-En pacientes con IM crónico previo -En pacientes con angioplastia previa -En pacientes con cirugía de by-pass previo
(*) Igual que en la clasificación de la Canadian Cardiovascular Society. IM: infarto de miocardio.	

Fuente: Azpitarte J, Cabadés A, López-Merino V, De los Reyes M, San José J. Angina de Pecho. Concepto y clasificación. Rev Esp Cardiol 1995; 48: 373-382.

1.2.4 Criterios Modificados de Sgarbossa para diagnostico de IAM en presencia de bloqueo de rama izquierda.

1. Elevacion del segmento ST = o mayor a 1 mm con QRS discordante.
2. Depresion del segmento ST igual o mayor a 1 mm en V1 a V3 con QRS concordante..
3. Razón ST/S < -0.25 (sensibilidad de 91% y especificidad 90%).

Fuente: Moreno Ruiz N. Modificacion de los criterios de Sgarbossa para el diagnostico de infarto agudo de miocardio en presencia de bloqueo de rama izquierda. Rev. Fac. Med. 2015;63(1):151-4.

1.2.5 Estratificación del riesgo en la angina inestable.

Bajo riesgo	Riesgo intermedio	Riesgo elevado
Anginas tipo I-III A Angina de inicio >15 días Hemodinámica estable ECG normal o anodino	Anginas tipo I-III B IC (si IAM < 1 mes) NTG sl. eficaz Edad > 65 años Ondas Q antiguas y/o ondas T pequeñas y negativas	Anginas III B-III C Signos de IC, HTA ó MI Refractaria a NTG s.l. Cardiopatía previa Elevación ST >1 mm y/o nuevas ondas Q --> IAM Patrón EGG "de riesgo"
Troponina < 0,35 U: Observación (<12 h) y control en consulta externa	Troponina < 1 U: Ingreso en planta	Troponina > 1 U: ingreso en UCI
T: Corrección de la causa, AAS y nitratos E: Ergometría reglada	T: AAS, nitratos, HBPM, Betabloqueantes E: Coronariografía a corto plazo	T: AAS, NTG iv, HBPM, Betabloqueantes E: Coronariografía urgente

(U): ubicación; (T): tratamiento inicial; (E): exploración complementaria; (IC): insuficiencia cardíaca, (HTA): hipertensión arterial; (IM): soplo de insuficiencia mitral de nueva aparición; (HBPM): heparina de bajo peso molecular.

Fuente: Basado en : Jareño et al. Protocolo del síndrome coronario agudo-angina inestable-Diciembre, 1997 y Braunwald et al. Diagnosing and managing unstable angina. Circulation 1994: 90: 613-622.

1.2.6 Riesgo de muerte o de IAM no fatal a corto plazo en pacientes con angina inestable.

Alto riesgo	Riesgo intermedio	Bajo riesgo
Presencia de 1 o más de los siguientes eventos:	No características de alto riesgo, pero con alguna de las siguientes:	No características de riesgo alto ni intermedio, pero con alguna de las siguientes:
Dolor en reposo prolongado (>20 min).	Angina de reposo prolongada, actualmente resuelta, con moderada o alta probabilidad de coronariopatía	Aumento de frecuencia, severidad o duración de la angina.
Edema pulmonar relacionado con isquemia.	Angina de reposo >20 minutos, o controlada con reposo o con nitroglicerina sublingual.	Angina con bajo umbral de provocación.
Angina de reposo con cambios dinámicos de ST >= 1 mm.	Angina con cambios dinámicos en la onda T.	Nueva aparición de angina entre 2 semanas y 2 meses.
Angina con nuevo o aumento de soplo de regurgitación mitral.	Nueva aparición de angina clase III, o angina clase IV de la CCS en las dos semanas previas, con moderada o alta probabilidad de coronariopatía.	ECG normal o sin cambios.
Angina con nuevo 3er ruido o aumento de crepitantes. Angina con hipotensión.	Q patológica o depresión de ST en reposo =<1 mm en las derivaciones de una cara. >65 años.	

Fuente: Braunwald E, Mark DB, Jones RH, et al. Unstable angina: Diagnosis and management. 86th ed. Rockville,MD: US Dept of Health and Human Services, Agency for Health Care Policy and Research; 1994. AHCPR publication 94-0602.

1.2.7 Comparación de IAM anterior vs inferior.

	Anterior	Inferior
Extensión necrosis	> que el inferior	< que el anterior
Enfermedad multivaso	< que el inferior	> que el anterior
Complicaciones		
Perforación septal	Apical, más fácil reparación	Basal, más difícil reparación
Aneurisma ventricular	Frecuente	Raro
Rotura pared libre	Infrecuente	Muy infrecuente
Rotura músculo papilar	Anterolateral, raro	Posterolateral, menos raro
Trombo mural	Más frecuente que en inferior	<<< frecuente que anterior
Pronóstico		
Hospitalario	Peor que en el inferior	Mejor que en el anterior
General	Peor que en inferior	Mejor que en el anterior
Diagnóstico		
Forma de presentación	Síntomas GI infrecuentes	Síntomas GI frecuentes
Exploración física	Hiperadrenergia frecuente	Vagotonía frecuente
Pico de CPK total (U/l)	2.500-3.500	1.500-2500
ST	Normalización muy lenta (frecuente semanas / meses)	Normalización en 12-72h (especialmente si lisis).
Conducción A-V	Bloqueo AV infrahisiano, mala respuesta atropina y frecuente progreso a completo	Bloqueo AV suprahisiano, buena respuesta atropina y excepcional progresión a completo
Conducción intraventricular	BRD más común que en el Inferior	BRD menos común que en el anterior
Ventrículo derecho	Afectación V3R muy rara	Afectación V3R en el 30%
Incidencia de PT en el ECGSP	20-30%	45-50%
Ecocardiograma	Asinergia frecuente, FE promedio 40-45%	Asinergia rara, FE promedio 50-60%

GI: gastrointestinal; PT: potencial tardío ventricular; ECGSP: ECG de alta resolución con promediación de señales; BRD: bloqueo de rama derecha; FE: fracción de eyección.

Fuente: Alpert JS. A comparison of anterior and inferior myocardial infarction. En: Intensive Care Medicine. Rippe JM; Irwin RS; Alpert JS, Dalen JE (Eds). Ed Little, Brown. Boston. 1985: 307-311.

1.2.8 Correlación del Infarto del Miocardio con el vaso dañado.

Area Infartada	Vaso dañado	Alteracion en EKG
Pared anterior	DAI	Elevación ST en algunos o todos V1-V6
Porcion basal del ventrículo izquierdo + pared anterior y lateral del septum	DAI proximal, 1 septal y 1ª diagonal	Elevación ST V1-V4, DI, AVL y frecuente AVR. Descenso ST en espejo II, III, aVF, V5.
	1ª septal y 1 diagonal	Elevación ST aVL, DIII.
Pared inferior	CD o Cx	Elevación ST II, III, aVF.
Ventrículo derecho (posterior o posterolateral).	CD proximal	Elevación ST V3R, V4R − V1.

Fuente: J Am Coll Cardiol. 2009;53(11):1003-1011.

1.2.9 Clasificación Clinica del infarto del miocardio.

Tipo	Nombre	Mecanismo
Tipo 1	Espontaneo	Se presenta por ruptura de la placa de ateroma y la subsiguiente trombosis
Tipo 2	Secundario	Cuando una causa secundaria genera un desequilibrio entre oferta y demanda miocárdica de oxígeno(crisis hipertensiva espasmo coronario anemia, hipotensión, taqui/bradiarritmias, etc).
Tipo 3	Muerte atribuida a isquemia	Relacionado con ma muerte cardiaca o muerte súbita.
Tipo 4a	Relacionada con ICP	Se resenta después de una ICP.
Tipo 4b	Relacionada con trombosis de stent	Ocasionada por trombosis de stent.
Tipo 5	Asociada con pente coronario	Relacionado con la cirugía de revascularización coronaria

Fuente: Bazzino, O. Rev urug Cardiol 2013;28:403-411.

1.2.10 Clasificación Topográfica del infarto del miocardio.

Area del Infarto	Anormalidad del ECG
Apical	Ondas Q en V2 − V3 Segmento ST elevado en DIII, AVF.
Antero septal	Ondas Q en V1 − V2
Anterior	Ondas Q en complejo QS de V1 − V6
Antero-lateral	Ondas Q V4 − V6, DI y aVL
Pared lateral	Ondas Q DI, aVL
Posteroinferior	Ondas Q en DII, DIII y aVF Onda R Alta en DI y aVL.
Pared posterior	R/S > 1.0 en V1 y V2 Onda Q en V6.

Fuente: Goldman 6 ed.

1.2.11 Clasificación de IAM basada en EKG de Presentación y Correlación Angiográfica

Categorías	Topografía de la Obstrucción	E.K.G.	Mortalidad a los 30 días	Mortalidad al 1° año
Arteria Anterior Descendente Proximal	Proximal a la 1ª Arteria septal	Elevación ST de V1 a V6 y D1-aVL. Con HBAI y/o BRD.	19,6%	25,6 %
Arteria descendente anterior Media	Distal a la 1ª septal.	ST V1 a V4 y D1-aVL.	9,2 %	12,4 %
Arteria descendente anterior Distal ó Diagonal	Distal a Diagonal	ST V1 a V4 ó D1.aVL con V5-V6	6,8 %	8,4%
Inferior moderado o grande (Posterior, lateral de Ventrículo Derecho)	Arteria coronaria Derecha ó Circunfleja	ST e D2-D3-aVF y algunas de a) V1-V3R-V4R. b) V5-V6. c) R>SV1-V2	6,4 %	8,4 %
Inferior Estricto	Rama de la Circunfleja	ST en D2-D3-aVF	4,5 %	6,7 %

Fuente: River NT et al. 1.990

1.2.12 Grados TIMI de reperfusión.

GRADO I	no circulación de contraste después de la obstrucción.
GRADO II	Mínima y lenta circulación de contraste después de la obstrucción.
GRADO III	buen flujo de contraste, aunque lento, más allá de la obstrucción.
GRADO IV	circulación normal y rápida del constraste a través del vaso.

Fuente: Modificado de: The TIMI Study Group. The thrombolysis in myocardial infarction (TIMI) Trial. N Engl J Med 1985; 312: 932-936.

1.2.13 Clasificación y caracterización de la muerte cardiaca súbita (M.C.S.).

	TIPO I *isquemia >* *sustrato*	TIPO II *sustrato >* *isquemia*	TIPO III *sustrato =* *isquemia*
Hª de enf. cardíaca Coronarias	No	IM antiguo Lesiones extensas Lesiones y complejas multivaso, no complejas	IM reciente Si ARI se revasculariza, pronóstico mejora
Trombos frescos de Plaquetas y fibrina	Frecuentes	Infrecuentes	Incidencia variable
Función VI	Preservada	Deprimida, asinergias segmentarias	Intermedia
Holter	Cambios isquémicos ST, ectopia V infrecuente	Ectopia V compleja, raramente isquemia	Isquemia + ectopia
EEF (inducibilidad TVMS)	No	Si	Incidencia variable
SAECG (PT)	Ausentes	Presentes	Inc. intermedia

ARI: arteria coronaria relacionada con el IAM; EEF: estudio electrofisiológico; TVMS: taquicardia ventricular monomorfa sostenida; SAECG: electrocardiograma con promediación de la señal; PT: potencial tardíao; VI: ventrículo izquierdo.

Fuente: Fuster V. Manejo del enfermo con cardiopatía isquémica. En: Cardiopatía isquémica: Jornadas de Cardona´93. Ed MCR, Barcelona 1991: 127-204.

1.2.12 Clasificación de las lesiones coronarias.

	Tipo A	Tipo B	Tipo C
Tasa éxito ACTP	85%	60-85%	50-60%
Riesgo de oclusión	Bajo	Moderado	Alto
Longitud	<10 mm	Tubular 10-20 mm	Difusa>20 mm
Forma	Concéntrica	Excéntrica	Muy tortuosa
Segmento proximal	Accesible	Tortuoso	Muy Tortuoso
Angulación	45°	45-90°	>90°
Pared	Lisa	Irregular	-
Calcio	No-ligero	moderado	Muy calcificadas
Estenosis	< 100%	100% < 3 meses	100% > 3 meses
Localización	No en origen No bifurcada	En origen o Bifurcada. Posible protección con doble guía	Bifurcada sin Posibilidad de proteger el vaso colateral
Trombo	Ausente	Presente	-
Otros	-	-	Lesiones en Injertos venosos

ACTP: angioplastia coronaria transluminal percutánea.

Fuente: Ryan TJ et al. Guidelines of percutaneous trasnluminal coronary angioplasty: A report of the American College of Cardiology/American Heart Association Task Force on assessment of diagnostic and therapeutic cardiovascular procedures. Circulation 1988; 78: 486-502.

1.2.13 Predictores basales de oclusión aguda postangioplastía.

Factores clínicos:	Angina inestable. Sexo femenino. Candidato quirúrgico de alto riesgo o inoperable.
Factores angiográficos:	Lesión compleja (excéntrica y/o bordes irregulares). Longitud estenosis (>dos veces el diámetro luminal). Localización en ángulo >45°. Localización en bifurcación. Presencia de imagen compatible con trombo. Enfermedad difusa de la arteria. Enfermedad multivaso/3 vasos. Estenosis severa (> 90%). Existencia de flujo colateral al territorio de la arteria. Afecta a la Aorta ascendente y descendente

Fuente: Fernández-Avilés et al. Stent intracoronario. Realidad y perspectivas. Monocardio 1994; 38: 68-87.

1.2.14 Clasificación de las lesiones coronarias.

	Tipo A	Tipo B	Tipo C
Tasa éxito ACTP	85%	60-85%	50-60%
Riesgo de oclusión	Bajo	Moderado	Alto
Longitud	<10 mm	Tubular 10-20 mm	Difusa>20 mm
Forma	Concéntrica	Excéntrica	Muy tortuosa
Segmento proximal	Accesible	Tortuoso	Muy Tortuoso
Angulación	45°	45-90°	>90°
Pared	Lisa	Irregular	-
Calcio	No-ligero	moderado	Muy calcificadas
Estenosis	< 100%	100% < 3 meses	100% > 3 meses
Localización	No en origen No bifurcada	En origen o Bifurcada. Posible protección con doble guía	Bifurcada sin Posibilidad de proteger el vaso colateral
Trombo	Ausente	Presente	-
Otros	-	-	Lesiones en Injertos venosos

ACTP: angioplastia coronaria transluminal percutánea.
Fuente: Ryan TJ et al. Guidelines of percutaneous trasnluminal coronary angioplasty: A report of the American College of Cardiology/American Heart Association Task Force on assessment of diagnostic and therapeutic cardiovascular procedures. Circulation 1988; 78: 486-502.

1.2.15 Predictores basales de oclusión aguda postangioplastía.

Factores clínicos:	Angina inestable. Sexo femenino. Candidato quirúrgico de alto riesgo o inoperable.
Factores angiográficos:	Lesión compleja (excéntrica y/o bordes irregulares). Longitud estenosis (>dos veces el diámetro luminal). Localización en ángulo >45°. Localización en bifurcación. Presencia de imagen compatible con trombo. Enfermedad difusa de la arteria. Enfermedad multivaso/3 vasos. Estenosis severa (> 90%). Existencia de flujo colateral al territorio de la arteria. Afecta a la Aorta ascendente y descendente

Fuente: Fernández-Avilés et al. Stent intracoronario. Realidad y perspectivas. Monocardio 1994; 38: 68-87.

1.2.16 Resultados de pruebas no invasivas que predicen alto riesgo de eventos adversos en pacientes isquemicos.

1. Disfunción severa de VI en reposo (FE <35%).
2. Ergometría + para alto riesgo (<=-11).
3. Disfunción severa de VI en ejercicio (FE <35%).
4. Defectos de perfusión importantes, especialmente anteriores, inducidos por estrés.
5. Defectos múltiples de perfusión moderados inducidos por estrés.
6. Defecto de perfusión amplio y fijo (Tl201) en ventrículo izquierdo dilatado o captación pulmonar aumentada.
7. Defecto de perfusión inducido por estrés moderado (Tl201) en VI dilatado o captación pulmonar aumentada.
8. Déficit de contractilidad regional (> 2 segmentos) a bajas dosis de dobutamina (<=10 mg/Kg/min) o a baja frecuencia cardíaca (<120 lpm).
9. Evidencia de isquemia extensa por ecocardiografía de estrés.

(*): mortalidad anual >3%; VI: ventrículo izquierdo; FE: fracción de eyección de VI.

Fuente: Scanlon PJ, Faxon DP, et al. ACC/AHA Guidelines for coronary angiography: Executive summary and recommendations. A report of the American College of Cardiology/American Heart Association Task Force on practice guidelines (Committee on coronary angiography). Circulation 1999; 99: 2345-2357.

1.2.17 Score de riesgo TIMI para Infarto del Miocardio con Elevacion del ST (STEMI).

Score de Riesgo TIMI para STEMI	
Antecedentes	
Edad 65 – 74	2 puntos
>/= 75	3 puntos
DM/HTN o Angina	1 punto
Examen	
PAS < 100	3 puntos
FC > 100	2 puntos
Killip II-IV	2 puntos
Peso <67 kg	1 punto
Presentación	
Elevación ST anterior o BRI	1 punto
Tiempo de trat. > 4 hrs	1 punto
Score de Riesgo = Total	(0-14)

DM, diabetes mellitus; HTN, hipertensión; PAS, presión arterial sistólica; FC, frecuencia cardiaca; y BRI, bloqueo de rama izquierda.

Score de Riesgo	Probabilidad de muerte por 30D*
0	0.1 (0.1-0.2)
1	0.3 (0.2-0.3)
2	0.4 (0.3-0.5)
3	0.7 (0.6-0.9)
4	1.2 (1.0-1.5)
5	2.2 (1.9-2.6)
6	3.0 (2.5-3.6)
7	4.8 (3.8-6.1)
8	5.8 (4.2-7.8)
>8	8.8 (6.3-12)

* referenciado al promedio de mortalidad (95% intervalo de confianza)

Fuente: Morrow DA, Antman EM, Parsons L, de Lemos JA, Cannon CP, Giugliano RP, McCabe CH, Barron HV, Braunwald E. Application of the TIMI risk score for ST-elevation MI in the National Registry of Myocardial Infarction 3. JAMA. 2001 Sep 19;286(11):1356-9

1.2.18 Biomarcadores cardiacos de daño miocardico.

Biomarcador	Inicio de elevación	Pico máximo	Regreso a rango normal
CKMB	3-12 hrs.	24 hrs	48-72 h
Troponina I (cTnI)	3-12 hrs.	24 hrs	5-10 días.
Troponina T (cTnT)	3-12 hrs.	12 hrs – 2 días	5-14 días
Mioglobina	1-4 hrs.	6-7 hrs	24 h
CPK	3 hrs.	24 hrs	3 días.
TGO/AST	6 hrs.	24 hrs	72 hrs
DHL	3 días.		10 días

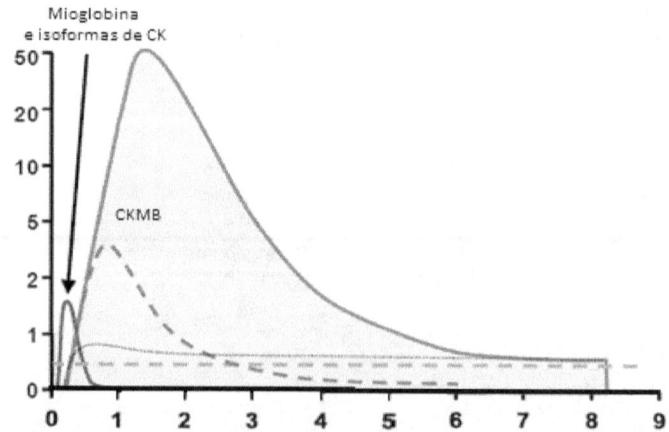

Fuente: Murphy, J; Lloyd, M. Mayo Clinic Cardiology. 3ª edición./ Guadalajara, J. Cardiologia, 5ª Ed.

1.3 MIOCARDIOPATIA Y ENFERMEDAD DEL PERICARDIO

1.3.1 Clasificación clínica de las miocardiopatías.

Dilatada:	agrandamiento del ventrículo izquierdo, derecho, o de ambos, alteración de la función sistólica, insuficiencia cardíaca congestiva, arritmias, embolias
Restrictiva:	cicatrización endomiocárdica o infiltración miocárdica que produce restricción del llenado ventricular izquierdo, derecho o de ambos.
Hipertrófica:	Hipertrofia ventricular izquierda desproporcionada que típicamente afecta más al tabique que a la pared libre, con o sin gradiente de presión sistólica intraventricular. Habitualmente la cavidad del ventrículo izquierdo no está dilatada.

Fuente: Wynne J, Braunwald E. Miocardiopatías y miocarditis. En: Harrison: Principios de Medicina Interna. McGraw-Hill-Interamericana de España S.A., 14º Edition. 1998: 1517-1523.

1.3.2 Clasificación de las miocardiopatías según su presentación clínica.

	Dilatada	Restrictiva	Hipertrófica
RX de tórax	Cardiomegalia moderada o intensa. Hipertensión venosa pulmonar.	Ligera cardiomegalia	Cardiomegalia ligera o moderada
ECG	Alteraciones ST- T Bajo voltaje.	Defecto de conducción	Alteración ST-T.
Eco	Dilatación y disfunción VI	Función sistólica normal o ligeramente disminuida.	Hipertrofia septal asimétrica. Función sistólica vigorosa. Movimiento sistólico anterior de la mitral
Isótopos	Dilatación y disfunción VI	Función sitólica normal o ligeramente disminuida	Función sistólica vigorosa. Defecto de perfusión Talio
Cateterismo	Aumento presiones de llenado I y con frecuencia D	Aumento presiones de llenado I y D	Aumento presiones de llenado I y D
VI: ventrículo izquierdo; I: izquierda; D: derecha.			

Fuente: Wynne J, Braunwald E. Miocardiopatías y miocarditis. En: Harrison: Principios de Medicina Interna. McGraw-Hill-Interamericana de España S.A. 1.998: 1517-1523.

1.3.3 Clasificación de las miocardiopatías según la OMS.

Causa desconocida	Miocardiopatía específica
Miocardiopatía dilatada	Infecciosa
Miocardiopatía hipertrófica	Metabólica
Miocardiopatía restrictiva	Enfermedades sistémicas
Miocardiopatía no clasificada	Enfermedades hereditarias
	Reacción a tóxicos o de hipersensibildad

Fuente: Report of the WHO/ISFC task force .Br. Heart J. 1980; 44: 672- 673.

1.3.4 Criterios ECG para el diagnóstico definitivo de Hipertrofia Ventricular Izquierda.

CRITERIOS	PUNTUACIÓN
Amplitud:	
R o S = o >20 mm	3
S en V1 ó V2 = o >30 mm	3
R en V5 o V6 igual o mayor	3
Negatividad final de P en V1 =/> 1 mV ó =/> 40 mseg.	3
ST-T opuesto al QRS.	2
Eje QRS < 30°.	1
QRS =/> 90 mseg.	1
Deflexión intrinsicoide =/> 50 ms en V5-6	
Dx. certero: >5 puntos. / Diagnóstico probable: 4 puntos. / Se reduce un punto si toma digitálicos.	

Fuente: Romhilt DW, Estes EH Jr. Am Heart J. 1968; 75:752-758.

1.3.5 Criterios diagnósticos de las alteraciones del pericardio

	Taponamiento	P. constrictiva	M. restrictiva	IMVD
Pulso paradójico	Común	Suele faltar	Raro	Raro
Pulso yugular:				
y prominente	Ausente	Suele existir	Raro	Raro
x prominente	Presente	Suele existir	Presente	Raro
Signo Kussmaul	Ausente	Presente	Ausente	Ausente
3er ruido	Ausente	Ausente	Raro	Puede existir
Golpe pericárdico	Ausente	Suele existir	Ausente	Ausente
Bajo voltaje ECG	Puede existir	Puede existir	Puede existir	Ausente
Alternancia eléctrica	Puede existir	Ausente	Ausente	Ausente
Engrosamiento pericárdico	Ausente	Presente	Ausente	Ausente
Calcificación pericárdica	Ausente	Frecuente	Ausente	Ausente
Derrame pericárdico	Presente	Ausente	Ausente	Ausente
Tamaño VD	Pequeño	Normal	Normal	Aumentado
Espesor miocárdico	Normal	Normal	Aumentado	Normal
Colapso AD y CDVD	Presente	Ausente	Ausente	Ausente
Aumento de llenado precoz y v.f.m.	Ausente	Presente	Presente	Puede existir
Exageración de variación respiratoria de v.f.	Presente	Presente	Ausente	Ausente
Pericardio engrosado en TAC/RM	Ausente	Presente	Ausente	Ausente
Igualación TAD	Suele existir	Suele existir	Suele faltar	Existe o no
Utilidad biopsia	No	No	A veces	No

P. constrictiva: pericarditis constrictiva; M. restrictiva: miocardiopatía restrictiva; IMVD: infarto de miocardio de ventrículo derecho; CDVD: colapso diastólico de ventrículo derecho; v.f.m.: velocidad del flujo mitral; v.f.: velocidad del flujo;

Fuente: Braunwald E. Enfermedades del pericardio. En: Harrison: Principios de Medicina Interna. McGraw-Hill-Interamericana de España S.A., 14º Edition. 19981523-1531.

1.4 HIPERTENSION ARTERIAL
1.4.1 Clasificación del JNC 8.

Clasificación PA	PAS * mmHg	PAD * mmHg	Estilos de vida
Normal	< 120	Y < 80	Estimular
prehipertension	120 - 139	Ó 80 - 89	Si
HTA: Estadío 1	140 - 159	Ó 90 - 99	Sí
HTA: Estadio 2	>160	Ó > 100	Si

Fuente: 2014 Evidence-Based Guideline for the Management of high blood pressure in adults. Report from the panel members appointed to eighth Joint National Committee (JNC). *JAMA*. Doi:10.100/jama.2013.284427

1.4.2 Clasificación de Keith y Wagener para retinopatía hipertensiva.

Retinopatia Grado I	Estrechamiento arteriolar. Traduce actividad de la hipertensión.
Retinopatia Grado II	Aumento del reflejo arteriolar ("hilos de plata"). Traduce cronicidad del proceso hipertensivo.
Retinopatia Grado III	Aparición de exudados algodonosos y hemorragias retinianas. Traduce hipertensión grave o maligna.
Retinopatia Grado IV	Edema papilar. Se presenta cuando la hipertensión está excesivamente elevada. Traduce encefalopatía hipertensiva y edema cerebral.

Fuente: Hipertensión arterial, http://www.drscope.com/pac/mg/a1/mga1_p9.htm

1.4.3 Clasificación de las crisis hipertensivas.

1. Emergencias hipertensivas:	2. Urgencias hipertensivas:
1.1. Disección aórtica.	2.1. HTA acelerada.
1.2. Encefalopatía hipertensiva.	2.2. Postoperatorio:
1.3. Edema pulmonar.	2.2.1. Trasplante de órganos.
1.4. Accidente cerebral vascular isquémico.	2.2.2. Revascularización coronaria.
	2.2.3. Cirugía de grandes vasos.
1.5. Hemorragia intracerebral.	2.3. Enfermedad renal.
1.6. Hemorragia subaracnoidea.	2.4. Vasculitis.
1.7. Traumatismo craneoencefálico.	2.5. Grandes quemados.
1.8. Feocromocitoma.	2.6. Traumatismo medular.
1.9. Cardiopatía isquémica aguda.	2.7. Crisis inducidas por fármacos y drogas de abuso.
1.10. Eclampsia.	

Fuente: García Garmendia JL, Jiménez FJ. Crisis hipertensivas. En: Montejo JC, García de Lorenzo A, Ortiz Leyba C, Planas M: Manual de Medicina Intensiva. Mosby. 1.996; 115-120.

1.5 ARRITMIAS
1.5.1 Clasificación de las arritmias cardiacas.

MECANISMO	ARRITMIA
Alteraciones en la formación del impulso en el nodo senoauricular	Arritmia sinusal Taquicardia sinusal Bradicardia sinusal Fallo sinusal
Formación del impulso Ectópico	Escape auricular Extrasístole auricular Taquicardia auricular Flutter auricular Fibrilación auricular Escape nodal Extrasístole nodal Ritmo nodal de escape Ritmo nodal acelerado Taquicardia nodal por reentrada Taquicardia Aurículoventricular por reentrada Escape ventricular Extrasístole ventricular Ritmo idioventricular acelerado Taquicardia ventricular monomórfica Taquicardia ventricualr polimórfica Torsade de Pointes Fibrilación ventricular
Alteración de la conducción	Bloqueo sinoauricular Bloqueo intraauricular Bloqueo auriculoventricular Primer grado Segundo grado: Mobitz tipo I (Wenckebach) Segundo grado : Mobitz tipo II Disociación AV Bloqueo de rama y combinaciones Síndrome de preexcitación ventricular
Combinación de mecanismos	Combinaciones del tercer grupo

Fuente: Rowlands DJ, Brownlee WC. The Cardiac Dysrrhytmias. En: Tinker J, Zapol WM: Care of Critically ill Patient Second edition. Springer-Verlag 1992. 217-241.

1.5.2 CHADS2 score para riesgo de tromboembolismo en fibrilación auricular.

Descripción	Puntos
Congestive heart failfure (falla cardiaca congestiva)	1
Hipertensión.	1
Age (edad)>75 años	1
Diabetes	1
Stroke/TIA (EVC/ Accidente isquémico transitorio)	2

La warfarina esta indicada cuando el puntaje es mayor a 2.
Fuente: JAMA. 2001; 285:2864-70

1.5.3 CHA2DS2-VASc score para riesgo de Stroke y tromboembolismo en fibrilación auricular.

Descripción	Puntos
Congestive heart failfure (falla cardiaca congestiva)/Disfunción del ventrículo izquierdo	1
History of hipertensión.	1
Age (edad) >75 años	2
Diabetes	1
Stroke (EVC) AIT/ Tromboembolismo	2
Vascular disease (IM orevio, enfermedad anterial periférica o	1
Age (edad) entre 65 y 74 años	1
Sex category (sexo femenino)	1

Puntaje menor de 0 no se recomienda terapia antitrombótica y 2 o más se recomienda terapia antitrombotica. Un puntaje de 1 recomendar terapia antitrombótica o antiplaquetaria.

Fuente: Lip, Gregory. Nieuwlaat, Robby. Pisters Ron. Et al. Refining Clinical Risk stratification for prediction stroke and thromboembolism in atrial fibrillation using a novel risk factor-based approach: The Euro Heart Survey on Atrial Fibrillation. CHEST 2010; 137(2):263-272.

1.5.4 Clasificación de las arritmias ventriculares jerarquizadas por su frecuencia y su forma.

Jerarquía de frecuencia	Jerarquía de forma
Clase 0: no arritmias	Clase A: morfología uniforme, monofocal
Clase I: raras, <1 DVP/h	Clase B: multiforme, multifocal
Clase II: infrecuentes, 1-9 DVPs/h	Clase C: formas repetitivas (pareados, tripletes, salvas)
Clase III: intermedias, 10-29 DVPs/h	Clase D: TVNS (mínimo 6 complejos, máximo 30 s)
Clase IV: frecuentes, ³30 DVPs/h	Clase E: TVS (³30 s)
DVPs: despolarizaciones ventriculares precoces; TVNS: taquicardia ventricular no sostenida; TVS: taquicardia ventricular sostenida. Comentario: La identificación de las arritmias de esta manera, carece de valor pronóstico, no es útil, solo tiene valor descriptivo: Dr. Noel J. Ramirez.	

Fuente: Myerburg RJ. Classification of ventricular arrhythmias based on parallel hierarchies of frecuency and form. Am J Cardiol. 1984; 54:1355.

1.5.5 Conducción aberrante vs ectopia ventricular.

CONDUCCIÓN ABERRANTE	ECTOPIA VENTRICULAR
Bloqueo de rama derecha con R´>R	Eje izquierdo
Frecuencia cardíaca >170	QRS >140 mseg
Vector inicial del QRS = QRS conducido	V1 monofásico o difásico
QRS <140 mseg	Latido de fusión o captura
Eje normal.	Frecuencia <170
P´ anterógrada	AV disociado
Fenómeno de Asman´s	En V1 R >R´
Ningún criterio es absoluto!	

Fuente: Davis WR. Cardiac arrhythmias: En: Civetta JM, Taylor RW, Kirby RR (eds) Critical Care. Lippincott-Raven Publishers, Philadelphia, 1997: 1781-1786.

1.5.6 Clasificación de las Extrasístoles ventriculares según Lown y Wolf.

Clase 0:	Ausencia de extrasístoles ventriculares.
Clase 1:	Extrasístoles unifocales con frecuencia menor a 30 por hora.
Clase 2:	Extrasístoles unifocales con frecuencia mayor de 30 por hora.
Clase 3:	Extrasístoles multifocales o polimorfas.
Clase 4:	Extrasístoles en dupletas o tripletas. A: Dupleta o pareada B: Tripleta
Clase 5:	Fenómeno de R en T (aparición de una extrasístole en la rama descendente en la onda T).

Fuente: Universidad Nacional de Colombia.
http://www.virtual.unal.edu.co/cursos/medicina/2005050/lecciones/capitulo3/leccion308.htm

1.5.7 Origen de los ocho patrones básicos del ritmo cardiaco.

PATRÓN	ARRITMIA
Ritmo regular a frecuencia normal	Arritmia sinusal Ritmo acelerado de la unión Ritmo idioventricular acelerado Flutter auricular, conducción 4:1 Taquicardia auricular con bloqueo
Latidos precoces	Extrasístole Parasístole Capturas Reanudación del ritmo tras bigeminismo inaparente Mejoría intermitente de la conducción durante bloqueos cardíacos
Pausas	Bloqueo sinoauricular 2º grado Bloqueo auriculoventricular Segundo grado: Mobitz tipo I (Wenckebach) Segundo grado : Mobitz tipo II Extrasístoles auriculares no conducidos Conducción oculta
Bradicardia	Bradicardia sinusal Bigeminismo auricular no conducido Bloqueo sinoauricular 2º grado Bloqueo auriculoventricular 2º y 3er grado
Bigeminismo	Extrasístoles auriculares y ventriculares Bloqueo sinoauricular 3:2 y auricular Taquicardia auricular y flutter con conducción alternante Trigeminismo auricular no conducido Latidos recíprocos
Ritmo caótico	Fibrilación auricular Flutter auricular con conducción variable Taquicardia auricular multifocal Marcapasos errante Parasistolia Extrasistolia multifocal
Taquicardia regular	Taquicardia sinusal Taquicardia paroxística auricular Flutter auricular Taquicardia ectópica auricular Taquicardia de la unión Taquicardia ventricular

Latidos agrupados	Extrasistolia no conducida
	Bloqueo sinusal de salida tipo Wenckebach
	Bloqueo nodal tipo Wenckebach

Fuente: Tomado de Ross Davis W. Cardiac Arrhytmias. En: Civetta JM, Taylor RW, Kirby RR: Critical Care, third ed. Lippincott-Raven. 1997: 1781-1786.

1.5.8 Criterios electrocardiográficos utilizados para el diagnóstico de Taquicardia Ventricular (TV).

1. Relación auriculoventricular	Disociación AV. Incluye latidos con fusión y con captura Relación VA>1	
2. Duración del QRS	Morfología de tipo BRDH con QRS>140 ms Morfología de tipo BRIH con QRS>160 ms QRS más estrecho que en RS	
3. Eje del QRS	Eje superior derecho (concordancia negativa en I, II, III)	
4. Patrones específicos del QRS	En derivaciones precordiales:• Concordancia negativa o positiva• Ausencia de RS en todas las derivaciones precordiales• En presencia de complejos de RS, un intervalo entre inicio de R y valor más bajo de S>100 ms Específicamente en aVR:• Onda R inicial• Fuerzas iniciales con complejo ancho (> 40 ms) o con escotadura• Vi/Vt < 1	
	En V1: Con morfología de tipo BRDH:– Onda R monofásica– qR o Rs con R ancha (> 30 ms)	Morfología de tipo BRIH:– Onda r ancha u onda S profunda– QS con fuerzas iniciales lentas (inicio a valor más bajo>60 ms)
	Específicamente en V6:• Con morfología de tipo BRDH:– Onda R monofásica– Onda S profunda (QS o rS)– R/S < 1	Con morfología de tipo BRIH:– Ondas Q (QR, QS, QrS)

V: auriculoventricular; BRDH: bloqueo de rama derecha del haz; BRIH: bloqueo de rama izquierda del haz; RS: ritmo sinusal; VA: ventriculoauricular.
Fuente: Begoña B, Josephson M. Rev Esp Cardiol. 2012;65:939-55. - Vol. 65 Núm.10 DOI: 10.1016/j.recesp.2012.03.027

1.5.9 Criterios de Brugada para el diagnóstico de Taquicardia Ventricular (TV).

1. Cuando un complejo RS no puede ser identificado en cualquier derivación precordial.
2. Si un complejo RS está presente en una o más derivaciones precordiales, se mide el intervalo más largo RS. Si el intervalo de RS es más largo que 100 ms.
3. Si existe disociación auriculoventricular.
4. Si está ausente, los criterios morfológicos para TV se analizan en las derivaciones V1 y V6. Si ambas derivaciones cumplen los criterios de TV, se hace el diagnóstico de TV. Si no, el diagnóstico de la taquicardia supraventricular (TSV) con conducción aberrante se hace por exclusión de TV.

1.5.10 Criterios morfológicos para Taquicardia Ventricular.

1. Deflexión positiva del QRS en todas las precordiales desde V1-V6
2. Morfología QRS durante la taquicardia similar al de las extrasístoles ventriculares aisladas previas en ritmo sinusal
3. Bloqueo de rama izquierda (negativa en V1),
   - En V 1-2, rS con r ancha (>30ms), duración superior a 60ms desde el inicio del QRS al nadir de la S y empastamiento de la rama descendente de la S.
   - En V6, qR.
4. Bloqueo de rama derecha (positiva en V1).
   - En V1, morfología tipo R, qR, QR, RS, Rsr' o R'r
   - En V6, morfología tipo rs, QS, QR o R.

Si la taquicardia de QRS ancho cumple con alguno de estos criterios morfológicos es más probable que se trate de una Taquicardia Ventricular.

1.5.11 Códigos genéricos de marcapasos. Sociedad Norteamericana de Marcapasos y Electrofisiología y Grupo Británico de Marcapasos y Electrofisiología.

Cámara estimulada	Cámara sensada	Respuesta al sensado	Funciones programables	Antitaquiarritmia
V: ventrículo A: aurícula D: V + A	V:Ventrículo A: aurícula D: V + A	T: trigger de estímulo I: inhibición D: T + I	P: frecuencia y/o salida M: multiples (frecuencia, salida, sensibilidad) C: comunica funciones por telemetría R: modulación de frecuencia	P: antitaquicardia S: shock D: P + S
Las tres primeras posiciones se emplean exclusivamente para marcapasos antibradicardia.					

Fuente: Bernstein AD, Camm Aj, Fletcher RD, Gold RD, Rickards AF, Smyth NPD, et al. The NASPE/BPEG generic pacemakercode for antibradyarrhythmias and adaptive-rate pacing and antitachyarrhythmias devices. PACE 1987; 10: 794-799.

1.5.12 Clasificación de Vaughan-Williams de los fármacos antiarrítmicos.

CLASE	ACCIONES	FÁRMACOS
IA Bloqueantes de los canales del Na.	Prolongan la repolarización. Anticolinérgicos. Cinética intermedia. Prolongan la duración del potencial de acción.	Procainamida Disopiramida Quinidina
IB Bloqueantes de los canales del Na.	Cinética rápida. Reducen el potencial de acción.	Lidocaina Mexiletina Tocainida Difenilhidantoina
IC Bloqueantes de los canales del Na	Cinética lenta. Prolongan ligeramente el potencial de acción.	Propafenona Flecainida Encainida
II Betabloqueantes.		Propranolol Metoprolol Nadolol Atenolol Sotalol
III Bloqueantes de los canales del K.	Prolongan la repolarización. Antiadrenérgicos. Prolongan la repolarización	Bretilio Amiodarona Sotalol Azimilida
IV Bloqueantes de los canales del Ca.		Verapamilo Diltiazem Bepridil

Fuente: Vaughan Williams EM. Clasification of antiarrhytmical drugs. Symposium on Cardiac Arrhytmias. Elsimore, Denmark. Sandoe E., Flensted-Jensen E, Olsen KH. Ed. Asta. Sweden, 1970: 449-472.

1.5.13 Ritmos comunes en electrocardiografía.

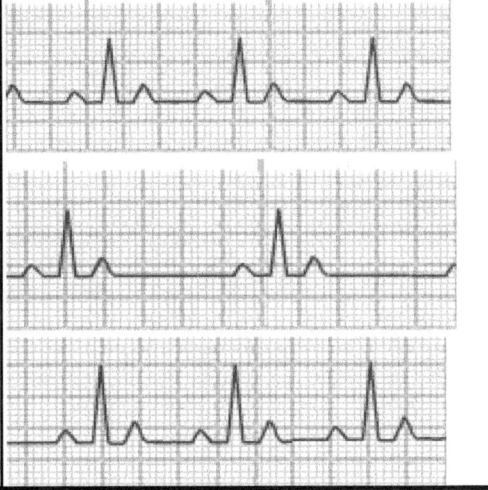

Ritmo sinusal: ondas P que preceden a complejos QRS, frecuencias de 60-100 lpm.

Bradicardia sinusal: ritmo con frecuencia menor de 60 lpm.

Taquicardia sinusal: ritmo con frecuencia mayor a 100 lpm. Se limitan a menos de 150 lpm.

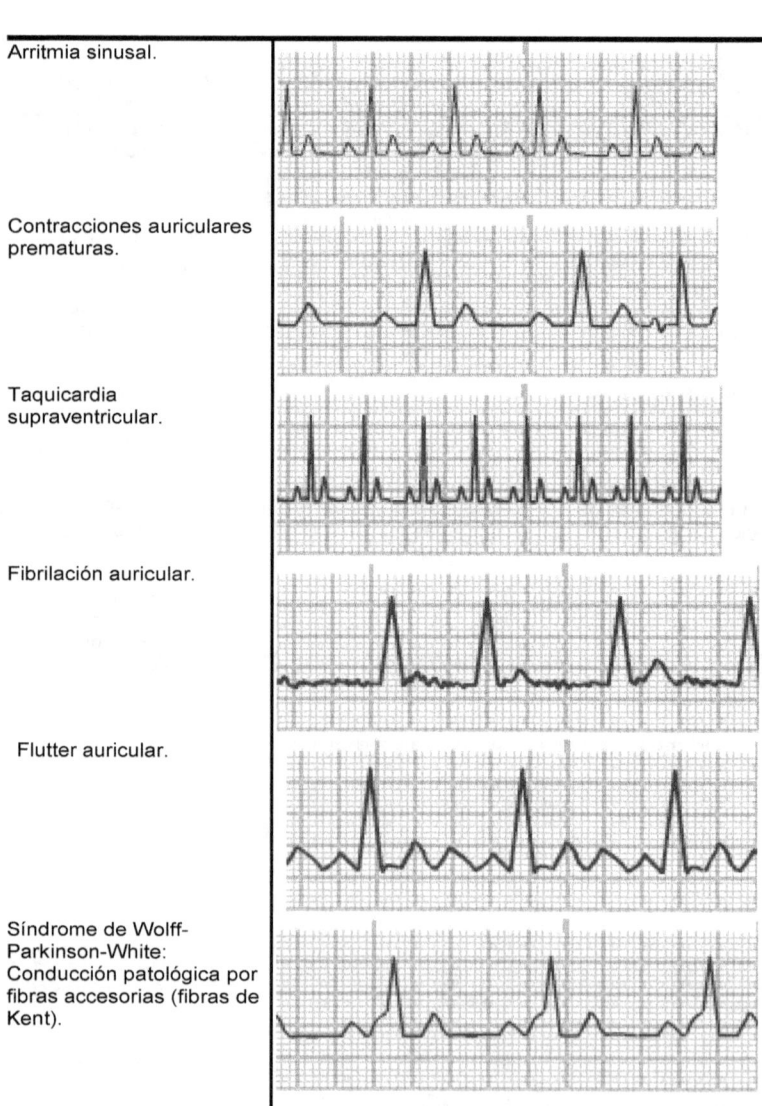

Arritmia sinusal.

Contracciones auriculares prematuras.

Taquicardia supraventricular.

Fibrilación auricular.

Flutter auricular.

Síndrome de Wolff-Parkinson-White: Conducción patológica por fibras accesorias (fibras de Kent).

BAV de 1er grado: Duración del PR a intervalos mayores a 0.20 segundos.	
BAV de segundo grado Mobitz 1 (Wenckebach: 1. P-R se alarga, 2. R-R se acorta, 3. R-P se acorta.)	
BAV de segundo grado Mobitz II: existe desaparición de algunos complejos QRS pero conservan los intervalos PR.	
Bloqueo AV completo o de 3er grado: Intervalos R-R regulares e intervalos PR caóticos. Hay disociación entre P y QRS.	
Extrasístoles ventriculares.	
Ritmo idioventricular.	
Fibrilacion ventricular.	
Taquicardia ventricular.	

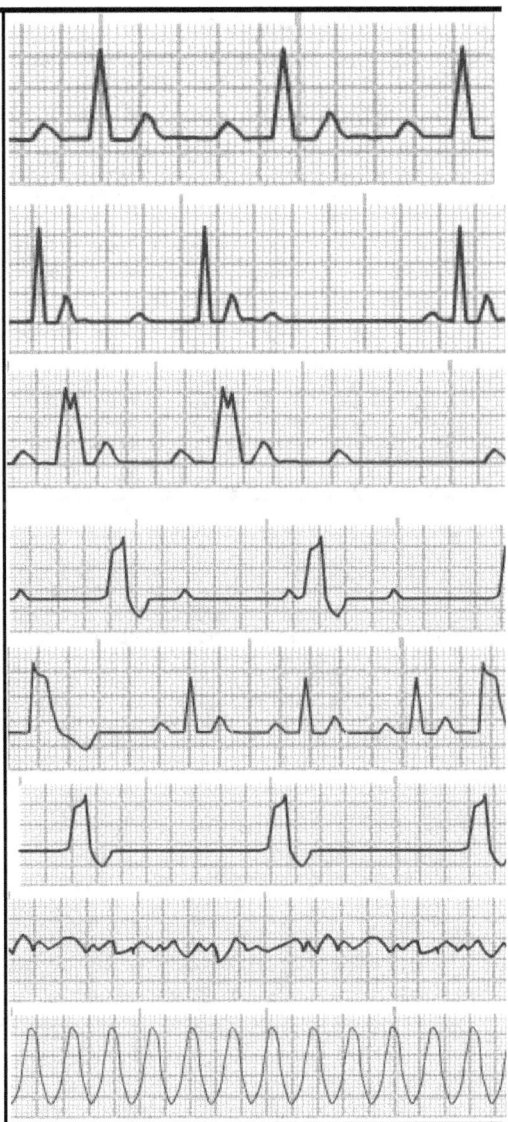

1.6 PATOLOGIA VASCULAR
1.6.1 Clasificación de los aneurismas aórticos

Por aspecto macroscópico	Por localización	Por etiopatogenia
Fusiformes	Torácicos	Arterioscleróticos
Saculares	Abdominales	Disecantes

Fuente: González Fernández FJ, Blázquez Romero MV. Aneurismas aórticos. En: Montejo JC, García de Lorenzo A, Ortiz Leyba C, Planas M: Manual de Medicina Intensiva. Mosby. 1.996: 111-115.

1.6.2 Clasificación de Debakey de la disección aórtica

Tipo I	Afecta a la Aorta ascendente y descendente
Tipo II	Afecta a la Aorta ascendente o al cayado
Tipo III	Solo afecta a la porción descendente

Fuente: DeBakey ME, Henly WS, Cooley DA. Surgical management of dissecting aneurysm of the aorta. J Thorac Cardiovasc Surg.1965; 49: 130.

1.6.3 Clasificación de Stanford de la disección aórtica.

Tipo A	Afectan a la aorta ascendente, con independencia del lugar del desgarro y de la extensión distal.
Tipo B	Afectan al cayado, a la aorta descendente, o ambos, pero no a la porción ascendente.

Fuente: Daily PO, Trueblood HW, Stinson EB. Management of acute aortic dissections. Ann Thorac Surg. 1970; 10: 237.

1.6.4 Clasificación de Crawford de los aneurismas toraco-abdominales.

Tipo I	Desde el tercio superior de la aorta torácica hasta la parte superior de la abdominal. Incluye arterias viscerales.
Tipo II	Desde el tercio proximal de la aorta descendente a la aorta infrarrenal.
Tipo III	Empieza en los dos tercios distales de la aorta torácica y se extiende por gran parte de la aorta abdominal.
Tipo IV	Confinado a la aorta abdominal, incluyendo vasos viscerales.

Fuente: Crawford ES, Crawford JL, Safi HJ, Coselli JS, Hess K, Brooks BS, Norton HJ, Glaeser DH. Thoracoabdominal aortic aneurysm: Preoperative and intraoperative factors determining inmediate and long-term results of operation in 605 patients. J Vasc Surg 1986; 3: 389-404.

1.6.5 Clasificación funcional de Leriche y Fontaine de la isquemia crónica de miembros inferiores.

GRADOS	CLÍNICA
Grado I	Lesiones asintomáticas
Grado II	Claudicación intermitente
IIa	Tras 150 m de marcha en llano
IIb	Tras menos de 150 m de marcha en llano
Grado III	Dolor en reposo
Grado IV	Lesiones de necrosis y gangrena

Fuente: Pousti TJ, Wilson SE, Williams RA. Clinical examination of the vascular system. En: Veith FJ, Hobson RW, Williams RA. Vascular surgery. Principles and practice. McGraw Hill. 1994:77.

1.6.6 Clasificación Clínica de Insuficiencia Venosa: CEAP classification.

C: Clinica.	C0 = enfermedad venosa no visible, no palpable C1 = presencia de teleangiectasias y/o venas reticulares C2 = presencia de venas varicosas C3 = evidencias de edema en MMII C4 = cambios cutáneos sin ulceración, (hemosiderosis; atrofia blanca; dermatoesclerosis, eczema) C5 = C4 + úlcera cicatrizada C6 = C4 + úlcera activa Después del número, la letra "a" minúscula es asignada si el paciente es asintomático y la letra "s" minúscula es asignada si el paciente experimenta síntomas, (ejemplo: C2a).
E: Etiología.	c = Congénitas p = Primarias o Esenciales (causa indeterminada) s = Secundarias (post-trombóticas; post-traumáticas; otras)

A: Anatomia.	Sistema Venoso Superficial (As)
	  1. Teleangiectasias o várices reticulares
	  2. De la Vena Safena Interna - suprageniular
	  3. De la Vena Safena Interna - infrageniular
	  4. De la Vena Safena Externa
	  5. Sin compromiso de Venas Safenas.
	Sistema Venoso Profundo (Ad)*
	  1. Vena Cava Inferior
	  2. Ilíaca Común
	  3. Ilíaca Interna
	  4. Ilíaca Externa
	  5. Venas Pélvicas: gonadales, ligamentarias, etc.
	  6. Femoral Común
	  7. Femoral Profunda
	  8. Femoral Superficial
	  9. Vena Poplítea
	  10. Plexos Crurales: Tibiales anteriores, Tibiales posteriores, Peroneas
	  11. Plexos Musculares: del Gastrocnemius, Sóleo, etc.
	
	*(d = deep)
	Venas Perforantes (Ap)
	  1. Del muslo
	  2. De la pantorrilla

P: Patología.	r = reflujo o = obstrucción r + o = reflujo + obstrucción. *(P = Physiopathology)

Fuente: Kistner, RL. Eklof, B. Masuda, EM. Diagnosis of chronic venous disease of the lower extremities: the "CEAP" classification. Mayo Clin Proc. 1996 Apr;71(4):338-45.

1.7 RIESGO QUIRURGICO
1.7.1 Estimación preoperatoria del riesgo en cirugía cardíaca, Newark Beth Israel Medical Center.

Factor de riesgo	Valor	Puntuación
Mujer		1
Edad	70-74	1
	75-79	2
	>79	3
Fracción de eyección	30-49%	1
	<30%	3
Obesidad mórbida	Peso >1,5 x ideal	1
Diabetes		1
HTA	>140/90 ó en tratamiento	1
Reintervención	Primera	4
	Segunda o siguientes	8
BIAP preoperatorio		3
Aneurisma VI Resecado en la cirugía		3
Cirugía válvula mitral		4
Cirugía válvula aórtica		5
Cirugía válvula tricuspídea		3
Cirugía valvular + coronaria		3

PUNTUACIÓN PARA SITUACIONES ESPECIALES

Situación especial	Puntuación	Situación especial	Puntuación
Cardíacas		Hepatorrenal	
IAA (endocarditis)	10	Cirrosis	5
Shock cardiogénico	10	Diálisis	2
Cardiomegalia	1	FRA o crónico (creatinina >2 mg/dl)	5
ICC	4	Vascular	
Endocarditis activa	10	AAA asintomático	2
Endocarditis tratada	1	Oclusión unilateral carótida (100%)	3
Complicación de ACTP o cateterismo	7	Patología carotídea bilateral	5
Lesión de tronco, angina inestable	1	Disección aorta torácica	10
IMA	10	Vasculopatía periférica severa	2
MP dependiente	1	Miscelánea	
IAM transmural (<48 h)	7	Neoplasia activa	5
CIV aguda	20	SIDA activo	10
TV, FV, muerte súbita	3	Aglutininas frías	5
Pulmonar		Negativa transfusión	5
Asma	2	E. neurológica grave	5
EPOC severa	2	Abuso de sustancias (alcohol, drogas)	3
Intubación preoperatoria	5		
PTI	10		
HTP (p.m >30 mm Hg)	2		

La mortalidad estimada sería la suma de las puntuaciones en tanto por ciento.

Fuente: Parsonnet V, Bernstein AD, Gera M. Cardiac risk stratification project. Newark Beth Israel Medical Center. Enero 1.995.

1.7.2 Indice de riesgo para mortalidad, tiempo de estancia en UCI y tiempo de estancia postoperatoria. Ontario, Canadá

Factor de riesgo		Índice de riesgo
Edad en años	<65	0
	65-74	2
	>74	3
Sexo	Hombre	0
	Mujer	1
Fracción de eyección VI	>50%	0
	35-50%	1
	20-34%	2
	<20%	3
Tipo de cirugía	Coronaria aislada	0
	Una válvula	2
	Compleja	3
Urgencia	Electiva	0
	Urgente	1
	Emergencia	4
Reintervención	No	0
	Sí	2

VI: ventrículo izquierdo; cirugía compleja: dos o más válvulas o cirugía coronaria + valvular; urgente: cirugía requerida en el mismo ingreso hospitalario; emergencia: cirugía requerida en menos de 24 h.

La relación mortalidad y tiempos en UCI y en el Hospital con la puntuación requiere la aplicación de tablas específicas. A continuación se presenta la relación puntuación-mortalidad hospitalaria:

Puntuación	Mortalidad hospitalaria (%)
0	0,5
1	1,2
3	2,7
4	4
5	5,4
6	5,8
7	10,4
>7	20,6

Fuente: Tu JV, Jaglal SB, Naylor D and the Steering Comitee of the Provincial Adult Cardiac Care Network of Ontario. Multicenter validation of a risk indexfor mortality, intensive care unit stayand overall hospital length of stay aftercardiac surgery. Circulation 1995; 91: 677-684.

1.7.3 Valoración del riesgo quirúrgico de Roques.

Factor de riesgo	Índice de riesgo
Edad en años	
70-74	3
75-79	4
>79	5
Insuficiencia renal crónica	
Creatinina >2 mg/ml	5
Diálisis	6
Fracción de eyección VI	
30-50%	2
<30%	5
Uso exclusivo de vena safena en cirugía coronaria	2
Reintervención	2
Cirugía tricúspide	4
Cirugía valvular + coronaria	2
Situaciones críticas	
IAM <48 h	4
TV o FV	4
Intubación preoperatoria	10
Trasplante	9
CIV postinfarto	8
Disección aórtica aguda	13
Embolectomía pulmonar	15

VI: ventrículo izquierdo; IAM: infarto agudo de miocardio; TV: taquicardia ventricular; FV: fibrilación ventricular; CIV: comunicación interventricular.

Correlación puntuación-mortalidad

Puntuación	Grupo	Mortalidad (%)
<2	A	2
2-3	B	3,9
4-6	C	6,1
>6	D	21,2

Fuente: Roques F, Gabrielle F, Michel P, De Vincentis C, David M, Baudet E. Quality of care in adult heart surgery: proposal for a self-assessment approach based on a French multicenter study. Eur J Cardio-thorac surg 1995; 9: 433-440.

1.7.4 Clases del estado físico de la American Society of Anesthesiologists (ASA)

CLASE	ESTADO FÍSICO
Clase 1	Sano
Clase 2	Enfermedad sistémica moderada
Clase 3	Enfermedad sistémica grave que limita su actividad, pero no es incapacitante
Clase 4	Enfermedad sistémica incapacitante, que supone una amenaza constante para su vida
Clase 5	Moribundo, probablemente no sobrevivirá 24 horas, con o sin intervención

Cuando la anestesia se efectúa de una manera urgente, se añade una E a la clase ASA.

Fuente: American Society of Anesthesiologists. New classification or physical status. Anestesiology 1963; 24: 111.

1.7.5 Valoración del riesgo quirúrgico de PONS.

Factor de riesgo		Índice de riesgo
Edad en años	70-79	7
	>79	17
	IAM reciente	10
Clase funcional	III	4
	IV	10
Reintervención	Primera	9
	Segunda	15
Tipo de Cirugía	Cirugía mitral	6
	Cirugía tricúspide	10
	Cirugía sobre aorta	12
	Cirugía valvular + coronaria	7
	Enfermedad hepática	8
	Aneurisma ventrículo izquierdo	11
	Creatinina >1,4 mg/ml	8
	Shock cardiogénico	13
	Ventilación mecánica preoperatoria	7
	Urgencia/emergencia	4

IAM: infarto agudo de miocardio.

Grupos de riesgo según la puntuación

Puntuación	Grupo	Mortalidad (%)
0-10	1	4,2
11-15	2	7,3
16-20	3	13,2
21-30	4	19,2
>30	5	54,4

Fuente: Pons JMV, Granados A, Espinas JA, Borras JM, Martín I, Moreno V. Assessing open heart surgery mortality in Catalonia (Spain) trough a predictive risk model. Eur J Cardio-thorac Surg 1997; 11: 415-423.

1.7.6 Indice de calculo de riesgo operatorio (Goldman)

Edad superior a los 70 años	5
IAM en 6 meses previos	10
Ingurgitación yugular o galope	11
Estenosis aortica hemodinámicamente significativa	3
Ritmo no sinusal o extrasístoles auriculares en el ECG	7
Más de 5 extrasístoles ventriculares en cualquier ECG previo	7
paO2 <60 torr o pa CO2 >50 torr	3
K+ <3.0 mEq/L o HCO3 <20 mEq/L	
Creatinina mayor a 3.0 mg/dL o BUN >50 mg/dL	
TGO anormal o signos de hepatopatía crónica	
Cirugía urgente	4
Cirugía aórtica, intratorácica o intraperitoneal	3

Nivel		Puntos	Complicación mayor (%)	Mortalidad (%)
I	Bajo	0 – 5	0.7	0.2
II	Significativo	6 – 12	5	2
III	Moderado	13 – 25	11	2
IV	Alto	> 26	22	56

Fuente: Goldman N England J. Med 1977; 297: 345.

1.7.7 Indice de Detsky modificado de riesgo cardiaco.

Enfermedad coronaria	
Infarto agudo de miocardio en 1-6 meses previos	10
Infarto agudo de miocardio en más de 6 meses antes	5
Angina (según clasificación Canadiense)	
Clase III (pequeños esfuerzos)	10
Clase IV (reposo)	20
Angina inestable los últimos 6 meses	10
Edema agudo de pulmón	
La última semana	10
En cualquier momento	5
Estenosis aórtica sintomática	20
Arritmias	
Ritmo sinusal con extrasístoles auriculares o ritmo diferente a RS en el último ECG preoperatorio	5
Más de cinco extrasístoles ventriculares por minuto en cualquier ECG	5
Estado médico (alguno de los siguientes):	5
PO2 < 60 mmHg, PCO2 > 50 mmHg, K < 3 mEq/l	
HCO3 < 20 mEq/l, BUN > 50, Cr > 3 mg/dl, GOT elevada	
Enfermedad hepática crónica	
Inmovilidad de causa no cardiaca	
Edad mayor a 70 años	5
Cirugía urgente	10
Clase I: 0-15 puntos	RIESGO CARDIACO BAJO
Clase II: 20-30 puntos	RIESGO CARDIACO MEDIO
Clase III: más de 30 puntos	RIESGO CARDIACO ALTO

Fuente: Detsky AS, Abrams HB, Forbath N, et al. Arch Intern Med 1986; 146: 2121.

1.7.8 Valor predictivo de las complicaciones cardiacas.

Clase	Goldman (%)	Detsky (%)
I (0-5)	1	6
II (6-12)	7	7
III (13-25)	14	20
IV (> 25)	78	100

Fuente: Marañon Fernandez, Eugenio. Valoración y asistencia perioperatoria. Consulta en internet: http://www.segg.es/segg/tratadogeriatria/pdf/s35-05%2072_III.pdf

1.7.9 Escala de Torrington y Henderson para riesgo respiratorio.

	Factor de Riesgo	Puntuación
Espirometría		
FVC	<50% del predicho	1
FEV1/FVC	65-75%	1
	50-65%	2
	<50%	3
Edad	>65 años	1
Obesidad morbida	IMC>45	1
Sitio quirurgico	Torax o abdomen superior	2
	Otro	1
Historia pulmonar	Fumador en los últimos 2 meses	1
	Sintomas respiratorios	1

Cuantificacion de Riesgo para complicaciones y mortalidad.

Score	Riesgo	Complicaciones %	Mortalidad %
0-3	Bajo	6.1	1.7
4-6	Moderado	23.3	6.3
7-12	Alto	35	11.7

Fuente: Stanzani Fabiana, Oliveira Maria Alenita de, Forte Vicente, Faresin Sonia Maria. Torrington and Henderson and Epstein risk assessment scales: applicability and effectiveness in lung resection. J. bras. pneumol. [serial on the Internet]. 2005 Aug [cited 2011 Jan 30] ; 31(4): 292-299. Available from: http://www.scielo.br/scielo.php?script=sci_arttext&pid=S1806-37132005000400005&lng=en. doi: 10.1590/S1806-37132005000400005.

1.7.10 Clasificación del Choque Hipovolemico.

	I	II	III	IV
Perdida sanguínea (L)	0.75	1.0 – 1.25	1.5 - 1.8	2.0 – 2.5
Frec. Cardiaca	72 -84	> 100	>120	>140
T.A.	118/82	110/80	70-90/50-60	50 sistólica
Frec. Resp.	14/20	20-30	30-40	35
Gasto urinario horario (ml)	30-35	25-30	5-15	Nulo
Edo. Mental	ansioso	Muy ansioso	confuso	Letárgico
Remplazo de líquidos	cristaloides		Cristaloides + sangre	

Fuente: Colegio Americano de Cirujanos. 1984.

1.7.11 Riesgo tromboembólico.

Factores menores (1 punto)	Factores intermedios (5 puntos)	Factores mayores (15 puntos)
• Sexo femenino • Igual o > 50 años • Sobrepeso de >20% • Cardiopatía • Neuropatía • Diabetes mellitus • Tratamiento con estrógenos/progestágenos • Reposo prolongado • Cirugía de< 3 hrs	• Crecimiento cardiaco y/o FA • Arteritis • Flebitis • Varices en Ms pélvicos • Neoplasia maligna • Cirugía con duración > 3 hrs • Antecedentes de TEP previa	• Cirugía de cadera, fémuro o próstata.
Riesgo mínimo	< 5 puntos	
Riesgo moderado	5 – 14 puntos	
Riesgo elevado	> 15 puntos.	

1.7.12 Score de Wells para riesgo de Tromboembolia Pulmonar (TEP).

Característica clínica	Puntos
Síntomas clínicos de TVP	3
Otros diagnósticos menos probables que TEP	3
Taquicardia de 100 latidos por minuto	1,5
Inmovilización/cirugía por 3 dias o mas 4 semanas previas	1,5
Historia de TVP o TEP	1,5
Hemoptisis	1
Malignidad (tratamiento por menos de 6 meses, paliativo)	1

TVP: thrombosis venosa profunda; TEP: tromboembolismo pulmonar.

Riesgo	Puntuación	Probabilidad de TEP (%)
Bajo	<2 puntos	3.6
Moderado	2 – 6 puntos	20-5
Alto	>6 puntos	66.7

Interpretación alternativa:
> 4 puntos: TEP probable. Considerar diagnostico por imagen.
4 o menos. TEP improbable. Considerar dímero D para descartar TEP.

Fuente: Adaptado de Wells PS, Anderson DR, Rodger M, Ginsberg JS, Kearon C, Gent M, et al. Derivation of a simple clinical model to categorize patients probability of pulmonary embolism: increasing the models utility with the SimpliRED d-dimer. Thromb Haemost 2000;83:416-420.

1.7.13 Modelo Clínico para predecir la probabilidad de Trombosis Venosa Profunda (TVP).

Característica clínica	Puntos
Cancer en actividad (pacientes que han recibido tratamiento en los ultimos 6 meses o reciben tratamiento paliativo)	1
Parálisis, paresias o inmovilización reciente de extremidades inferiores	1
Encamado por 3 o mas días o cirugía mayor con anestesia general o regional en las 12 semanas previas	1
Dolor a la palpación localizada en la distribución del sistema venoso profundo	1
Inflamación en toda la pierna	1
Inflamación de la pantorrilla de al menos 3 centímetros superior al de la pierna asintomática.	1
Edema con fóvea confinada a la pierna sintomática	1
Venas superficiales colaterales (no varicosas)	1
TVP previamente documentada	1
Diagnóstico alternativo al menos tan probable como el de TVP	-2

TVP Probable: Puntuación igual o mayor a 2
TVP improbable: Puntuacion menor a 2.
Fuente: Páramo JA, Ruiíz de Gaona E., Garía R, et al. Diagnóstico y tratamiento de la Trombosis Venosa Profunda. Rev Med Univ Navarra 2007;51(1): 13-17.

1.7.14 Riesgo Cardiovascular por Framingham (cálculo de sufrir un accidente cardiovascular en los próximos diez años).

1. Edad

Edad	Hombre	Mujer	Edad	Hombre	Mujer	Edad	Hombre	Mujer
30-34	-1	-9	45-49	2	3	60-64	5	8
35-39	0	-4	50-54	3	6	65-69	6	8
40-44	1	0	55-59	4	7	70-74	7	8

2. Colesterol total (mg/dL)

Colesterol total	Hombre	Mujer
<160	-3	-2
160-199	0	0
200-239	1	1
240-279	2	1
>280	3	3

3. Colesterol-HDL (mg/dl)

Colesterol total	Hombre	Mujer
<35	2	5
35-34	1	2
45-49	0	1
50-59	0	0
>60	-2	-3

4. Presion Arterial (mmHg)

Sistólica/Distólica	Hombre	Mujer
<120/<80	0	-3
120-129/80-84	0	0
130-139/85-89	1	0
140-159/90-99	2	2
>160/>100	3	3

5. Diabetes

Diabético	Hombre	Mujer
Sí	2	4
No	0	0

6. Tabaquismo.

Fumador	Hombre	Mujer
Sí	2	2
No	0	0

Suma los puntos y busca en la siguiente tabla el riesgo correspondiente a tu puntuación total en función del sexo:

7. Evaluacion del riesgo de sufrir accidente cardiovascular en los próximos 10 años.

Punt.	H	M	Punt.	H	M	Punt.	H	M	Punt.	H	M
<-2	2%	1%	3	5%	3%	8	16%	7%	13	45%	15%
-1	2%	2%	4	7%	4%	9	20%	8%	14	>53%	18%
0	3%	2%	5	8%	4%	10	25%	10%	15	>53%	20%
1	3%	2%	6	10%	5%	11	31%	11%	16	>53%	24%
2	4%	3%	7	13%	6%	12	37%	13%	>17	>53%	>27%

Fuente: Método Framinghan.

1.7.15 Geneva score simplificada para riesgo de Tromboembolia Pulmonar (TEP).

- Edad mayor de 65 años.
- Historia previa de TEP o TVP.
- Cirugia bajo anestesia general o fractura de miembros inferiores en menos de 1 mes.
- Malignidad activa.
- Dolor unilateral en extremidad inferior.
- Hemoptisis.
- Frecuencia cardiaca entre 75 y 94 (agregar un punto adicional si es mayor de 95 lpm).
- Dolor a la palpación en extremedades inferiores o edema unilateral.

Interpretación	Puntos	Probabilidad Clínica	Prevalencia de TEP
Se asigna un punto por cada signo y síntoma.	0-3	Baja	8%
	4-10	Intermedia	29%
	>10	Alta	74%

En esta versión un score menor a 2 o menor es improbable que tenga una TEP durante los próximos 3 meses.
Fuente: tomado de http://en.citizendium.org/wiki/Pulmonary_embolism

1.7.16 Predictores clínicos de aumento del riesgo cardiovascular perioperatorio (IAM, ICC, muerte).

	Riesgo cardiovascular
Mayor	Síndromes coronarios inestables: IM reciente con evidencia de riesgo isquémico importante por clínica o estudios no invasivos. Angina inestable o severa (Clase III o IV de la clasificación canadiense). ICC descompensada. Arritmias significativas: Bloqueo aurículo-ventricular de alto grado. Arritmias ventriculares sintomáticas en presencia de enfermedad cardíaca subyacente. Arritmias supraventriculares con respuesta ventricular no controlada. Enfermedad valvular severa.
Intermedio	Ángor ligero (Clase I o II de la clasificación canadiense). IM previo por historia o por Q en ECG. ICC previa compensada. Diabetes mellitus.
Menor	Edad avanzada. ECG anormal (hipertrofia de VI, BRIHH, anomalías del ST-T). Ritmos distintos del sinusal. Baja capacidad funcional (disnea al subir un piso con bolsa de la compra). Historia de AVC. HTA sistémica no controlada.
	IAM: infarto agudo de miocardio; ICC: insuficiencia cardíaca congestiva; ECG: electrocardiograma

Fuente: Eagle KA et al. Guidelines for perioperative cardiovascular evaluation for noncardiac surgery: A report of the American College of Cardiology/American Heart Association Task Force on practice guidelines. Circulation 1996; 93: 1278-1317.

1.8 OTRAS CLASIFICACIONES EN CARDIOLOGIA
1.8.1 Predictores de mortalidad tras intentos de RCP.

Previos a la parada	Relativos a la parada en sí
Mala calidad de vida	No presenciada
Sepsis	FV fina (amplitud<0.2mV)
Cáncer	Retraso >4 minutos de inicio de
Insuficiencia cardiaca izquierda	SVBRCP que dura mas de 15 min
AVC con secuelas	Retraso >10 min en inicio SVA
Hipotensión (TAS<100 mmHg)	Midriasis a pesar de RCP correcta
Insuficiencia Renal	Bradiasistolias (DEM o ritmo
Acidosis metabólica	ventricular sin pulso)
PCR recidivante en el mismo ingreso	Intubación endotraqueal

Fuente: Tintinalli, JE. "Emergency Medicine: a Comprhensive study guide" Fourth Edition. McGraw-Hill, 1996

1.8.2 Criterios de suspensión de RCP.
1. Indicación errónea de RCP.
2. No indicación de RCP por:
    2.1. Enfermedad/condición irrecuperable y no subsidiaria de RCP.
    2.2. Orden de no RCP válida.
3. Decisión médica de PCR irreversible tras RCP sin éxito.
4. Restauración efectiva de la circulación espontánea.
5. Reanimador exhausto, no se prevee la llegada de ayuda, tiempo prolongado de transporte al hospital, necesidad de triage.

Fuente: Cantalapiedra JA, Martín F. Resucitación cardiopulmonar. Recomendaciones en soporte vital básico y avanzado. En: Montejo JC, García de Lorenzo A, Ortiz Leyba C, Planas M: Manual de Medicina Intensiva. Mosby. 1.996; 30-37

1.8.3 Clasificación de la intensidad de los soplos cardiacos según Levine.

Grado	Descripción	Diferenciación
I	Intensidad muy baja, apenas auscultable.	
II	Intensidad suave, fácilmente audible por los oyentes.	
III	Intensidad baja, fácil para oír incluso por oyentes inexpertos, pero sin tremor.	Se logra auscultar el soplo con el estetoscopio colocado sobre la palma de la mano y ésta encima del foco en estudio.
IV	Intensidad intermedia con presencia de tremor.	Se ausculta el soplo con el estetoscopio colocado sobre la muñeca y ésta, colocada sobre el foco en estudio.
V	Intensidad alta con tremor. Audible incluso con el estetoscopio colocado en el tórax apoyado en el borde del diafragma.	Se logra auscultar el soplo con el estetoscopio colocado sobre el antebrazo, el cual se encuentra sobre el foco en estudio.
VI	Intensidad muy alta con fuerte sensación palpable. Audible incluso con el estetoscopio levantado sobre el pecho sin tocarlo.	

Fuente: modificado de www.wikilearning.com/curso_gratis/aprende_auscultación_cardiaca-soplos_en_general/25898-10

1.8.4 Criterios de inclusión y exclusión en programa de trasplante cardiaco.

INCLUSIÓN
1. Consumo máximo de oxígeno <14 ml/kg/min (o 40% del previsto) y limitación de la actividad diaria
2. Actividad severamente limitada por isquemia no revascularizable
3. Arritmias ventriculares recurrentes refractarias a todas las modalidades terapéuticas
4. Disbalance hídrico persistente a pesar de tratamiento médico estandarizado

EXCLUSIÓN
1. Fracción de eyección <20%
2. Clase funcional de la NYHA III- IV
3. Historia de arritmias ventriculares
4. Consumo máximo de oxígeno >15 ml/kg/min

Fuente: HO'Connell JB, Gunnar RM, Evans RW, Fricker FJ, Hunt SA, Kirklin JK..24th Bethesda Conference. Cardiac transplantation. JACC 1993; 22: 8-14.

1.8.5 Evaluación y criterios del donante cardiaco.

1. Edad inferior a 35 años en varones y a 40 años en mujeres*
2. Ausencia de cardiopatía
   2.1. Ausencia de antecedentes de enfermedad cardiaca
   2.2. No historia de hipertensión arterial conocida
   2.3. Auscultación cardiaca normal
   2.4. Rx de tórax normal
   2.5. ECG en ritmo sinusal, normal
3. Peso +-25% del receptor
4. Estabilidad hemodinámica: Infusión de dopamina <10 mcg/Kg/min
5. Compatibilidad ABO
6. VIH, HB, HV negativos
7. Ausencia de:
   7.1. Neoplasia
   7.2. Infección sistémica
   7.3. Traumatismo torácico significativo
8. Ausencia de resucitación cardiopulmonar*

(*) Si existe un receptor en situación crítica, reconsiderar edad e incluso valorar donante con parada cardiaca y situación inestable (ecocardiograma, enzimas cardiacas y posible coronariografía)

Fuente: HO'Connell JB, Gunnar RM, Evans RW, Fricker FJ, Hunt SA, Kirklin JK..24th Bethesda Conference. Cardiac transplantation. JACC 1993; 22: 8-14

1.8.6 Clasificación del rechazo agudo a trasplante cardiaco.

Grado/subgrupo	Nomenclatura
0	Ausencia
1A	Agudo leve focal
1B	Agudo leve difuso
2	Agudo moderado focal
3A	Agudo moderado multifocal
3B	Agudo grave "bordeline" difuso
4	Agudo grave

Fuente: Carbonell A, Ambrós A. Trasplante cardíaco. En: Montejo JC, García de Lorenzo A, Ortiz Leyba C, Planas M: Manual de Medicina Intensiva. Mosby 1996: 445-451.

CAPITULO 2. NEUMOLOGIA

2.1 INSUFICIENCIA RESPIRATORIA
2.1.1 Clasificación de la Insuficiencia Respiratoria Aguda.

Tipo	I: Hipoxemia aguda	II: Hipoventilación	III: Perioperatoria	IV: Shock
Mecanismo	> QS/QT	< VA	Atelectasia	Hipoperfusión
Etiología	Ocupación de espacio aéreo	1. < estímulo SNC 2. < actividad neuromuscular 3. >trabajo/espacio muerto	1. < CRF 2. > CV	1 Cardiogénico 2 Hipovolémico 3 Séptico
Clínica	1. Edema pulmonar Cardiogénico SDRA 2 Neumonía 3 Hemorragia 4 Trauma	1. Sobredosis/ tóxico inhalado 2. Miastenia, polirradiculitis, curare, botulismo 3. Asma, EPOC, fibrosis, cifoescoliosis	1. Supino/obesos, ascitis/peritonitis, cirugía/anestesia 2. Edad/tabaco, sobrecarga hídrica broncoespasmo, secreciones bronquiales	1. IAM, hipertensión pulmonar 2. Hemorragia, deshidratación, taponamiento 3. Bacteriemia, endotoxemia

Fuente: Adaptado de Wood LHD. The respiratory system.In: Hall JB, Schmidt GA, Wood LD (eds): Principles of Critical CareMcGraw-Hill, Inc. 1992:3-25.

2.1.2 Clasificación de EPOC basado en el FEV1.

GRADO DE GRAVEDAD	FEV1 (% teórico)
Leve	60-70%
Moderada	40-59%
Grave	<40%

FEV1: volumen espirado forzado en el primer segundo.

Fuente: Barberà JA, Peces-Barba G, Agusti AGN, Izquierdo JL, Monsó E, Montemayor T, Viejo JL. Guía clínica para el diagnostico y el tratamiento de la enfermedad pulmonar obstructiva crónica. Arch Bronconeumol 2001;37:297-316..

2.1.3 Sistema de estadificación GOLD para severidad de EPOC.

Estadio	Descripción	Hallazgos (basado en FEV1 postbroncodilatador)
0	En riesgo	Factores de riesgo y síntomas crónicos pero espirometría normal
I	Leve	Relación VEF1/CVF menor al 70% VEF1 de al menos el 80% del valor predicho Puede tener síntomas
II	Moderado	Relación VEF1/CVF menor al 70% VEF1 50% menor del 80% del valor predicho Puede tener síntomas crónicos
III	Severo	Relación VEF1/CVF menor al 70% VEF1 30% menor del 50% del valor predicho Puede tener síntomas crónicos.
IV	Muy severo	Relación VEF1/CVF menor al 70% VEF1 menor del 30% del valor predicho o VEF1 menor del 50% del valor predicho más síntomas crónicos severos

Fuente: Global Initiative for Chronic Obstructive Lung Disease. Global strategy for the diagnosis, management, and prevention of chronic obstructive pulmonary disease. Updated 2005. Accessed online April 01, 2006.

2.1.4 Indice de severidad de daño pulmonar.

	Valor	Puntaje
1. Radiología de torax	Normal	0
	Consolidación alveolar, un cuadrante.	1
	Consolidación alveolar, dos cuadrantes	2
	Consolidación alveolar, tres cuadrantes	3
	Consolidación alveolar, total	4
2. Relación de kirby ($paO_2/FIO_2 \times 100$)	> 300	0
	225 – 299	1
	175 – 224	2
	100 – 174	3
	>100	4
3. Distensibilidad en ventilador (compliance)	> 80 ml/cmH2O	0
	60 – 79	1
	40 – 59	2
	20 – 39	3
	< 19	4
4. Nivel de PEEP	< 5 cmH2O	0
	6 – 8	1
	9 – 11	2
	> 11	3

El valor se obtiene dividiendo la suma entre el número de componentes y se clasifica en:

Falta de lesión pulmonar	*0*
Lesión leve o moderada	*0.1 – 2.5*
Lesión severa (SIRPA)	*>2.5*

Fuente: Wiener – Kronish J.P. Brti. J. Anaesth. 1990; 65:107.

2.1.5 Factores de riesgo de desarrollo de complicaciones respiratorias postoperatorias.

	PEROPERATORIOS	POSTOPERATORIOS
Tabaquismo	Aspiración	Hipoventilación
EPOC	Cirugía abdominal alta	Sedación
Asma	Cirugía torácica	Dolor
Obesidad	Sobrecarga hídrica	Infección
Edad avanzada	Hipotermia	
Cáncer		
Patología neuromuscular		

Fuente: Tomado de: Palomar M, Serra J, Ugarte P, Felices F. Peritonitis. En: Álvarez Lerma F: Decisiones clínicas y terapéuticas en patología infecciosa del paciente crítico. Editorial Marré. 1999: 103-121.

2.1.6 Neumonias véase capitulo5.3 NEUMONIA

2.2 SINDROME DE DISTRESS RESPIRATORIO DEL ADULTO

2.2.1 Criterios para el diagnóstico de SDRA.

Clínica:	Disnea y taquipnea. Crepitantes en auscultación.
Fisiopatología:	Agresión pulmonar directa (aspiración). Procesos sistémicos que secundariamente producen lesión pulmonar (sepsis, pancreatitis...)
Hallazgos radiológicos:	Patrón alveolar en tres o cuatro cuadrantes
Mecánica pulmonar:	Disminución de compliance pulmonar (<40 ml/cm H_2O).
Intercambio gaseoso:	Hipoxemia grave refractaria a oxigenoterapia (paO_2/FiO_2 <150).
Presiones vasc. pulmonares:	Presión capilar pulmonar <16 mm Hg.

Fuente: Adaptado de Hall JB, Wood LDH: Acute hypoxemic respiratory failure. In: Hall JB, Schmidt GA, Wood LD (eds): Principles of Critical CareMcGraw-Hill, Inc. 1992:1634-1658.

2.2.2 Sistema de puntuación de Murray del SDRA.

Rx de tórax	paO_2/FiO_2	Compliance (mL/cm H_2O)	PEEP	Puntuación	Mortalidad
Normal	>300	>80	<5	0	0
Un cuadrante	225-299	60-79	6-8	1	25%
Dos cuadrantes	175-224	40-59	9-11	2	50%
Tres cuadrantes	100-174	20-39	1 2-14	3	75%
Cuatro cuadrantes	<100	<19	>14	4	90%

paO2/FiO2: presión arterial de O2/fracción inspiratoria de O2; PEEP: presión espiratoria positiva final.

Valoración: suma de puntos dividida entre 4	
Diagnóstico	Puntuación
No lesión	0
Lesión ligera-moderada (ALI)	0,1-2,5
Lesión grave (SDRA)	>2,5

SDRA: Síndrome de Distres respiratorio Agudo; ALI: Lesión pulmonary aguda; paO2/FiO2: presión arterial de O2/Fracción inspiratoria de O2; PEEP: presión positiva al final de la espiración.

Fuente: Murray JF, Matthay MA, Luce LM, et al: An expanded definition of the adult respiratory distress syndrome. Am Rev Resp Dis 1988;139:720-723.

2.2.3 Sistema de puntuación de Ginebra del SDRA.

Rx	AaDO2/Fi O2	Compliance	PTI	Puntuación	Mortalidad
Normal	<300	>1,0	<20	0	0
Intersticial	300-375	0,6-0,9	20-25	1	25%
Intersticial	375-450	0,5-0,7	25-30	2	50%
Consolidación	450-525	0,3-0,5	30-35	3	75%
Consolidación	>525	<0,3	>35	4	90%

SDRA: Síndrome de Distres respiratorio Agudo; AaDO2/FiO2: gradiente alveolo-arterial de O2/fracción inspiratoria de O2; PTI: Presión tele inspiratoria.
Fuente: Morel D, Dargent F, Bachman M, et al.: Pulmonary extraction of serotonin and propranolol in patients with ARDS. Am Rev Respir Dis 1985;132:475-484.

2.2.4 Sistema de puntuación Euroxy Study del SDRA.

Rx	paO2	Fi O2	PEEP	Volumen corriente	Puntuación	Mortalidad
Infiltrado	>75	<0,5	<5	<10 ml/Kg	Hipóxico	38 %
Infiltrado	<75	>0,5	>5	>10 ml/Kg	Grave	69%

SDRA: Síndrome de Distres respiratorio Agudo; paO2: presión arterial de O2; FiO2: Fracción inspiratoria de O_2; PEEP: presión positiva al final de la espiración.
Fuente: Artigas A, Carlet J, McGall JR, elt al.: Clinical presentation prognostic factors and outcome of ARDS in the European collaborative study (1985-1987). In: Zapol W, Lemare F (eds): Adult respiratory distress syndrome. New York: Dekker 1991:37-63.

2.2.5 Sistema de puntuación del SDRA, Massachusetts General Hospital.

Rx	Ventilación	Fi O2	Gravedad	Mortalidad
Mínimo	Espontánea ó VPP	<0,5	Leve	18 %
Panlobular	VPP	>0,5	Moderada	49%
Bilateral	VPP + PEEP	>0,6 ó paO2<50	Grave	84%

SDRA: Síndrome de Distres respiratorio Agudo; VPP: ventilación con presión positive; paO_2: presión arterial de O2; PEEP: presión positiva al final de la espiración.
Fuente: Zapol WM, Frikke MJ, Pontoppidian H, et al.: The adult respiratory distress syndrome at Massachusetts General Hospital. In: Zapol W, Lemare F (eds): Adult respiratory distress syndrome. New York: Dekker 1991:37-63.

2.2.6 Criterios diagnósticos de lesión pulmonar aguda secundaria a transfusión (TRALI: transfusión-related acute lung injury).

Criterios de TRALI	Posible TRALI.
Criterios de ALI de la conferencia de Consenso Americana- Europea Aparece durante o en las primeras 6 horas postransfusión Ausencia de ALI pretransfusión Sin relación temporal con otro factor de riesgo de ALI	Criterios de ALI de la Conferencia de Consenso Americana-Europea Aparece durante o en las primeras 6 horas postransfusión Ausencia de ALI pretransfusión Clara relación temporal con otro factor de riesgo de ALI

ALI: Lesión pulmonary aguda.

Fuente: Kleinman S, Caufeld T, Chan P, et al. Toward an understanding of transfusion-related lung injury: statement of a consensus panel. Transfusion 2004;44:1774-1789.

2.3 ASMA
2.3.1 Clasificación por nivel de control del asma.

CARACTERISTICA	CONTROLADO (Todas las siguientes)	PARCIALMENTE CONTROLADO (Cualquier / semana)	NO CONTROLADO
Síntomas diurnos	No (2 o menos / semana)	Mas de 2 veces / sem	Tres o mas características del asma parcialmente controlada presentes en cualquier semana.
Limitación actividades	No	Alguna	
Síntomas nocturnos / despiertan paciente	No	Alguna	
Necesidad medicamento rescate	No (2 o menos / semana)	Mas de 2 veces / sem	
Funciòn pulmonar (PEF / FEV1) ***	Normal	<80% valor predictivo o mejor valor personal	
Exacerbaciones	No	Una o mas / año**	Una vez / sem *

* Por definición, cualquier exacerbación que se presente durante una semana hace que durante esa semana el paciente se clasifique como no controlado.
** Posterior a cualquier exacerbación se debe de revisar bien el tratamiento para asegurarse que sea adecuado.
*** No se contempla en niños de 5 años o menores la realización de pruebas de función pulmonar.
Fuente: Pocket Guide for Asthma Management and Prevention. Global Initiative for Asthma. National Heart, Lung and Blood Institutes. World Health Organization. 2006.

2.3.2 Valoración Clínica Del Estatus Asmático.

FUNCIÓN	LEVE	MODERADO	GRAVE	MUY GRAVE
Lenguaje	Frases	Palabras	-	-
Frecuencia cardíaca	<100 lpm	100-120 lpm	120-140 lpm	>140 lpm
Pulso paradójico	-	+	++	+++
Músculos accesorios	+/-	+	++	+++
Ruidos respiratorios	+	+	+/-	-
Sibilancias	++	+++	+++/++	+/-
Presión arterial	Normal	Normal/+	Aumentada	Variable
Cianosis	-	-	-/+	++
Fatiga muscular	-	-	+	++
Consciencia	Normal	Normal	Normal/disminuida	Disminuida

Fuente: Ballestero JJ, Zaldumbide J: Status asmático. En: Montejo JC, García de Lorenzo A, Ortiz Leyba C, Planas M: Manual de Medicina Intensiva. Mosby. 1.996;164-170.

2.3.3 Valoración Gasométrica Del Estatus Asmático.

PARÁMETRO	LEVE	MODERADO	GRAVE	MUY GRAVE
PH	↑	↑↑	Normal	↓↓
paCO2	↓	↓↓	Normal	↑
paO2	Normal	↓	↓↓	↓↓↓
HCO3	Normal	Normal /↓	↓	↓↓

paCO2: presión arterial de CO2; paO2: presión arterial de paO2; HCO3: bicarbonato plasmático; ↑: aumentado; ↓: disminuido.

Fuente: Ballestero JJ, Zaldumbide J: Status asmático. En: Montejo JC, García de Lorenzo A, Ortiz Leyba C, Planas M: Manual de Medicina Intensiva. Mosby. 1.996;164-170.

2.3.4 Valoración Funcional Del Estatus Asmático.

PARÁMETRO	LEVE	MODERADO	GRAVE	MUY GRAVE
FEV1 (l)	2-3	1-2	0,5-1	<0,5
CVF (l)	3,5-5	2-3,5	1-2	<1
PEFR (l/min)	>200	100-200	50-100	<50

Fuente: Ballestero JJ, Zaldumbide J: Status asmático. En: Montejo JC, García de Lorenzo A, Ortiz Leyba C, Planas M: Manual de Medicina Intensiva. Mosby. 1.996;164-170.

2.3.5 Criterios Diagnósticos De Asma Grave.

- Duración prolongada de los síntomas.
- Progresión a pesar de tratamiento correcto.
- Disnea que impide dormir.
- Disnea que impide hablar.
- Empleo de musculatura respiratoria accesoria.
- Taquicardia >120 lpm.
- Taquipnea >35 rpm.
- Pulso paradójico >15 mm Hg.
- FEV1 <1 l/min.
- Pico de flujo espiratorio forzado <120 l/min.
- Aumento o descenso de paCO2.

FEV1: volume espirado forzado en el primer Segundo; $paCO_2$: presión arterial de CO_2.

Fuente: Adaptado de Hall JB, Wood LDH: Status asthmaticus. In: Hall JB, Schmidt GA, Wood LD (eds): Principles of Critical CareMcGraw-Hill, Inc. 1992:1670-1679.

2.3.6 Criterios De Intubación En Asma Grave.

- Taquipnea >40 rpm.
- Aumento del pulso paradójico.
- Caída del pulso paradójico en paciente exhausto.
- Alteración del nivel de consciencia.
- Imposibilidad de hablar.
- Barotrauma.
- Acidosis láctica persistente.
- Diaforesis profusa.
- Silencio pulmonar a pesar de esfuerzos respiratorios.
- Elevación de paCO2 con progresión de síntomas.

$paCO_2$: presión arterial de CO_2.

Fuente: Tomado de Hall JB, Wood LDH: Status asthmaticus. In: Hall JB, Schmidt GA, Wood LD (eds): Principles of Critical CareMcGraw-Hill, Inc. 1992:1670-1679.

2.4 VENTILACION MECANICA
2.4.1 Clasificación de las funciones básicas de los Sistemas De Ventilación Mecánica.

1. Suministro energético
   1.1. Neumático
   1.2. Eléctrico
2. Compresión y transmisión
   2.1. Compresor externo
   2.2. Compresor interno/transmisión
      2.2.1. Gas comprimido/directa
      2.2.2. Motor eléctrico/válvula rotadora con pistón-varilla
      2.2.3. Motor eléctrico/cremallera y piñón
      2.2.4. Motor eléctrico/directa
   2.3. Control de las válvulas
      2.3.1. Diafragma neumático
      2.3.2. Válvula neumática
      2.3.3. Válvula electromagnética
      2.3.4. Válvula electromagnética proporcional
3. Esquema de control
   3.1. Control del circuito
      3.1.1. Mecánico
      3.1.2. Neumático
      3.1.3. Fluídico
      3.1.4. Eléctrico
      3.1.5. Electrónico
   3.2. Control de variables y ondas
      3.2.1. Presión
      3.2.2. Volumen
      3.2.3. Flujo
      3.2.4. Tiempo
   3.3. Fases variables
      3.3.1. Trigger variable
      3.3.2. Límites variables
      3.3.3. Ciclado variable
      3.3.4. Linea de base variable
   3.4. Variables condicionales
4. Parámetros de salida
   4.1. Presión
      4.1.1. Rectangular
      4.1.2. Exponencial
      4.1.3. Sinusoidal
      4.1.4. Oscilante
   4.2. Volumen
      4.2.1. En rampa
      4.2.2. Sinusoidal
   4.3. Flujo
      4.3.1. Rectangular
      4.3.2. En rampa
         4.3.2.1. Ascendente
         4.3.2.2. Descendente
      4.3.3. Sinusoidal
   4.4. Relación circuito-paciente
5. Sistemas de alarma
   5.1. De suministro energético
      5.1.1. Fallo de electricidad
      5.1.2. Fallo neumático
   5.2. Del control de los circuitos
      5.2.1. Fallo general (inoperativo)
      5.2.2. Parámetros incompatibles
      5.2.3. Inversión I:E
   5.3. De los parámetros de salida
      5.3.1. Presión
      5.3.2. Volumen
      5.3.3. Flujo
      5.3.4. Tiempo
         5.3.4.1. Alto/bajo FR
         5.3.4.2. Alto/bajo Ti
         5.3.4.3. Alto/bajo Te (apnea)
      5.3.5. Gas inspirado
         5.3.5.1. Alto/bajo T° gas
         5.3.5.2. Alto/bajo FiO2

Fuente: Chatburn RL: Classification of mechanical ventilators. En: Tobin MJ: Principles and practice of mechanical ventilation. McGraw-Hill. Library of Congress. 1994:37-64

2.4.2 Parámetros mínimos para el retiro de ventilador.

Parámetro	Valor mínimo para retirada
Frecuencia respiratoria (FR)	12 – 30 por minuto
Volumen Corriente (VT)	4 ml/kg o mayor
Volumen minuto (V˙)	5 – 10 litros
Capacidad Vital (CV)	10 -15 ml/kg
Presion negativa inspiratoria	Mínimo: -20 cmH2O
Distensibilidad dinámica	Minima: 25 ml/cm H2O
Cociente FR/VT	Menor de 100 resp/min/litro
Resistencia del sistema	<5 cm H2O/lt/seg

Fuente: Urrutia Illera, Isabella; Cristancho Gomez, William. Ventilacion mecanica. En http://www.facultadsalud.unicauca.edu.co.

2.4.3 Parámetros gasometricos mínimos para retiro de ventilador.

Parámetro	Valor Normal	Observaciones
PaO2	Mínimo 60 mmHg	1. FiO2 igual o menor a 0.4 2. Mínimo requerimiento de PEEP (5 cm H2O). 3. Deben considerarse las variaciones del paciente con EPOC
PaCO2	30 – 40 mmHg	1. No debe coexistir taquipnea. 2. Deben considerarse las variaciones del paciente con EPOC.
PH	7.35 – 7.45	1. Debe valorarse el estado ácido-básico y el equilibrio hidroelectrolítico.
PaO2/FiO2	Mayor de 300 mmHg	Es infrecuente encontrar valores normales en el paciente en destete de ventilador lo más importante es la monitorización de la tendencia de la PaO2/ FiO2 hacia la mejoría
PaO2/PAO2	0.77 a 0.85	1. La PAO2, se calcula con la ecuación de gas alveolar.
Qs/Qt	Menor de 20%	1. Aunque el valor de shunt normal es de 10%, valores hasta 20% no limitan el destete.
VD/VT	Menor de 0.6	1. Aunque es un parámetro clásico es poco utilizado. 2. Su aumento posibilita la aparición de fatiga diafragmatica.

Adicionalmente deben coexistir las siguientes condiciones:
1. Glasgow superior a 8 puntos
2. Mínimo o ningún requerimiento de vasoactivos.
3. Ramsay menor de 3
4. Radiografia de tórax normal o en mejoría con respecto a estudios previa.
5. Estado nutricional aceptable.
6. Electrolitos normales.

Fuente: Urrutia Illera, Isabella; Cristancho Gomez, William. Ventilacion mecanica. En http://www.facultadsalud.unicauca.edu.co.

2.4.4 Otros criterios de desconexión de la Ventilación Mecánica.

Trabajo respiratorio (WOB) <7,5 J/l.
Henning RJ, Shubin H, Weil MH: The measurement of the work of breathing for the clinical assessement of ventilator dependence. Crit Care Med 1977;5:264-268.

Frecuencia respiratoria >35 rpm.
Sahn SA, Lakshminarayan S: Bedside criteria for discontinuation of mechanical ventilation. Chest. 1973;63:1002-1005.

Frecuencia respiratoria/volumen corriente (FR/VT) <100 r/min/l.
Yang KL, Tobin MJ: A prospective study of indexes predicting the outcome of trials of weaning from mechanical ventilation. N Engl J Med 1991;324:1445-1450.

Índice presión-tiempo (IPT) <1,5
Rochester DF, Arora NS: Respiratory muscle failure. Med Clin North Am 1983;67:573-597.

P0.1 <6 cm H2O.
Sassoon CSH, Te TT, Mahutte CK, Light R: Airway occlusion pressure. An important indicator for successful weaning in patients with chronic obstructive pulmonary disease. Am Rev Respir Dis 1987;135:107-113.

2.4.5 Criterios de fracaso del tubo en T previo a la desconexión de la ventilación mecánica.

- Frecuencia respiratoria >35 rpm o aumento >50% sobre valor basal.
- Frecuencia cardíaca >140 lpm o aumento >20% sobre valor basal.
- pH <7,2.
- Disminución del nivel de consciencia.
- Diaforesis.
- Agitación.
- Presión arterial sistólica <80 mm Hg ó >190 mm Hg.

Fuente: Morganroth ML, Grum CM: Weaning from mechanical ventilation. J Intensive Care Med 1988;3:109-120.

2.4.6 Criterios de exito en la desconexión de la Ventilación Mecánica (Indice de Tobin).

1. Intercambio de gases:
   - paO_2 ³60 mm Hg con $Fi\ O_2$ =< 0,35.
   - Gradiente alveolo-arterial de O_2 <350 mm Hg.
   - Cociente $paO_2/Fi\ O_2$ >200 mm Hg.
2. Bomba ventilatoria:
   - Capacidad vital >10-15 ml/Kg.
   - Presión inspiratoria negativa >-20 cm H2O.
   - Volumen minuto <10 l/min.
   - Ventilación voluntaria máxima > doble del volumen minuto en reposo.

Fuente: Tobin MJ: Weaning from mechanical ventilation. In: Current Pulmonology. Volume 11. Simmons DII (ed). Year Book Publishers, Chicago 1990:47-105.

2.5 DERRAME PLEURAL Y EMPIEMA
2.5.1 Criterios de Light para derrame pleural exudativos.

Los derrames pleurales transudativos y exudativos son distinguidos por mediciones de lactato dehidrogenasa (LDH) y niveles de proteínas en el líquido pleural. En los derrames pleurales exudativos se encuentra al menos uno de los siguientes criterios, mientras que en los derrames pleurales transudativos no se encuentra ninguno:

1. Proteínas del líquido pleural/proteínas séricas >0,5
2. LDH del líquido pleural/LDH sérica >0,6
3. LDH del líquido pleural más de dos tercios del límite superior normal para el suero

Estos criterios no identifican aproximadamente el 25% de los transudados como exudados. Si uno o más de los criterios de exudado se encuentran y el paciente es clínicamente compatible de presentar una enfermedad que produce derrame transudativo, la diferencia entre los niveles de albúmina en el suero y el líquido pleural deberían ser medidos. Si este gradiente es mayor de 12 g/L (1,2 g/dL), la categorización de exudativo por los criterios antes mencionados pueden ser ignorados porque casi todos de estos pacientes presentan un derrame pleural transudativo.

Si un paciente cumple con los criterios de derrame pleural exudativo, las siguientes pruebas en el líquido pleural deberían ser realizadas: descripción del líquido, niveles de glucosa, conteo diferencial de células, estudios microbiológicos, y citología.

Fuente: Light RW. Clinical practice. Pleural effusion. N Engl J Med. 2002 Jun 20;346(25):1971-7.

2.5.2 Criterios ATS/ERS para el diagnóstico de fibrosis pulmonar idiopática (FPI) en ausencia de biopsia pulmonar quirúrgica.

Criterios Mayores	Exclusión de otras causas conocidas de enfermedad pulmonar intersticial (EPI) como ser toxicidad confirmada de ciertas drogas, exposición ambiental, y enfermedades del tejido conectivo Estudios de función pulmonar alterados que incluyen evidencia de restricción (CV reducida, a menudo con relación VEF1/CVF incrementada) y alteración en el intercambio de gases [P(A–a)O2 incrementada, PaO2 disminuida con el reposo o ejercicio o DLCO disminuida] Anormalidades bibasales reticulares con mínima opacidad tipo vidrio esmerilado en TC de alta resolución Biopsia pulmonar transbronquial o LBA mostrando ausencia de características que soporten un diagnóstico alternativo
Criterios Menores	Edad >50 años Comienzo insidioso de disnea inexplicada de esfuerzo Duración de la enfermedad >3 meses Rales inspiratorios bibasales (secos, tipo "Velcro")

En el adulto inmunocompetente, la presencia de todos los criterios diagnóstico mayores y de al menos 3 de los 4 criterios menores incrementa la probabilidad de un correcto diagnóstico clínico de FPI.

Fuente: Demedts M, Costabel U. ATS/ERS international multidisciplinary consensus classification of the idiopathic interstitial pneumonias. Eur Respir J. 2002 May;19(5):794-6.

2.5.3 Clasificación y tratamiento del derrame pleural y empiema según Light.

TIPO 1: no significativo	Rx tórax decúbito lateral: derrame <1cm No requiere punción evacuadora Tratamiento: solo antibioticoterapia
TIPO 2: Derrame Paraneumónico	Rx torax decúbito lateral: derrame > 1cm Ecografía: ausencia de tabiques Líquido pleural: pH>= 7.2, glucosa >40, LDH<1000 Tratamiento: Antibiótico Aspiración por aguja y/o drenaje según volumen
TIPO 3: Derrame inflamatorio mínimamente complejo	Rx torax decúbito lateral: derrame >1cm Ecografía: ausencia de tabiques Líquido pleural: pH = 7-7.2, glucosa > 40, LDH >1000 Tratamiento: Antibiótico Toracocentesis seriadas
TIPO 4: Derrame inflamatorio moderadamente complejo	Rx torax decúbito lateral: derrame >1cm Ecografía: ausencia de tabiques Líquido pleural: Ph<=7, glucosa <40, LDH >1000 Tratamiento: Antibiótico Drenaje mediante tubo pleural
TIPO 5: Derrame inflamatorio extremadamente complejo	Ecografía: Presencia de fibrina y septos Líquido pleural: Ph <7, glucosa <40, LDH >1000, cultivo bacteriano +/- Tratamiento: Antibiótico Drenaje mediante tubo pleural Fibrinolisis Desbridamiento por toracoscopia si fracaso tto anterior
TIPO 6: Empiema no complejo	Ecografía: Presencia de tabiques +/- Líquido pleural: pus franco, cultivo bacteriano +/- Estabilidad clínica Tratamiento: Antibiótico Drenaje mediante tubo pleural Fibrinolisis Desbridamiento por toracoscopia si fracasa tto anterior
TIPO 7: Empiema complejo	Ecografía: Presencia de múltiples tabiques Líquido pleural: pus franco, cultivo bacteriano +/- Inestabilidad clínica Tratamiento: Antibiótico Drenaje mediante tubo pleural Fibrinolisis Desbridamiento por toracoscopia Desbridamiento por toracotomia +/-

Fuente: http://www.upiip.com/files/20090417163323_7274_a8aa4e41-d015-4cb0-a309-5f75d9a9dfcd.pdf

2.6 SINDROME DEL EMBOLISMO GRASO
2.6.1 Escala de Shier para el riesgo de Síndrome de Embolismo Graso.

Lugar de la fractura	Puntuación
Cabeza del fémur	2
Cuerpo del fémur	4
Pelvis	2
Tibia	2
Húmero	2
Radio	1
Peroné	1
Cúbito	1

Fuente: Shier MR, Wilson RF, James RE, Riddle J, Mammen EF, Pedersen HE. Fat embolism prophylaxis: a study of four treatment modalities. J Trauma 1977; 17 (8): 621-629.

2.6.2 Criterios diagnósticos de Síndrome de Embolismo Graso.

Síntoma/signo	Puntuación
Petequias	5
Infiltrados alveolares difusos	4
Hipoxemia*	3
Confusión	1
Fiebre**	1
Taquicardia***	1
Taquipnea****	1

(*) presión arterial de O2 <70 mm Hg; (**) temperatura >38ªC; (***) frecuencia cardíaca >120 lpm; (****) frecuencia respiratoria >=30 rpm.

Fuente: Schonfeld SA, Ploysongsang V, Dilisio R, Crisman JD, Miller E, Hammerschmidt DE, Jacob HS. Fat embolism with corticosteroids. Ann Intern Med 1983; 99: 438-443.

2.6.3 Criterios de Gurds para el diagnóstico de Síndrome de Embolismo Graso.

1. CRITERIOS MAYORES:
    1.1. Petequias axilares/subconjuntivales.
    1.2. Hipoxemia: pO2 <60 mm Hg con FiO2 ? 0,4.
    1.3. Depresión del SNC.
    1.4. Edema pulmonar.
2. CRITERIOS MENORES:
    2.1. Taquicardia: frecuencia cardíaca >110 lpm.
    2.2. Hipertermia: temperatura >38ºC.
    2.3. Embolia visible en el fondo de ojo.
    2.4. Caída de hematocrito y/o recuento de plaquetas.
    2.5. Aumento de VSG.
    2.6. Presencia de grasa en el esputo.
    El diagnóstico de SEG requiere la presencia al menos de un criterio mayor y cuatro menores.

Fuente: Tomado de Robles A, Garnacho de la Vega A, Triginer C. Embolia grasa. En: Triginer C: Avances en Cuidados Intensivos: Politraumatizados. A. Artigas. Hoechst Ibérica. 1992: 99-106.

2.7 OTRAS CLASIFICACIONES EN NEUMOLOGIA

2.7.1 Clasificación de las Bronquiectasias de Reid.

1	Bronquiectasias cilíndricas, fusiformes o tubulares.	Dilatación uniforme.
2	Bronquiectasias varicosas.	Dilatación irregular.
3	Bronquiectasias saculares o quísticas.	Dilatación acentuada distalmente.

2.7.2 Sistema de cruces en la Baciloscopía.

(-)	Ausencia de BAAR en 100 campos
(+)	1-9 BAAR/100 campos. Informarlos numéricamente.
(++)	10-99 BAAR/100 campos.
(+++)	1-10 BAAR/campo (solo es necesario observar 50 campos) +10 BAAR /campo (solo necesario observar 20 campos)

Fuente: Caminero Luna, Jose. Guía de tuberculosis para medicos especialistas 2003, Union Internacional contra la tuberculosis y enfermedades respiratoias (UICTER).

2.7.3 Criterios del candidato a trasplante pulmonar.

Esperanza de vida menor de 18 meses
Edad <60 años en trasplante unipulmonar y <50 años en trasplante bipulmonar
Estado nutricional adecuado, no obesidad

Fuente: Tenorio L. Trasplante pulmonar. En Montejo JC, García de Lorenzo A, Ortiz C, Planas M. Manual de Medicina Intensiva. Madrid. Mosby/ Doyma. 1996:451- 454.

2.7.4 Criterios de selección del donante de pulmón.

1. Absolutos:
   1.1. Edad inferior a 55 años
   1.2. Rx de tórax normal
   1.3. No cirugía torácica previa
   1.4. paO2 >300 (FiO2 100%, PEEP 5 cm H2O durante 5 minutos)
   1.5. Compatibilidad ABO
   1.6. Tamaño pulmonar estimado similar
   1.7. HBsAg y VIH negativos
2. Relativos:
   2.1. Esputo no infectado
   2.2. Broncoscopia normal
   2.3. No historia de tabaquismo

paO2: presión arterial de O2; **FiO2**: fracción inspirada de O2; **PEEP**: presión positiva espiratoria final; **HBsAg**: antígenos de hepatitis B.

Fuente: Tenorio L. Trasplante pulmonar. En Montejo JC, García de Lorenzo A, Ortiz C, Planas M. Manual de Medicina Intensiva. Madrid. Mosby/ Doyma. 1996; 451- 454.

2.7.5 Clasificación de personas expuestas a/o infectadas con M. tuberculosis.

Clase	Definición	Características
0	No hay exposición al bacilo, no hay infección	Son las personas sin antecedentes de exposición al bacilo y prueba de la Tuberculina negativa, habiendo descartado el efecto Booster.
1	Exposición al bacilo, sin infección	Sujetos con antecedentes de exposición al bacilo y prueba Tuberculina negativa. Si la exposición ha ocurrido en los últimos tres meses, requiere seguimiento y posible quimioprofilaxis primaria en el caso de la presencia de contactos íntimos.
2	Infección Tuberculosa, sin enfermedad	Cuando la prueba Tuberculina es positiva, la clínica y exploraciones complementarias no muestran hallazgos patológicos. En algunos casos estos pacientes requerirán quimioprofilaxis secundaria.
3	Tuberculosis (enfermedad) clínicamente activa	Paciente con historia clínica y exploraciones complementarias que conducen al diagnóstico aunque el criterio definitivo lo constituye el aislamiento del bacilo de Koch.
4	Tuberculosis (enfermedad) sin actividad clínica	Son sujetos con historia previa de Tuberculosis o lesiones radiológicas específicas estables y prueba Tuberculina positiva, (prueba de Tuberculina es positivo cuando la induración resultante es de 8 mm o más) en los que no se aísla el bacilo y no existe clínica y/o exploraciones complementarias que sugieran enfermedad activa.
5	Sospecha de Tuberculosis	Son pacientes con signos o síntomas que inducen a plantear el diagnóstico de Tuberculosis. Están pendientes de completar el estudio. No deberían permanecer más de tres meses sin confirmar o descartar el diagnóstico.

Fuente: American Thoracic Society. Diagnostic Standards and Classification of Tuberculosis in Adults and Children. Am J Respir Crit Care Med Vol 161. pp 1376–1395, 2000

2.7.6 Criterios fisiológicos para escoger los candidatos a trasplante pulmonar.

1. Enfermedad pulmonar obstructiva crónica:
    1.1. FEV1 con broncodilatadores <30% del valor teórico
    1.2. Hipoxia (paO2< 55- 60 mm Hg) o hipercapnia en reposo
    1.3. Hipertensión pulmonar secundaria grave
    1.4. Grave limitación para las actividades cotidianas
2. Fibrosis quística:
    2.1. FEV1 con broncodilatadores <30% del valor teórico
    2.2. Hipoxia (paO2< 55- 60 mm Hg) o hipercapnia (paCO2 >50 mm Hg) en reposo
    2.3. Número creciente de agudizaciones, complicaciones
3. Fibrosis pulmonar idiopática:
    3.1. Capacidad vital o capacidad pulmonar total <60% del valor teórico
    3.2. Hipoxia en reposo
    3.3. Hipertensión pulmonar secundaria grave
4. Hipertensión pulmonar primaria:
    4.1. Clase funcional III o IV de la NYHA
    4.2. Presión auricular derecha media >10 mm Hg
    4.3. Presión arterial pulmonar media >50 mm Hg
    4.4. Índice cardiaco < 2.5 l/min/m2.

FEV1: volumen espirado forzado en el primer segundo; **paO2:** presión arterial de O2; **paCO2:** presión arterial de O2; **NYHA:** clases funcionales de la insuficiencia cardíaca de la New York Heart Association.

Fuente: Maurer JR. Trasplante pulmonar. En: Harrison: Principios de Medicina Interna. McGraw-Hill-Interamericana de España S.A., 14º Edition. 1998:1695- 1697

CAPITULO 3. GASTROENTEROLOGIA

3.1 HEMORRAGIA DIGESTIVA

3.1.1 Valoración clínica de la hemorragia digestiva.

Gravedad	Datos clínicos	Disminución de volemia
Leve	Asintomática	10% (500 ml)
Moderada	TAS>100 mm Hg Pulso < 100 lpm Ligera vasoconstricción periférica Tilt-test -	10-25% (500-1250 ml)
Grave	TAS<100 mm Hg Pulso 100- 120 lpm Evidente vasoconstricción periférica Tilt-test +	25-35% (1250-1750 ml)
Masiva	TAS<70 mm Hg Pulso > 120 lpm Intensa vasoconstricción periférica Shock	35-50% (1750-2500 ml)

TAS: presión arterial sistólica; Tilt-test: positivo si al adoptar el ortostatismo desde decúbito aumenta >=20 pulsaciones la frecuencia cardiaca o disminuye >=20 mm Hg la TAS.

Fuente: Navarro A. Hemorragia digestiva. En: Ginestal RJ. Cuidados Intensivos. ELA. Madrid 1991; 899- 906

3.1.2 Score de Rockall para hemorragia digestiva alta.

Criterio	Puntuación
Edad	
< 60 años	0
60 – 79 años	1
≥ 80 años	2
Choque	
Frecuencia cardíaca > 100 latidos/min	1
Presión sistólica < 100 mmHg.	2
Comorbilidades	
Cardiopatia isquémica, insuficiencia cardiaca congestiva, otras enfermedades mayores.	2
Falla renal, falla hepática, cáncer metastásico	3
Diagnostico endoscópico	
No lesiones observadas, síndrome de Mallory-Weiss	0
Ulcera péptica, enfermedad erosiva, esofagitis	1
Cancer de tracto gastrointestinal alto.	2
Estigmas endoscópicos de hemorragia reciente	
Ulcera con base limpia, punto pigmentado plano	0
Sangre en tracto gastrointestinal alto, sangrado activo, vaso visible, coagulo.	2

Fuente: Wee E. Management of nonvariceal upper gastrointestinal bleeding. J Postgrad Med [serial online] 2011 [cited 2016 Jun 23]; 57:161-7. Disponible en: http://jpgmonline.com/text.asp?2011/57/2/161/81868

3.1.3 Score de Glasgow-Blatchford para hemorragia digestiva alta.

Criterio de Admisión.	Puntuación
Urea Sérica (mmol/l)	
6.5 - <8.0	2
8.0 - <10.0	3
10.0 - <25.0	4
≥ 25	6
Hemoglobina (g/dL) Hombres	
12.0 - <13.0	1
10.0 - <12.0	3
<10	6
Hemoglobina (g/dL) Mujeres	
10.0 - <12.0	1
<10.0	6
Presión arterial sistólica	
100 – 109	1
90 – 99	2
< 90	3
Otros marcadores	
Pulso ≥ 25 100 latidos por minuto.	1
Presentación con melena	1
Presentación con síncope	2
Enfermedad hepática	2
Falla cardiaca	2

Fuente: Wee E. Management of nonvariceal upper gastrointestinal bleeding. J Postgrad Med [serial online] 2011 [cited 2016 Jun 23]; 57:161-7. Disponible en: http://jpgmonline.com/text.asp?2011/57/2/161/81868

3.1.4 Factores de pronóstico adverso en la hemorragia por úlcera péptica.

1. Edad mayor de 60 años
2. Enfermedad médica coexistente
3. Shock o hipotensión ortostática
4. Coagulopatía
5. Inicio de sangrado en el hospital
6. Transfusiones múltiples
7. Sangre fresca en sonda nasogástrica
8. Úlcera gástrica más alta en la curvatura menor (adyacente a la arteria epigástrica izquierda)
9. Úlcera posterior del bulbo duodenal (adyacente a la arteria gastroduodenal)
10. Hallazgo endoscópico de hemorragia arterial o vaso visible

Fuente: Savides TJ, Jensen DM. Hemorragia gastrointestinal grave. En: Shoemaker WC, Ayres S, Glenwik A, Holbrook P. Tratado de Medicina Crítica y Terapia Intensiva, Panamericana. 1996: 8305810 1003- 1009.

3.1.5 Clasificación endoscópica de las úlceras gastroduodenales después de hemorragia reciente: prevalencia y tasa de resangrado.

Aspecto hemorrágico(estigmas hemorragia)	Prevalencia (%)	Resangrado (%)
Sangrado arterial activo	10	90
Vaso visible no sangrante	25	50
Coagulo adherente no sangrante	10	25
Rezumamiento sin un vaso visible	5	<20
Zona plana	15	<10
Base limpia de la úlcera	35	<5

Fuente: Freeman ML. The current endoscopic diagnosis and intensive care unit management of severe ulcer and another nonvariceal upper gastrointestinal hemorraghe. Gastrointest Endosc Clin North Am 1991; 1: 209- 239.

3.1.6 Clasificación de Forrest: signos endoscópicos de valor pronóstico.

FORREST I	FORREST II	FORREST III
Sangrado Activo	Sangrado detenido reciente	Sangrado inactivo, pasado
Ia. Chorro	IIa Vaso visible (UCI-UCIN)	Fibrina blanca
Ib. Capa		
80 % resangrado UCI-UCIN	IIb. Coágulo	
	IIc. Manchas planas Rojas – marrones	No resangrado
	30 – 50 % resangrado Observación	Alta

Ia, Ib, y IIa requieren de terapia endoscópica
Fuente: Wee E. Management of nonvariceal upper gastrointestinal bleeding. J Postgrad Med [serial online] 2011 [cited 2016 Jun 23]; 57:161-7. Disponible en: http://jpgmonline.com/text.asp?2011/57/2/161/81868

3.1.7 Clasificación de Roma III de los Trastornos Funcionales Digestivos del adulto.

A.	Trastornos funcionales esofágicos
	A1. Pirosis funcional
	A2. Dolor torácico funcional de posible origen esofágico
	A3. Disfagia funcional
	A4. Globo esofágico
B.	Trastornos funcionales gastroduodenales
	B1. Dispepsia funcional
	B1a. Síndrome del distrés postprandial
	B1b. Síndrome del dolor epigástrico
	B2. Trastornos con eructos
	B2a. Aerofagia
	B2b. Eructos excesivos de origen no específico
	B3. Trastornos con nauseas y vómitos
	B3a. Nausea idiopáticas crónicas
	B3b. Vómitos funcionales
	B3c. Síndrome de vómitos cíclicos
	B4. Síndrome de rumiación
C.	Trastornos funcionales intestinales
	C1. Síndrome del intestino irritable
	C2. Hinchazón funcional
	C3. Estreñimiento funcional

D.	C4. Diarrea funcional C5. Trastornos intestinales funcionales no específicos Síndrome del dolor abdominal funcional
E.	Trastornos funcionales de la vesícula biliar y el esfínter de Oddi E1. Trastornos funcionales de la vesícula biliar E2. Trastornos funcionales biliares del esfínter de Oddi E3. Trastornos funcionales pancreáticos del esfínter de Oddi
F.	Trastornos funcionales anorectales F1. Incontinencia fecal funcional F2. Dolor anorectal funcional F2a. Proctalgia crónica F2a1. Síndrome del elevador del ano F2a2. Dolor anorectal funcional no específico F2b. Proctalgia fugaz F3. Trastornos funcionales de la defecación F3a. Defecación disinérgica F3b. Propulsión defecatoria inadecuada

Fuente: http://www.aegastro.es/Areas/Trastornos_Funcionales/Roma_III.pdf

3.1.8 Criterios Diagnósticos de Roma III.

Dispepsia Funcional	1.	Deben estar presentes uno o más de los siguientes:	Los criterios deben cumplirse durante los últimos 3 meses y los síntomas haber comenzado un mínimo de 6 meses del diagnóstico.
	a.	Plenitud posprandial que produce molestia.	
	b.	Saciedad temprana.	
	c.	Dolor epigástrico.	
	d.	Ardor epigástrico.	
	2.	Sin evidencia de alteraciones estructurales (incluyendo endoscopía digestiva superior) que expliquen los síntomas.	
Síndrome de distress posprandial	1.	Deben estar presentes uno o más de los siguientes:	Los criterios deben cumplirse durante los últimos 3 meses y los síntomas haber comenzado un mínimo de 6 meses del diagnóstico.
	a.	Plenitud posprandial que produce molestia, ocurre después de una porción normal de comida y se repite varias veces por semana.	
	b.	Saciedad temprana, que impide terminar una comida de cantidad normal que se repite varias veces por semana. Pueden presentar además distensión abdominal superior, nausea postprandial o eructos excesivos, puede coexistir con el síndrome de dolor epigástrico.	
Síndrome de dolor epigástrico	1.	Deben estar presentes uno o más de los siguientes:	Los criterios deben cumplirse durante los
	a.	Dolor o ardor localizado en el epigastrio, de intensidad	

		variable que se repite por lo menos una vez a la semana. b. Dolor típicamente intermitente. c. No se generaliza ni se irradia a otras regiones del abdomen o tórax. d. No mejora con la defecación o el paso de gas por el recto. e. No cumple criterios para transtornos funcionales de la vesícula biliar o esfínter de Oddi. El dolor puede ser ardoroso pero no retroesternal, frecuentemente el dolor mejora con los alimentos, puede coexistir con el síndrome de distrés posprandial.	últimos 3 meses y los síntomas haber comenzado un mínimo de 6 meses del diagnóstico.
Síndrome de intestino irritable.	1. Dolor o molestia (*) abdominal recurrente al menos 3 días por mes durante los últimos 3 meses, asociado a dos o más de los siguientes: a. Mejora con la defecación. b. Comienzo asociado a un cambio en la frecuencia de las evacuaciones. c. Comienzo asociado a un cambio en la consistencia de las evacuaciones. (*) por molestia se entiende la sensación desagradable no descrita como dolor.	Los criterios deben cumplirse durante los últimos 3 meses y los síntomas haber comenzado un mínimo de 6 meses del diagnóstico.

Fuente: Adaptado de: www.socgastro.org.pe/revista/vol28sup1/04.pdf

3.2 FRACASO HEPATICO.
3.2.1 Estratificación del riesgo en el fracaso hepático agudo.

Bajo riesgo	Riesgo medio	Alto riesgo
10- 40 años	41- 60 años	<10 y >60 años
Hepatitis VHA	Hepatitis VHB	Criptogénica
Paracetamol	Asociada /no a VHD	Inducida por drogas/ tóxicos
		Enfermedad de Wilson asociada a tumores
	Intervalo I-E <7 días	Intervalo I-E >7 días

Fuente: Pozo JC, Robles JC, López JM, Sancho H. Fallo hepático fulminante. En Latorre FJ, Ibañez J (Ed). Guías de práctica clínica en Medicina Intensiva. 1996.

3.2.2 Clasificación pronóstica de la Cirrosis Hepática de Child- Campbell.

	1 punto	2 puntos	3 puntos
Bilirrubina (mg/dl)	<2	2- 3	>3
Albúmina (g/l)	>35	30- 35	<30
Ascitis	No	Fácil de controlar	Difícil de controlar
Encefalopatía (grado)	0	I-II	III-IV
Nutrición	Buena	Regular	Mala

Grupo A: 5- 8 puntos. Buen pronóstico
Grupo B: 9- 11 puntos. Pronóstico intermedio
Grupo C: 12- 15 puntos. Mal pronóstico

Fuente: Child III GC, Turkotte JG. Surgery and portal hypertension. En: Child III GC. The liver and portal hypertensión. Philadelphia: WB Saunders Co, 1964; 50.
Campbell DP, Parker DE, Anagnostopoulus CE. Survival prediction in porocaval shunts: a computerized statiscal analysis. Am J Surg 1973; 126: 748- 751.

3.2.3 Clasificación de la cirrosis hepática de Child-Pugh.

	1 punto	2 puntos	3 puntos
Bilirrubina (mg/dl)	<2	2- 3	>3
Albúmina (g/l)	>35	30- 35	<30
Ascitis	No	Fácil de controlar	Difícil de controlar
Encefalopatía (grados)	0	I- II	III- IV
Tiempo de protrombina	>50%	30- 50%	<30%

Grupo A: 5- 6 puntos. Buen pronóstico
Grupo B: 7- 9 puntos. Pronóstico intermedio
Grupo C: 10- 15 puntos. Mal pronóstico

Fuente: Pugh RN, Murray- Lyon MI, Dawson JL, Pietroni MC, Williams R. Transection of the oesophagus for bledding oesophageal varices. Br J Surg 1973; 60: 646- 649.

3.2.4 Criterios de Trey para valoración de la encefalopatía hepática.

Grado I	Desorientación
	Trastornos del sueño y del carácter
Grado II	Acentuación de los anteriores con predominio de la somnolencia
Grado III	Pérdida de consciencia aunque manteniendo respuesta a estímulos
Grado IV	Coma profundo

Fuente: Trey C, Davidson C. The management of fulminant hepatic facture. En Popper H, Schaffner (eds). Progress in liver disease. Vol. 3. Grune and Stratton New York, 1970; 282- 298.

3.2.5 Criterios de West-Haven para la valoración del estado mental en la encefalopatía hepática.

Grado 0	No se detecta ninguna anomalía
Grado 1	Falta trivial de alerta, euforia, ansiedad
	Acortamiento del espacio de atención
	Deterioro del rendimiento en la suma o en la resta
Grado 2	Letargia, apatía, desorientación temporoespacial
	Alteración evidente de la personalidad
	Comportamiento inapropiado
Grado 3	Somnolencia o semiestupor, pero con repuesta a estímulos
	Confusión
Grado 4	Coma
	Estado mental no evaluable

Fuente: Conn HO, Lieberthal MM. The hepatic coma syndromes and lactulose. Baltimore: Williams and Wilkins, 1979.

3.2.6 Encefalopatia Portosistemica.

Grado 1	Confusión, leve alteración del comportamiento, tests psicométricos alterados.
	Asterixis (-).
	Ritmo del sueño algo alterado.
Grado 2	Conducta inapropiada, mantiene lenguaje aunque lento.
	Obedece órdenes.
	Asterixis siempre presente.
	Alteración franca del ritmo del sueño.
Grado 3	Marcadamente confuso, sólo obedece órdenes simples.
	Hablar inarticulado.
	Duerme pero puede ser despertado.
	Aterixis presente si el paciente puede cooperar.
Grado 4	Coma, puede (A) o no puede ser despertado (B).
	Puede responder a estímulos dolorosos (A).
	Asterixis no evocable.

Fuente: Adams, Raymond. Principles of Neurology, 6th ed, pp1117-20; Plum & Posner, Diagnosis of Stupor and coma, 3rd ed, p222-5).

3.2.7 Criterios diagnósticos de síndrome hepatorrenal.

Criterios mayores	1. Una baja tasa de filtración glomerular, indicada por una creatinina sérica mayor de 1,5 mg/dl o un aclaramiento de creatinina de 24 horas menor de 40 ml/min. 2. Ausencia de shock, infección bacteriana, pérdidas de líquidos o tratamiento actual con medicamentos nefrotóxicos. 3. Ausencia de mejoría sostenida de la función renal (disminución de la creatinina sérica por debajo de 1,5 mg/dl o aumento del aclaramiento de creatinina de 24 horas por encima de 40 ml/min) tras la suspensión de los diuréticos y la expansión del volumen plasmático con 1,5 L de un expansor de plasma. 4. Proteinuria inferior a 500 mg/día y ausencia de alteraciones ecográficas sugestivas de uropatía obstructiva o enfermedad renal parenquimatosa.
Criterios adicionales	1. Volumen urinario 500 ml/día. 2. Sodio urinario inferior a 10 mEq/L. 3. Osmolalidad urinaria mayor que la osmolalidad plasmática. 4. Sedimento de orina: menos de 50 hematíes por campo. 5. Concentración de sodio sérico menor de 130 mEq/L.

(*) Todos los criterios mayores deberán estar presentes para el diagnóstico de síndrome hepatorrenal. Los criterios adicionales no son necesarios para el diagnóstico pero suelen estar presentes en la mayoria de los casos.
Fuente: Ginés A, Escorsell A, Ginés P, et al. El Sindrome hepatorrenal.
http://www.aeeh.org/trat_enf_hepaticas/C-13.pdf

3.2.8 Criterios Diagnósticos de Sindrome Hepatorrenal (International Club of Ascitis).

1.	Presencia de cirrosis y ascitis.
2.	Creatinina serica >1.5 mg/dL (o 133 micromoles/L).
3.	Sin mejoría de la creatinina serica (incremento igual o menor de 1.5 mg/dL) después de 24 horas de retiro de diuréticos y expansores de volumen con albumina (dosis recomendada: 1 gr/kg de eso por dia hasta un máximo de 100 gr de albumina/dia).
4.	Ausencia de choque.
5.	Sin tratamiento actual o reciente de fármacos nefrotoxicos.
6.	Ausencia de daño a parénquima renal indicado por proteinuria >500 mg/dia (microhematuria >50 hematíes/campo, y/o ultrasonido renal anormal).

Fuente: International Club of Ascitis (ICA)
Disponible en: http://www.icascites.org/about/guidelines/.

3.2.9 Definición de Sindrome Hepatorrenal (International Club of Ascitis).

Tipo 1	Es caracterizado por una falla renal rápidamente progresiva definida por el doble de creatinina sérica a un nivel mayor de 2.5 mg/dL o 220 µmol/l in menos de 2 semanas. Puede ser espontánea, aunque frecuentemente se desarrolla con un factor precipitante, particularmente peritonitis bacteriana espontanea. Ocurre en el deterioro agudo de la función circulatoria (hipotensión arterial y activación de sistemas vasocostrictores endógenos) y es frecuentemente asociado a un deterioro rápido en la función hepática y encefalopatía.
Tipo 2	Es caracterizado por una moderada falla renal (cretinina sérica mayor a 1.5 mg/dL o 133 µmol/l) seguido de un curso estable o lentamente progresivo, aparece en forma espontanea en la mayoría de los casos. Es frecuentemente asociado con ascitis refractaria. La supervivencia de pacientes con SHR tipo 2 es mas corta que los pacientes con ascitis pero sin falla renal.

Fuente:International Club of Ascitis (ICA)
Disponible en: http://www.icascites.org/about/guidelines/.

3.2.10. Diagnóstico diferencial de Ascitis.

Hepatitis Alcoholica.
Falla Cardiaca
Cancer (carcinomatosis peritoneal, metástasis hepáticas masivas, etc.).
Mixtas (por ejemplo cirrosis mas otras causas de ascitis).
Pancreatitis.
Sindrome nefrótico.
Tuberculosis peritoneal.
Falla hepática aguda.
Sindrome de Budd-Chiari.

Fuente: Ginés A, Escorsell A, Ginés P, et al. El Sindrome hepatorrenal.
http://www.aeeh.org/trat_enf_hepaticas/C-13.pdf

3.3 HEPATITIS
3.3.1 Perfil serológico de las hepatitis agudas.

	HbsAg	IgM anti VHA	IgM anti HBc	Anti VHC	Anti VHD
Hepatitis aguda B	+	-	+	-	-
Hepatitis aguda A	-	+	-	-	-
Hepatitis aguda C	-	-	-	+	-
Hepatitis aguda A+B	+	+	+	-	-
Portador VHB	+	-	-	-	-
Portador VHB + hepatitis aguda A	+	+	-	-	-
Coinfección VHB y VHD	+	-	+	-	+
Superinfección VHD	+	-	-	-	+

Fuente: Dienstag JL, Isselbacher KJ. Acute Viral Hepatitis. En Harrison: Principios de Medicina Interna. McGraw-Hill-Interamericana de España S.A., 14º Edition. 1998;1677- 1692

3.3.2 Perfil serológico de la hepatitis aguda por virus B.

	HbsAg	HbeAg	Anti HBc	Anti HBe	Anti HBs
Hepatitis aguda B altamente infecciosa	+	+	IgM	-	IgM
Hepatitis crónica B	+	+	IgG	-	-
Hepatitis aguda B en fase de curación	+	-	IgM	+	-
Hepatitis crónica B	+	-	IgG	+	-
Infección aguda	-	-	IgM	-	-
Inmunización	-	-	IgG	+	+

Fuente: Dienstag JL, Isselbacher KJ. Acute Viral Hepatitis. En: Harrison: Principios de Medicina Interna. McGraw-Hill-Interamericana de España S.A., 14º Edition. 1998:1677- 1692

3.3.3 Diagnostico de enfermedad hepatica.

Estudio Enzimático	Enzimas de necrosis	ALT, AST, LDH
	Enzimas de colestasis	FFA, GGT
	Enzimas de masa ocupante	GGT, LDH
	Enzimas de síntesis	CHE
	Enzimas de fibrinogénesis	GGT
Estudio Metabólico	Proteico	Albúmina, Igs, Alfafetoproteina
	Lipídico	Colesterol, TG
	Bilirrubina y ácidos biliares	
Coagulación	Factores dependientes de vitamina K	IP
	Fibrinógeno	

3.3.4 Criterios diagnósticos de hepatitis autoinmune.

Requisitos	Criterios diagnósticos	
	Definitivo	Probable
Ausencia de enfermedad hepática genética	Fenotipo normal de alfa-1 antitripsina. Niveles séricos normales de ceruloplasmina, hierro y ferritina.	Deficiencia parcial de alfa-1 antitripsina. Anormalidades séricas no específicas de cobre, ceruloplasmina, hierro, y/o ferritina.
Ausencia de infección viral activa	Ausencia de marcadores de infección activa para virus de hepatitis A, B, y C.	Ausencia de marcadores de infección activa para virus de hepatitis A, B, y C.
Ausencia de lesión tóxica o por alcohol	Consumo de alcohol diario <25 g/d y no uso reciente de drogas hepatotóxicas.	Consumo de alcohol diario <50 g/d y no uso reciente de drogas hepatotóxicas.
Características de laboratorio	Predominio de elevación de transaminasas séricas. Nivel de globulinas, gamma-globulinas o inmunoglobulinas G > o = 1,5 veces del nivel normal.	Predominio de elevación de transaminasas séricas. Hipergammaglobulinemia de cualquier grado.
Autoanticuerpos	ANA, SMA, o anti-LKM1 > o = 1:80 en adultos, y > o = 1:20 en niños; no AMA.	ANA, SMA, o anti-LKM1 > o = 1:40 en adultos u otros autoanticuerpos.*
Hallazgos histológicos	Interfase de hepatitis. No lesiones biliares, granulomas, o cambios prominentes sugestivos de otra enfermedad.	Interfase de hepatitis. No lesiones biliares, granulomas, o cambios prominentes sugestivos de otra enfermedad.

*Incluye anticuerpos antineutrófilos citoplásmico perinuclear (pANCA) y anticuerpos generalmente no disponibles como antígeno hepático soluble / hepático pancreático (anti-SLA/LP), actina, citosol hepático tipo 1 (anti-LC1), y receptor asialoglicoproteína (anti-ASGPR).

3.3.5 Sistema de puntuación para realizar diagnóstico de hepatitis autoinmunes atípicas en adultos

Categoría	Factor	Score
Sexo	Femenino	+2
Relación FAL/GOT (o GPT)	>3	-2
	<1,5	+2
Gammaglobulina o IgG (veces sobre el límite superior normal)	>2,0	+3
	1,5-2,0	+2
	1,0-1,5	+1
	<1,0	0
Títulos de ANA, SMA, o anti-LKM1	>1:80	+3
	1:80	+2
	1:40	+1
	<1:40	0
AMA	Positivo	-4
Marcadores virales de infección activa	Positivo	-3
	Negativo	+3
Drogas hepatotóxicas	Si	-4
	No	+1
Alcohol	<25 g/d	+2
	>60 g/d	-2
Enfermedad autoinmune concurrente	Cualquier enfermedad no-hepática de origen inmune	+2
Otros autoanticuerpos	Anti-SLA/LP, actina, LC1, pANCA	+2
Características histológicas	Interfase de hepatitis	+3
	Células plasmáticas	+1
	Rosetas	+1
	Ninguna de las de arriba	-5
	Cambios biliares	-3
	Características atípicas	-3
HLA	DR3 o DR4	+1
Respuesta al tratamiento	Remisión completa	+2
	Remisión con recaída	+3
Score pretratamiento	**Score posttratamiento**	
Diagnóstico definitivo >15	Diagnóstico definitivo >17	
Diagnóstico probable 10-15	Diagnóstico probable 12-17	

En base a la evidencia, las recomendaciones actuales con respecto al diagnóstico de la hepatitis autoinmune son las siguientes:
El diagnóstico de hepatitis autoinmune requiere la determinación de niveles de aminotransferasas séricas y de gammaglobulinas; detección de ANA y/o SMA, o en su ausencia, anti-LKM1; y examen histológico de biopsia hepática.
Los criterios diagnósticos de hepatitis autoinmune deben ser aplicados a todos los pacientes.
Si el diagnóstico de hepatitis autoinmune no está claro, se debe utilizar el método de puntuación o score.
Fuente: Firman, Guillermo. http://www.intermedicina.com/Avances/Clinica/ACL65.htm

3.3.6 Criterios de gravedad en hepatitis alcohólica (Maddrey, MELD y Glasgow).

INDICES	FORMULA	MORTALIDAD A 30 DIAS
Indice de discriminación de Maddrey Un resultado mayor a 32 es de mal pronostico e implica una mortalidad mayor a 50%	Billirrubina sérica (mg/100 ml) + [4.6 x (tiempo de protrombina del paciente – tiempo de protrombina del testigo)]	Sensibilidad: 98.8% Especificidad: 11.7% VPP: 61.6% VPN: 87.5%
Indice de MELD (Mayo end Stage Liver Disease) Un valor mayor a 15 considera una hepatitis alcohólica moderada a severa.	9.57 $\log^e$ (creatinina sérica mg/dl) + 3.78 $\log^e$ (BT mg/dL) + 11.2 $\log^e$ (INR) +6.43	Sensibilidad: 98.8% Especificidad: 0.1% VPP: 59% VPN: 50%
Escala de Glasgow Un rango entre 5 y 7 predice mortalidad de 7% a 28 dias y 12% a 56 días, un rango entre 8 y nueve predice mortalidad de 21% y 33%, un rango entre 10 y 12 se asocia a mortalidad de 67% y 80% respectivamente.	Ver siguiente tabla.	Sensibilidad: 98.8% Especificidad: 61.7% VPP: 78.7% VPN: 97.4%

Fuente: Higuera, M. Perez, J. Serralde, A. et al. Rev Gastroenterol Mex, vol. 75, num. 3, 2010.

3.3.7 Escala de Glasgow para hepatopatía alcohólica.

Variable	1 punto	2 puntos	3 puntos
Edad (años)	<50	>50	-
Leucocitos (109/L)	<15	>15	-
Urea (mmol/L)	<5	>5	-
INR	<1.5	1.5 – 2.0	> 2.0
Bilirrubina (mcmol/L)	<125	125 - 250	> 250

Para convertir urea de mg/dL a unidades del Sistema Internacional (mmol/L), se debe multiplicar el valor de urea en mg/dL por la constant 0.1665. Para convertir bilirrubina de mg/dL a unidades del Sistema Internacional (mcmol/L), se debe multiplicar el valor de bilirrubina en mg/dL por la constante 17.104.
Fuente: Higuera, M. Perez, J. Serralde, A. et al. Rev Gastroenterol Mex, vol. 75, num. 3, 2010.

3.4 PATOLOGIA INTESTINAL
3.4.1 Criterios para la evaluación de la gravedad de la colitis ulcerosa.

Variable	Enfermedad moderada	Enfermedad severa	Enfermedad fulminante
N° deposiciones/día	<4	>6	>10
Sangre en heces	Intermitente	Frecuente	Continuo
Temperatura (°C)	Normal	>37,5	>37,5
Frecuencia cardíaca	Normal	>90	>90
Hemoglobina	Normal	<75% del normal	Requiere transfusión
VSG (mm/h)	=<30	>30	>30
Hallazgos radiológicos en colon	--	Aire, edema de pared,	Dilatación
Signos clínicos	--	--	Distensión abdominal

VSG: velocidad de sedimentación globular.
Fuente: Truelove SC, Witts LJ. Cortisone in ulcerative colitis: final report on a therapeutic trial. BMJ 1955;2:1041-1048.

3.4.2 Criterios Diagnósticos del Megacolon Tóxico.

1. Evidencia radiológica de dilatación colónica
2. Como mínimo tres de las siguientes:
   2.1. Fiebre >38°C.
   2.2. Frecuencia cardiaca >120 lpm
   2.3. Leucocitosis con neutrófila >10.5000/mm3.
   2.4. Anemia
3. Además de los anteriores, como mínimo uno de los siguientes:
   3.1. Deshidratación
   3.2. Alteración de la conciencia
   3.3. Alteraciones electrolíticas
   3.4. Hipotensión

Fuente: Jalan KN, Circus W, Cord WI et al. An experence with ulcerative colitis: toxic dilatation in 55 cases. Gastroenterology 1969; 57: 68- 82.

3.4.3 Criterios de Fazio de toxicidad en el megacolon tóxico.

1. Temperatura > 38.6° C
2. Taquicardia >100 lpm
3. Leucocitosis > 10.500/mm3
4. Albúmina < 3.0 g/ dl

Fuente: Fazio VW. Toxic megacolon in ulcerative colitis and Crohn´s colitis. Clin Gastroenterol 1980; 9: 389- 409.

3.4.4 Criterios de Jalan de toxicidad en el megacolon tóxico

Grupo A	1. Temperatura > 38.6° C 2. Taquicardia >100 lpm 3. Leucocitosis > 10.500 4. Hemoglobina <60% del valor normal
Grupo B	1. Deshidratación 2. Distensión abdominal 3. Trastornos psíquicos 4. Trastornos electrolíticos 5. Hipotensión arterial
Toxicidad: 3 puntos del grupo A + 1 punto grupo B.	

Fuente: Jalan KN et al. An experience of ulcerative colitis. I. Toxic dilatation in 55 cases. Gastroenterology 1969; 57: 68- 82

3.4.5 Criterios de gravedad en el ataque de colitis del megacolon tóxico.

	Leve	Moderado	Severo
N° deposiciones/ día	<4	4-6	>6
Pulso (lpm)	<90	90-100	>100
Hematocrito (%)	Normal	30-40	<30
Pérdida de peso (%)	No	1-10	>10
Temperatura	Normal	37.5-38	>38
Velocidad de sedimentación	Normal	20-30	>30
Albúmina (g/dl)	Normal	3.0-3.5	<3.0

Fuente: Danovitch SH. Fulminant colitis and toxic megacolon. Gastroenterol Clin North Am 1989; 18: 73- 82.

3.5 OTROS.
3.5.1 Criterios diagnósticos del lavado peritoneal.

1. Positivo (trauma abdominal cerrado):
  1.1. Aspiración de >10 ml de sangre
  1.2. Hematíes >100.000/mm3.
  1.3. Leucocitos >500/mm3.
  1.4. Amilasa >175 UI/l.
  1.5. Presencia de bilis, bacterias o restos alimentarios.
2. Positivo (trauma abdominal penetrante):
  2.1. Hematíes >10.000/mm3.
3. Negativo (trauma abdominal cerrado):
  3.1. Hematíes <50.000/mm3.
  3.2. Leucocitos 100/mm3.
  3.3. Amilasa <75 UI/l.
4. Indeterminado (trauma abdominal cerrado):
  4.1. Hematíes >50.000 y <100.000/mm3.
  4.2. Leucocitos >100 y <500/mm3.
  4.3. Amilasa >75 y <175 UI/l.

Fuente: Peris J, Planas M: Lavado peritoneal y diagnóstico. En: Montejo JC, García de Lorenzo A, Ortiz Leyba C, Planas M: Manual de Medicina Intensiva. Mosby. 1.996;70-71.

3.5.2 Criterios clínicos diferenciales entre Peritonisis bacteriana secundaria y Espontánea por lavado peritoneal diagnóstico.

Características	Secundaria	Espontánea
Aspecto macroscópico	Turbio	Turbio
Recuento de leucocitos	> 10.000	< 500 (PMN < 70%)
Proteinas	> 1 g/dl	< 1 g/dl
Glucosa	< 50 mg/dl	
LDH	LDH L. ascítico >LDH sérica	
Flora	Polimicrobiana	Monomicrobiana (habitualmente *E coli*)

Fuente: - Laroche M, Harding G. Primary and secondary peritonitis: an update. Eur J Clin MicrobiolInfect Dis. 1988; 17:542-550

3.5.3 Criterios para el trasplante de hígado en el fracaso hepático fulminante. King's College Hospital, Londres.

1. FHF secundario a intoxicación por paracetamol
  1.1. pH arterial inferior a 7.30 (independientemente del grado de encefalopatía)
  1.2. Tiempo de protrombina mayor de 100 segundos y creatinina sérica mayor de 3.4 mg/dl en pacientes con encefalopatía grado III o IV
2. FHF secundario a otras etiologías
  2.1. Tiempo de protrombina mayor de 100 segundos (independientemente del grado de encefalopatía)
  2.2. Presencia de tres o más de las circunstancias siguientes (independientemente del grado de encefalopatía)
    2.2.1 Edad inferior a 10 años o mayor de 40 años
    2.2.2. FHF secundario a:
    Hepatitis no A no B
    Halotano
    Reacción idiosincrásica a drogas
    2.2.3. Intervalo mayor de 7 días entre la icteria y el comienzo de la encefalopatía
    2.2.4. Tiempo de protrombina mayor de 50 segundos
    2.2.5. Bilirrubina sérica mayor de 17,5 mg/dl.
FHF: fallo hepático fulminante.

Fuente: O´Grady JG, Alexander FJM, Hayllar KM, Williams R. Early indications of prognosis in fulminant hepatic failiure. Gastroenterology 1989; 97: 439- 445.

3.5.4 Condiciones para el trasplante hepático.

1. Donante
   1.1. Ausencia de hipotensión arterial e hipoxemia
   1.2. Diuresis no menor de 50 ml/Kg/h
   1.3. No necesidad de dosis elevadas de dopamina (menos de 10 mcg/kg/minuto)
   1.4. HBsAg y VIH negativos
   1.5. Perfil hepático y coagulación normales
   1.6. Ausencia de signos de sepsis
2. Receptor
   2.1. Edad no superior a 60 años (con excepciones)
   2.2. Ausencia de hepatitis activa (excepto la fulminante)
   2.3. Ausencia de metástasis extrahepáticas
   2.4. Ausencia de enfermedad cardiovascular severa
   2.5. Ausencia de enfermedad infecciosa severa
   2.6. Ausencia de drogadicción
   2.7. Ausencia de alcoholismo de al menos un año

HBsAg: antígenos de hepatitis B.

Fuente: Seymour M, Williams JW. Estado actual del trasplante hepático. Hosp Prac (Edición Español) 1988; 3: 49- 61.

3.5.5 Clasificación de la función hepática después del injerto.

	Grado I	Grado II	Grado III	Grado IV
GOT GPT	<1000	>1000 al principio <1000 a las 48 horas	>2500 48 horas	>2500 creciente
TP	Normal	Prolongación leve	Muy alterado	Coagulopatía grave
Bilis	>40 ml/día	>40 ml/día	<40 ml/día	Ninguna

GOT: transaminasa glutámico-oxalacética; **GPT**: transaminasa glutámico-pirúvica; **TP**: tiempo de protrombina.

Fuente: Greig PD, Woolf GM, Sinclair SB y col. Treatment of primary liver graft nonfunction with prostaglandin E1. Transplantation 1989; 48: 447- 453.

CAPITULO 4. TERAPIA INTENSIVA
4.1 PANCREATITIS AGUDA.
4.1.1 Clasificación de la Pancreatitis Aguda basada en la clínica. conferencia de consenso Atlanta 1992.

PANCREATITIS AGUDA
Definición: proceso inflamatorio del páncreas con afectación variable de otros tejidos regionales o de órganos o sistemas alejados.
Manifestaciones clínicas: generalmente tiene un inicio rápido acompañado de dolor en epigastrio y resistencia a la palpación variable, entre resistencia ligera y fenómeno de rebote. A menudo se acompaña de vómitos, fiebre, taquicardia, leucocitosis y elevación de enzimas pancreáticas en sangre y orina.
Anatomía patológica: varía desde edema intersticial microscópico y necrosis de la grasa pancreática hasta necrosis y hemorragia macroscópica de áreas pancreáticas y peripancreáticas.

PANCREATITIS AGUDA GRAVE
Definición: pancreatitis aguda asociada a fracaso orgánico y/o complicaciones locales como necrosis, absceso o pseudoquiste.
Manifestaciones clínicas: la exploración abdominal incluye resistencia a la palpación, distensión y ruidos peristálticos ausentes o hipoactivos. Puede palparse una masa epigástrica. Raramente aparece equímosis en flancos (signo de Grey Turner) o equímosis periumbilical (signo de Cullen).
La pancreatitis aguda grave se caracteriza por tres o más criterios de Ranson o por ocho o más puntos en el APACHE II. El fracaso orgánico se define como shock (presión arterial sistólica <90 mm Hg), insuficiencia respiratoria (paO2<60 mm Hg), insuficiencia renal (creatinina en plasma >2 mg/dl tras rehidratación) o hemorragia gastro-intestinal (>500 ml en 24 h). Pueden aparecer complicaciones sistémicas como coagulación intravascular diseminada (plaquetas <100.000/mm3, fibrinógeno <1 g/l y PDF >80 ?g/ml) o alteraciones metabólicas graves (Ca++ <7,5 mg/dl).
Anatomía patológica: con frecuencia la pancreatitis aguda grave es la expresión clínica del desarrollo de una necrosis pancreática. Ocasionalmente pacientes con pancreatitis intersticial (edematosa) pueden desarrollar una pancreatitis aguda grave.
Discusión: la pancretitis aguda, cuando es grave, lo es generalmente desde el principio. Dificilmente una pancreatitis aguda leve-moderada pasa a ser grave. El APACHE II es útil para cuantificar la gravedad durante todo el curso de la pancreatitis, en cambio los criterios de Ranson sólo son útiles las primeras 48 h.

PANCREATITIS AGUDA LEVE-MODERADA
Definición: pancreatitis aguda asociada a mínimo fracaso orgánico y cursa sin complicaciones.
Manifestaciones clínicas: responden rápido a reposición de volemia con normalización de la clínica y los hallazgos de laboratorio. El parénquima pancreático sule ser normal en la TAC con contraste.
Anatomía patológica: predomina el edema intersticial. Ocasionalmente aparecen zonas microscópicas de necrosis pancreática o de la grasa peripancreática.
Discusión: supone el 75% de las pancreatitis agudas.

COLECCIONES LÍQUIDAS AGUDAS
Definición: aparecen precozmente en el curso de las pancreatitis agudas graves. Se localizan en, o cerca del pancreas y no tienen pared ni tejido fibroso.
Manifestaciones clínicas: presente en el 30-50% de las pancreatitis agudas graves, y más de la mitad desaparecen espontáneamente. Para el

diagnóstico suelen ser necesarios estudios de imagen.
Anatomía patológica: se desconoce la composición precisa de la colección.
La presencia de bacterias es variable.
Discusión: es el primer paso para la formación de pseudoquistes y abscesos.
No se sabe por qué en algunos casos desaparecen espontáneamente.

NECROSIS PANCREÁTICA
Definición: áreas localizadas o difusas de parénquima pancreático no viable, típicamente asociado con necrosis de la grasa peripancreática.
Manifestaciones clínicas: la TAC con contraste es la prueba fundamental (gold standard) para el diagnóstico, que requiere la presencia de áreas focales o difusas, bien delimitadas que no captan contraste, mayores de 3 cm, o una zona mayor del 30%. La heterogeneidad peripancreática representa la combinación de necrosis, colección líquida y hemorragia.
Anatomía patológica: evidencia macroscópica de áreas de páncreas desvitalizadas y necrosis de la grasa peripancreática. Puede haber zonas de hemorragia pancreática o peripancreática. Al microscopio se aprecian zonas extensas de necrosis de la grasa intersticial con lesiones vasculares y necrosis que afecta a los acinos, los islotes y el sistema ductal pancreático.
Discusión: es fundamental distinguir entre necrosis pancreática infectada y estéril, ya que la infección de la necrosis requiere drenaje quirúrgico por aumentar la mortalidad significativamente. La presencia de infección requiere el cultivo de muestras extraidas por punción percutánea.

PSEUDOQUISTE AGUDO
Definición: colección de jugo pancreático rodeado de una pared de tejido fibroso o de granulación, formado como consecuencia de una pancreatitis aguda o crónica o un traumatismo pancreático.
Manifestaciones clínicas: pueden ser palpables, pero generalmente se diagnostican por técnicas de imagen. Suelen ser redondos u ovoidales y tienen una pared bien definida y visible con ecografía o TAC.
Anatomía patológica: pared de tejido fibroso o de granulación que lo diferencia de la colección líquida aguda. Contenido rico en enzimas pancreáticas y generalmente estéril.
Discusión: necesita cuatro o más semanas para formarse.

ABSCESO PANCREÁTICO
Definición: colección de pus intraabdominal, generalmente cerca del pancreas, con poca o ninguna necrosis, que aparece como consecuencia de pancreatitis aguda o traumatismo pancreático.
Manifestaciones clínicas: variable, generalmente como cuadro infeccioso, que aparece tras cuatro o más semanas después del inicio de la pancreatitis.
Anatomía patológica: pus o cultivos positivos a hongos o bacterias, con poca o ninguna necrosis pancreática, a diferencia de la necrosis pancreática infectada.
Discusión: es fundamental diferenciar la necrosis infectada del absceso pancreático porque el riesgo de mortalidad es el doble en el primer caso y por la diferencia del tratamiento específico en cada caso.

Fuente: Summary of the International Symposium on Acute Pancreatitis, Atlanta, Ga, September 11 through 13,1992. Bradley EL III: A clinically based classification system for acute pancreatitis. Arch Surg 1993;128:586-590

4.1.2 Clasificación de Balthazar: valoración morfológica de las pancreatitis agudas según la TAC.

Grado A	Páncreas normal
Grado B	Aumento del páncreas, normal y difuso, que incluye: -irregularidades de la glándula -dilatación del ducto pancreático -colecciones líquidas pequeñas sin evidencia de enfermedad peripancreática
Grado C	Alteraciones pancreáticas intrínsecas asociadas con cambios inflamatorios en la grasa peripancreática
Grado D	Colección líquida o flemón único bien definido
Grado E	Dos o más colecciones mal definidas o presencia de gas en o cerca del páncreas

Fuente: Balthazar EJ, Robinson DL, Megibow AJ, Ranson JHC. Acute pancreatitis: value of CT in establishing prognosis. Radiology. 1990; 174: 331- 336.

4.1.3 Valoración de la severidad de la pancreatitis aguda por TAC.

1. Grado de pancreatitis aguda	
Páncreas normal	0
Páncreas aumentado de tamaño	1
Inflamación del páncreas y grasa peripancreática	2
Una colección líquida o flemón	3
Dos o más colecciones	4
2. Grado de necrosis pancreática	
No necrosis	0
Necrosis de 30% del páncreas	2
Necrosis de 30 a 50% del páncreas	4
Necrosis > 50% del páncreas	6
Score Total: 0- 10	

Fuente: Balthazar EJ, Freeny PC, VanSonnennberg E. Imaging and intervention in acute pancreatitis. Radiology 1994; 193: 297- 306

4.1.4 Factores pronósticos en la pancreatitis aguda criterios de Glasgow. (referida como Osborne en Brit. J. Surg. 1981; 68:758.)

En las primeras 48 horas
Leucocitos >15.000/mm3
Glucemia >180 mg/dl
Urea > 45 mg/dl
paO2 <60 mm Hg
Calcio sérico <8 mg/dl
Albúmina <3.2 g/dl
LDH sérica >600 UI/l
GOT y/o GPT >200 UI/l

Fuente: Blamey SL, Imrie CW, O'Neill JO et al. Prognosis factors in acute pancreatitis. Gut. 1984; 25: 1340- 1346.

4.1.5 Criterios de gravedad en la pancretitis aguda por punción lavado.
1. Aspiración de más de 10 ml de líquido peritoneal libre, sea cual sea su aspecto
2. Aspiración de líquido de color marrón oscuro
3. Después de lavado con 1 litro de suero salino se aspira éste de color pajizo

Fuente: Corfield AP, Willimson RCN, McMahon et al. Prediction of severitiy in acute pancretitis: prospective comparison of three prognosis indices. Lancet 1985; 24: 403- 407.

4.1.6 Factores pronósticos en la pancreatitis aguda, criterios de Ranson.

Pancreatitis biliar	
Ingreso	Edad >70 años
	Leucocitos >18.000/mm3
	Glucosa >220 mg/dl
	LDH >400 U/l
	GOT >250 U/l
48 horas de hospitalización	Caída Hto >10 puntos
	Urea >2 mg/dl
	Calcio sérico <8 mg/dl
	Déficit base >5 mMol/l
	Déficit volumen >4 l
Pancreatitis no biliar	
Ingreso	Edad >55 años
	Leucocitos>16.000 mm3
	Glucosa >200 mg/dl
	LDH >350 U/l
	GOT >250 U/l
48 horas de hospitalización	Caída Hto >10 puntos
	Urea >5 mg/dl
	Calcio sérico <8 mg/dl
	paO2 <60 mm Hg
	Déficit base >4 mMol/l
	Déficit volumen >6 l

LDH: láctico-deshidrogenasa: **GOT:** transaminasa glutámico-oxalacética; **Hto:** hematocrito; **paO2:** presión arterial de O2.

Fuente: Ranson JHC, Rifkind KM, Roses DF et al. Prognosis signs and the role operative management in acute pancreatitis. Surg Gynecol Obstet. 1974; 139: 69- 81.
Ranson JHC. Etiological and prognosis factors in human acute pancreatitis: A review. Am J Gastroenterol 1982; 77: 633- 638.

4.2 FRACASO ORGANICO

4.2.1 Valoración del fracaso multiorgánico relacionado con la sepsis: sepsis-related organ failure assessment (SOFA).

Parámetros/Puntuación	0	1	2	3	4
Respiratorio (paO2/FiO2)	>=400	<400	<300	<200	<100
Coagulación (plaquetas/mm3)	>=150.000	<150.000	<100.000	<50.000	<20.000
Hepático (bilirrubina mg/dl)	<1,2	1,2-1,9	2-5,9	6-11,9	>12
Hemodinámica (TAM mm Hg) o aminas* (mcg/Kg/min)	TAM >=70	TAM <70	Dp <5 ó Db	Dp >5, ó A, ó NA =< 0,1	Dp >15, ó A, ó NA >0,1
SNC (GCS)	15	13-14	10-12	6-9	<6
Renal (creatinina mg/dl, o diuresis ml/día)	<1,2	1,2-1,9	2-3,4	3,5-4,9 ó <500 ml	>5 ó <200 ml

paO2/FiO2: presión parcial de O2/fracción inspiratoria de O2; TAM: presión arterial media; aminas*: administradas al menos durante 1 hora; Dp: dopamina; Db: dobutamina; A: adrenalina; NA: noradrenalina; SNC: sistema nervioso central; GCS: escala de coma de Glasgow.

Fuente: Vincent-JL; Moreno-R; Takala-J; Willatts-S; De-Mendonca-A; Bruining-H; Reinhart-CK; Suter-PM; Thijs-L. The SOFA (Sepsis-related Organ Failure Assessment) score to describe organ dysfunction/failure. On behalf of the Working Group on Sepsis-Related Problems of the European Society of Intensive Care Medicine. Intensive-Care-Med. 1996 Jul; 22(7): 707-10.

4.2.2 Criterios de Faist del fracaso orgánico.

1. Fracaso respiratorio:
   - Necesidad de ventilación asistida, al menos 72 h.
   - Necesidad de FiO2 0,4 o superior y PEEP superior a 4 cm de H2O.
2. Fracaso cardíaco:
   - Presión capilar pulmonar elevada con insuficiencia circulatoria y necesidad de drogas vasoactivas.
   - Hallazgos de lesión cardíaca en la autopsia.
3. Shock: presión arterial sistólica <80 mm Hg.
4. Fracaso renal: creatinina sérica igual o superior a 2 mg/dl, con oliguria o con poliuria.
5. Fracaso hepático: bilirrubina sérica >2 mg/dl durante 48 h con glutamato deshidrogenasa >10 mU/ml (doble del nivel máximo normal).
6. Fracaso del sistema de coagulación: <60.000 plaquetas/mm3 con alargamiento del tiempo de protrombina y necesidad de administración de factores de coagulación por hemorragia.
7. Fracaso del sistema inmunológico: se trata de un diagnóstico clínico, sin datos de laboratorio concretos.
8. Fracaso del aparato gastro-intestinal:
   - Hemorragia digestiva diagnosticada por endoscopia, que requiere transfusión de 2 ó más unidades de hematíes.
   - Intolerancia a la nutrición enteral en los 5-7 días que siguen a la agresión.
   - Atrofia de mucosa y traslocación bacteriana.
9. Fracaso metabólico: los criterios clínicos se basan en la pérdida de peso,

caquexia y debilidad.
10. Fracaso neuroendocrino:
- Necesidad de soporte hormonal.
- Presencia de fracaso adrenal.
11. Fracaso del SNC: basado en la escala del coma de Glasgow.
12. Fracaso pancreático: shock, insuficiencia respiratoria y fracaso gastrointestinal.
13. Fracaso de la cicatrización de heridas: tejido de granulación inadecuado y mala cicatrización junto con otros fracasos orgánicos o metabólicos.

Fuente: Faist E, Ditttmer H et al: Multiple organ failure in polytrauma patients. J Trauma 1983;23:775-787.

4.2.3 Valoración de la disfunción multiorgánica (SDMO).

Parámetros/ puntuación	0	1	2	3	4
Respiratorio (paO2/FiO2)	>250	151-250	101-150	61-100	=< 60
Renal (creatinina mg/dl)	=< 1,1	1,1-2,2	2,3-3,9	4-5,6	>= 5
Hepático (bilirrubina mg/dl)	=< 1,1	1,2-3,5	3,6-7	7,1-14	>14
Hemodinámica (FC lpm o aminas*)	=<120	121-140	>140	Necesidad de aminas	Lactato > 5 mEq/l
Coagulación (plaquetas/mm3)	120.000	81-120.000	41-80.000	21-40.000	=< 20.000
SNC (GCS)	15	13-14	12-10	9-7	<7

paO2/FiO2: presión parcial de O2/fracción inspiratoria de O2 aminas*: para mantener la: presión arterial media >80 mm Hg; SNC: sistema nervioso central; GCS: escala de coma de Glasgow

Fuente: Marshall JC, Cook DJ, Chritou NV, Bernard GR, Sprung CL, Sibbald WJ. Multiple Organ Dysfunction Score: A reliable descriptor of a complex clinical outcome. Crit Care Med 23; 1995: 1638-1652

4.2.4 Criterios de TRAN y CUESTA según la insuficiencia de sistemas orgánicos.

1. Cardiovascular:
  1.1. Presión arterial media menor o igual a 50 mm Hg ó
  1.2. Necesidad de carga de volumen o de fármacos vasoactivos para mantener la presión arterial sistólica mayor de 100 mm Hg ó
  1.3. Frecuencia cardiaca menor o igual a 50 latidos por minuto ó
  1.4. Taquicardia/ fibrilación ventricular o paro cardiaco o IAM.
2. Pulmonar:
  2.1. Frecuencia respiratoria menor o igual a 5 rpm o mayor o igual a 50 rpm ó
  2.2. Ventilación mecánica por 3 o más días ó
  2.3. FiO2 >0.4 y PEEP >5 mm Hg.
3. Renal:
  3.1. Creatinina sérica mayor o igual a 3,5 mg/dl ó
  3.2. Diálisis o ultrafiltración.
4. Neurológico:
  4.1. Escala de coma de Glasgow menor o igual a 6 (en ausencia de sedación).
5. Hematológico:

5.1. Hematocrito menor o igual a 20% ó
5.2. Recuento de leucocitos menor o igual a 300/mm3 ó
5.3. Recuento de plaquetas menor o igual a 50.000/mm3 ó
5.4. Coagulación intravascular diseminada.
6. Hepático:
6.1. Bilirrubina total mayor o igual a 3 mg/dl en ausencia de hemólisis ó
6.2. GPT mayor de 100 U/l.
7. Gastrointestinal:
7.1. Úlceras por estrés que necesitan transfusión de más de 2 unidades de sangre por 24 horas ó
7.2. Colecistitis acalculosa ó
7.3. Enterocolitis necrosante ó
7.4. Perforación intestinal.

Fuente: Tran DD, Cuesta MA. Evaluation of severity in patients with acute pancreatitis. Am J Gastroenterol. 1992; 87: 604- 608.

4.2.5 Criterios de Knaus del fracaso orgánico (OFS).

1. Cardiovascular (presencia de más de uno de los siguientes hallazgos):
  1.1. Frecuencia cardíaca menor o igual a 54 lpm
  1.2. Presión arterial media menor o igual a 49 mm Hg.
  1.3. Taquicardia/ fibrilación ventricular.
  1.4. pH sérico <7,23 con pCO2 <48 mm Hg.
2. Pulmonar (uno o más de los siguientes hallazgos):
  2.1. Frecuencia respiratoria menor de 4 rpm o mayor de 48 rpm.
  2.2. pCO2 >49 mm Hg.
  2.3. DA-aO2 >351 mm Hg.
  2.4. Ventilación mecánica durante el fracaso multiorgánico.
3. Renal (uno o más de los siguientes hallazgos):
  3.1. Diuresis <478 ml en 24 h o de 158 ml en 8 h.
  3.2. BUN >101 mg/dl
  3.3. Creatinina sérica mayor o igual a 3,5 mg/dl
4. Hematológico (uno o más de los siguientes hallazgos):
  4.1. Recuento de leucocitos menor 1001/mm3.
  4.2. Recuento de plaquetas menor 20.000/mm3 ó
  4.3. Hto menor o igual a 20%.
5. Neurológico:
  5.1. Escala de coma de Glasgow menor de 7 (en ausencia de sedación).
6. Hepático:
  6.1. Tiempo de protrombina >4 segundos sobre el control en ausencia de anticoagulación sistémica.
  6.2. Bilirrubina total mayor de 6 mg/dl.

paCO2: presión arterial de CO2; **DA-aO2:** gradiente alveolo-arterial de O2; **BUN:** nitrógeno uréico plasmático; **Hto:** hematocrito.

Fuente: Knaus WA, Wagner DP: Multiple Systems Organ Failure: Epidemiology and prognosis. Crit Care Clin 1989;5:221

4.2.6 Criterios de fallo orgánico de Deitch.

ÓRGANO O SISTEMA	DISFUNCIÓN	FALLO ORGÁNICO
Pulmonar	Hipoxia con VM ?2 días	SDRA con PEEP >10 cm H_2O ó FiO_2 >0,5
Hepático	Bilirrubina > 3mg/dl o transaminasas > normal x 2	Ictericia franca
Renal	Diuresis <500 ml/día o creatinina >3 mg/dl	Necesidad de diálisis
Intestinal	Íleo con intolerancia NE >5 días	Úlcera de estrés que requiere transfusión o colecistitis aguda alitiásica
Hematológico	TP o TTPA >25% o plaquetas <80.000/mm3	CID
SNC	Alteración mental	Coma progresivo
Cardiovascular	Disminución FE. Aumento permeabilidad capilar	Hipodinámico pese a soporte inotrópico

SNC: sistema nervioso central; **VM:** ventilación mecánica; **NE:** nutrición enteral; **TP:** tiempo de protrombina; **TTPA:** tiempo parcial de tromboplastina activada; **FE:** fracción de eyección; **SDRA:** síndrome del distrés respiratorio del adulto; **PEEP:** presión positiva al final de la espiración; **FiO2:** fracción inspirada de O2; **CID:** coagulación intravascular diseminada.

Fuente: Deitch EA: Overview of multiple organ failure. In: Critical Care, state of the art. Society CCM (Eds) 1993;14:131-168

4.2.7 Criterios de Goris del fracaso orgánico.

FRACASO ORGÁNICO	PUNTUACIÓN
Fracaso respiratorio	
No ventilación mecánica	0
Ventilación mecánica, PEEP <11, FiO2 <0,5	1
Ventilación mecánica, PEEP >10, FiO2 >0,4	2
Fracaso cardíaco	
TA normal, no drogas vasoactivas.	0
TAS >100 mm Hg, carga de volumen, dopamina hasta 10 mcg/Kg/min o nitroglicerina hasta 20 mcg/min	1
TAS <100 mm Hg, dopamina >10 mcg/Kg/min o nitroglicerina >20 mcg/min	2
Fracaso renal	
Creatinina sérica <2 mg/dl	0
Creatinina sérica >2 mg/dl	1
Necesidad de depuración extrarrenal	2
Fracaso hepático	
GOT <25 U/l y bilirrubina <2 mg/dl	0
GOT 25-50 U/l y bilirrubina 2-6 mg/dl	1
GOT >50 U/l y bilirrubina >6 mg/dl	2
Fracaso hematológico	
Recuento normal de leucocitos y plaquetas	0
Plaquetas <50x10^6/l y leucocitos <60x10^6/l	1
Diátesis hemorrágica y leucocitos <2,5x10^6/l o >60x10^6/l	2
Fracaso gastro-intestinal	
Funcionamiento normal	0
Colecistitis acalculosa o úlcera de estrés	1
HDA por úlcera de estrés (transfusión >2 unidades hematíes) o enterocolitis necrotizante o pancreatitis o perforación espontánea de vesícula biliar	2
Fracaso SNC	
Normal	0
Disminución clara de respuesta	1
Alteración grave de la respuesta y/o neuropatía difusa	2

Fuente: Goris RJA, te Boeckhorst TPA, Nuytinck JKS, Gimbrere JS: Multiple organ failure: generalized autodestructive inflamation? Arch Surg 1985;120:1109-1115.

4.3 POLITRAUMATIZADOS
4.3.1 Trauma score.

PARÁMETROS	PUNTUACIÓN	PARÁMETROS	PUNTUACIÓN
FR (rpm)		*Esfuerzo inspiratorio*	
10-20	4		
25-35	3	Normal	1
>35	2	Tiraje	0
1-9	1		
0	0		
TAS (mm Hg)		*Relleno capilar*	
>89	4	Normal	2
70-89	3	Demorado	1
50-69	2	Ausente	0
0-49	1		
Sin pulso	0		
GCS			
14-15	5		
11-13	4		
8-10	3		
5-7	2		
3-5	1		

FR: frecuencia respiratoria; **TAS:** presión arterial sistólica: **GCS:** escala del coma de Glasgow.

Fuente: Champion HR, Sacco WJ, Hunt TK. Trauma severity scoring to predict mortality. World J Surg 1983; 7: 4-11

4.3.2 Trauma score revisado (RTS).

GCS	TAS (mm Hg)	FR (rpm)	Puntuación
13-15	>89	10-29	4
9-12	76-89	>29	3
6-8	50-75	6-9	2
4-5	1-49	1-5	1
3	0	0	0

GCS: Escala del coma de Glasgow. **TAS:** presión arterial sistólica. **FR:** frecuencia respiratoria.
Se suma la puntuación de cada uno de ellos, si el total es <12, la supervivencia es <90%

Fuente: Champion HR, Sacco WJ, Copes WS. A revision of the trauma score. J Trauma 1989; 29: 623-629.

4.3.3 Escala abreviada de los traumatismos (AIS-85).

LESIÓN	PUNTUACIÓN
Cabeza/cuello	0-5
Cara	0-5
Tórax	0-5
Abdomen	0-5
Extremidades	0-5
Lesiones externas	0-5

Puntuación: 0 = normal; 1 = mínimo; 2 = moderado; 3 = grave, no es una amenaza para la vida; 4 = grave, es una amenaza para la vida; 5 = gravísimo, supervivencia dudosa.

Fuente: Des Plaines IL. American Association of Automotive Medicine; Civil L, Schawab W: The abbreviated injury scale, revision 1985. A condensed chart for clinical use. J Trauma 1988; 28: 87-90.

4.3.4 Injury severity score (ISS).

LESIÓN	Puntuación
Respiratorio:	
Dolor torácico: hallazgos mínimos	1
Contusión pared torácica: fractura simple costal o esternal	2
Fractura 1ª costilla o múltiple, hemotórax, neumotórax	3
Herida abierta, neumotórax a tensión, volet o contusión pulmonar unilateral	4
IRA, aspiración, volet o contusión pulmonar bilateral, laceración diafragmática	5
Abdominal:	
Sensibilidad moderada pared abdominal o flancos con signos peritoneales	1
Fractura costal 7-12, dolor abdominal moderado	2
Una lesión <: hepática, intestino delgado, bazo, riñón, páncreas o uréter	3
Dos lesiones >: rotura hepática, vejiga, páncreas, duodeno o colon	4
Dos lesiones severas: lesión por aplastamiento hígado, lesión vascular	5
Sistema nervioso:	
Trauma cerrado sin fracturas ni pérdida de consciencia	1
Fractura craneal, una fractura facial, pérdida de consciencia, GCS 15	2
	3
Lesión cerebral, fractura craneal deprimida, fractura facial múltiple, pérdida de consciencia, GCS <15	4
	5
Pérdida de consciencia, GCS <6, fractura cervical con paraplejía	6
Coma >24 h, fractura cervical con tetraplejía	
Coma, pupilas dilatadas y fijas	
Musculoesquelético:	
Esguince o fractura <, no afectación de huesos largos	1
Fractura simple: húmero, clavícula, radio, cúbito. tibia, peroné	2
Fracturas múltiples: simple de fémur, pélvica estable, luxación >	3
	4
Dos fracturas >: compleja de fémur, aplastamiento de un miembro o amputación, fractura pélvica inestable	5
Dos fracturas severas: fracturas > múltiples	
Cardiovascular:	
Pérdida de sangre 10%	1
Pérdida de sangre 20-30%, contusión miocárdica	2
Pérdida de sangre 20-30%, taponamiento con TAS normal	3
Pérdida de sangre 20-30%, taponamiento con TAS <80	4
Pérdida de sangre 40-50%, agitación	5
Pérdida de sangre >50%, coma, PCR	6
Piel:	
Quemadura <5%, abrasiones, laceraciones	1
Quemadura 5-15%, contusiones extensas, avulsiones	2
Quemadura 15-30%, avulsiones severas	3
Quemadura 30-45%	4
Quemadura 45-60%	5
Quemadura >60%	6

IRA: insuficiencia respiratoria aguda; **GCS:** escala de coma de Glasgow; **TAS:** presión arterial sistólica; **PCR:** paraca cardio-respiratoria. La puntuación total del ISS se obtiene sumando los cuadrados de las tres puntuaciones más altas.

Fuente: Baker SP, O'Neill B, Haddon W. The injury severity score (ISS): a method for decribing patients with multiple injuries and evaluating emergency care. J Trauma 1974; 14: 187-196

4.3.5 Escala del coma de Glasgow (GCS).

RESPUESTA	PUNTUACIÓN
Apertura de ojos (O)	
Antes del estímulo	4
Tras decir o gritar la órden	3
Tras estímulo en la punta del dedo	2
No abre los ojos, no hay factor que interfiera	1
Cerrados por un factor a nivel local	No valorable
Respuesta verbal (V)	
Da correctamente nombre, lugar y fecha	5
No está orientado, pero se comunica coherentemente	4
Palabras sueltas intelegibles	3
Sólo gemidos, quejidos	2
No se oye respuestam no hay factor que interfiera	1
Existe factor que interfiere en la comunicaciónn	No valorable
Respuesta motora (M)	
Obedece la orden con ambos lados	6
Lleva la mano por encima de la clavicula al estimularle el cuello	5
Dobla brazo sobre codo rápidamente, pero las características no son anormales.	4
Dobl el brazo sobre el codo, características predominantemente anormales.	3
Extiende el brazo	2
No hay movimiento en brazos, ni piernas. No hay factor que interfiera.	1
Parálisis u otro factor limitante	No valorable

Fuente: http://www.glasgowcomascale.org.

4.3.6 Escala del coma de Glasgow al alta.

RESPUESTA	GRADO
Buena recuperación. Se reintegra a su ocupación previa.	1
Incapacidad moderada. Pueden hacer sus tareas diarias pero no reintegrarse al trabajo o a los estudios.	2
Incapacidad severa. Necesitan asistencia para sus tareas diarias, pero no cuidados institucionales.	3
Estado vegetativo	4
Muerto	5

Fuente: Jennett B, Bond M. Assessment of outcome after severe brain damage. Lancet 1975; 1: 480.

4.3.7 Clasificación de los traumatismos craneoencefálicos.

	Contusión	Grado 1	Grado 2	Grado 3
GCS	15	14-15	9-13	>9
Pérdida consciencia	No	Transitoria	+++	Coma
Cefalea/vómitos	No	Si	+++	+++
Amnesia retrógrada y/o postraumática	No	Si	+++	+++
Convulsiones	No	No	Si	+++
Funciones superiores	Normal	Alterada	Muy alterada	Muy alterada
Focalidad	No	No	Si	+++
Fractura craneo	No	Si	Si	Si

Fuente: Tomado de los protocolos de la Unidad de Cuidados Intensivos del Centro Regional de Traumatología, Hospital Universitario Virgen del Rocío, Sevilla.

4.3.8 Clasificación de las lesiones craneoencefálicas según la TAC.

Grado I	Ventrículos y cisternas normales. Existe hemorragia subaracnoidea.
Grado II	Cisternas basales y III ventrículo de pequeño tamaño o ausentes.
Grado III	Pequeñas hemorragias bilaterales. Cisternas y/o ventrículos normales. Hemorragia acompañante de cuerpo calloso y/o de fosa posterior.
Grado IV	lesiones grado II + grado III.

Fuente: Graham DI, Adams JH, Doyle D. Ischaemic brain damage in fatal non-missile head injuries. J Neurol Sci 1978; 39: 213-234.

4.3.9 Clasificación tomográfica del traumatismo craneo-encefálico según el National Traumatic Coma Data Bank (TCDB).

Grado	Tipo de lesión	TAC craneal
I	Lesión difusa I	Sin patología visible en la TAC
II	Lesión difusa II	Cisternas presentes con desplazamientos de la línea media de 0-5 mm y/o lesiones densas presentes. Sin lesiones de densidad alta o mixta > 25 cm3. Puede incluir fragmentos óseos y cuerpos extraños.
III	Lesión difusa III (Swelling)	Cisternas comprimidas o ausentes con desplazamiento de la línea media de 0-5 mm. Sin lesiones de densidad alta o mixta > 25 cm3.
IV	Lesión difusa IV (Shift)	Desplazamiento de la línea media > 25 cm3. Sin lesiones de densidad alta o mixta > 25 cm3.
V	Lesión focal evacuada	Cualquier lesión evacuada quirúrgicamente.
VI	Lesión focal no evacuada	Lesión de densidad alta o mixta >25 cm3 no evacuada quirúrgicamente.

Fuente: Marshall L., Gautille R, Klauber M et al. The outcome of severe closed head injury. J. Neurosurg. 75 (S):528.1991.

4.3.10 Indice de severidad de traumatismo grave.

Escala de coma de Glasgow		0 – 15 puntos	
		Valores	Puntos
Frec. Respiratoria		10 – 24	4
		24 – 35	3
		36	2
		1 – 9	1
		Apnea	0
Expansión respiratoria		Normal	1
		Retracción (uso de musc. Accesorios)	0
Presión sistólica		< 90 mmHg	4
		70 – 89	3
		50 – 69	2
		0 – 49	1
		Sin TA	0
Llenado capilar		Normal	2
		> 2 seg.	1
		Sin llenado	0
Escalas:	No.	Puntos	Mortalidad
	V	14 – 16	1%
	IV	11 – 13	7%
	III	8 – 10	40%
	II	5 – 7	85 – 97%
	I	3 – 4	98 – 100%

4.3.11 Clasificación de moore de los traumatismos hepáticos.

CLASE	CRITERIOS
I	Avulsión capsular sin hemorragia activa. Lesión no sangrante <1 cm.
II	Lesión 1-3 cm.Herida periférica penetrante. Hematoma subcapsular <10 cm de diámetro.
III	Lesión >3 cm.Herida central penetrante con sangrado. Hematoma subcapsular >10 cm de diámetro, no expansivo
IV	Destrucción lobar.Hematoma central masivo y expansivo.
V	Lesión venosa hepática mayor o de vena cava retrohepática.Destrucción extensa de ambos lóbulos.

Fuente: Cogbill T, Moore E, Jurkovich G. Severe hepatic trauma: a multicenter experience with 1335 liver injuries. J Trauma. 1988; 28: 1433.

4.3.12 Criterios diagnósticos del lavado peritoneal en traumatismos abdominales.

1. Herida por arma blanca:
    1.1. >20.000 hematíes/ml.
    1.2. >500 leucocitos/ml.
    1.3. >=10 ml de sangre no coagulada.
    1.4. Amilasa en lavado > amilasemia.
    1.5. Presencia de:
        1.5.1. Bilis.
        1.5.2. Bacterias.
        1.5.3. Contenido intestinal.
    1.6. Salida de líquido de lavado por:
        1.6.1. Sonda vesical.
        1.6.2. Tubo de tórax.
2. Traumatismo cerrado:
    2.1. >100.000 hematíes/ml.
    2.2. Dudoso si 50-100 leucocitos x 103 hematíes.
    2.3. >500 leucocitos/ml.
    2.4. Aspiración de 10 ml de sangre no coagulada.
    2.5. Amilasa en lavado > amilasemia.
    2.6. Presencia de:
        2.6.1. Bilis.
        2.6.2. Bacterias.
        2.6.3. Contenido intestinal.
    2.7. Salida de líquido de lavado por:
        2.7.1. Sonda vesical.
    2.8. Tubo de tórax.

Fuente: Maestre A, Ortiz Leyba C. Traumatismo abdominal. En: Montejo JC, García de Lorenzo A, Ortiz Leyba C, Planas M: Manual de Medicina Intensiva. Mosby 1996: 369-371.

4.3.13 Criterios de inestabilidad de la columna vertebral.

Pérdida de la integridad del cuerpo vertebral.
Pérdida de la integridad ligamentosa del arco anterior.
Pérdida de la alineación de la columna por angulación o translocación.

Fuente: Tomado de Robles A. Lesión medular traumática. En: Triginer C: Avances en Cuidados Intensivos: Politraumatizados. A. Artigas. Hoechst Ibérica. 1992: 107-118.

4.3.14 Clasificación de las lesiones medulares.

1. Clasificación morfológica:
   1.1. Lesión medular cervical.
   1.2. Lesión medular torácica.
   1.3. Lesión medular lumbar.

2. Clasificación funcional:
   2.1. Sección completa: pérdida total de funciones motoras y sensitivas.
   2.2. Sección incompleta: pérdida total o parcial de funciones motoras y parcial de funciones sensitivas.
   2.3. Síndrome central anterior: pérdida de motilidad, sensación térmica y anestesia (cordones anteriores) con preservación parcial de sensación propioceptiva, vibratoria y sensibilidad fina (cordones posteriores).
   2.4. Síndrome medular central: disfunción motora variable, pérdida de sensaciones nociceptivas, térmicas y de estiramiento de extremidades superiores y pérdida de control de esfínteres.
   2.5. Síndrome de Brown-Séquard: parálisis motora con anestesia táctil y propioceptiva ipsilateral y analgesia con disestesia térmica contralateral.
   2.6. Parálisis cruzada de Bell: marcada desproporción entre la severidad de la afectación de miembros superiores respecto de los inferiores inferiores o bien hemiplejía cruzada.
   2.7. Lesión de la parte inferior de la columna:
      2.7.1. Lesiones del *conus medularis*: paresias simétricas de miembros inferiores con afectación del control de esfínteres.
      2.7.2. Lesiones de la cola de caballo: paresias asimétricas de miembros inferiores, pueden conservar el control de esfínteres.
   2.8. Conmoción o contusión medular: tendencia a la recuperación de las funciones medulares en 48-72 h.

Fuente: Rubio JM, García Fuentes C. Trauma raquimedular o espinal. En: Montejo JC, García de Lorenzo A, Ortiz Leyba C, Planas M: Manual de Medicina Intensiva. Mosby 1996: 372-375.

4.3.15 Criterios radiológicos sugerentes de inestabilidad de la columna vertebral.

1. Asociación de fracturas de arco y cuerpo de la misma o de vértebras vecinas.
2. Fractura bilateral del arco.
3. Luxación bilateral de las carillas.
4. Subluxación >5 mm.
5. Aumento de la distancia interespinosa.
6. Desalineación lateral de la columna en ausencia de escoliosis previa.

Cualquiera de los primeros 4 signos sugiere alta probabilidad o certeza de inestabilidad. Los dos últimos aislados son menos sugerentes

Fuente: Rubio JM, García Fuentes C. Trauma raquimedular o espinal. En: Montejo JC, García de Lorenzo A, Ortiz Leyba C, Planas M: Manual de Medicina Intensiva. Mosby 1996: 372-375.

CAPITULO 5. INFECTOLOGIA
5.1 CONFERENCIA DEL CONSENSO ACCP/ SCCM
5.1.1 Tercer consenso internacional para la definición de sepsis y shock séptico (Sepsis 3).

Síndrome de respuesta inflamatoria sistémica.
Dos o mas de los siguientes: • Temperatura >38 ºC o <36 ºC.   • Frec Cardíaca > 90 lpms.   • Frec Respiratoria > 20 rpm o $PaCO_2$ < 32 mmHg.   • Rec leucocitos > 12.000 mm3 o < 4.000 mm3 o > 10 % de neutrofilos en banda.

Sepsis.
• Infección sospechada o documentada.   • 2 o 3 puntos en qSOFA (HAT):   Hipotension (PAS ≤100 mmHg)   AMS (GCS ≤13)   Taquipnea (≥22/min).   O   Incremento en SOFA score en 2 puntos o mas.

Choque Septico.
• Sepsis   +   • Vasopresores necesarios para PAM >65 mmHg.   +   • Lactato >2 mmol/L (después de una adecuada resucitación con fluidos).

Fuente: Synger, M et al. The Third International Consensus Definitions for Sepsis and Septic Shock. JAMA, 2016; 315 (8): 801-810

5.1.2 qSOFA (Quick SOFA) Score.

• **Frecuencia respiratoria ≥22 rpm.**   • **VasoprEstado mental alterado.**   • **Presión sistólica <100 mmHg.**
Es positivo si 2 o mas puntos.

Fuente: Synger, M et al. The Third International Consensus Definitions for Sepsis and Septic Shock. JAMA, 2016; 315 (8): 801-810

Conceptos Clave de Sepsis.
- Sepsis es definida como la disfunción grave de órganos debido a una respuesta anormal del organismo a la infección.
- La disfunción orgánica puede ser identificada como un cambio agudo en la puntuación SOFA ≥ 2 puntos consecuentemente con la infección.
- La cifra basal del Score SOFA se asume que debe ser de cero en pacientes no conocidos con disfunción orgánica preexistente.
- Una puntuación SOFA ≥ 2 puntos refleja un aumento en el riesgo de mortalidad aproximadamente en 10% en la población hospitalaria con infección sospechada. Frecuentemente los

- paceintes se presentan con modesta disfunción que posteriormente se deteriora, enfatizando la seriedad de esta condición y la necesidad de realizar una adecuada intervención, si no ha sido instituida.
- En pocas palabras, sepsis es una condición peligrosa para la vida, que surge cuendo el cuerpo responde a una infección dañando sus propios tejidos y órganos.
- Pacientes con infección sospechada que han tenido estancia prolongada en UCI o quienes mueren en el hospital pueden ser prontamente identificados al pie de cama com qSOFA.
- Shock séptico es un subconjunto de sepsis en el cual subyacen anormalidades circulatorias, y celulares/metabólicas y son suficientes para incrementar la mortalidad en forma substancial.
- Pacientes con shock séptico deben ser identificados clínicamente con sepsis con persistencia de hipotensión que requiera del uso de vasopresores para mantener una PAM ≥65 mmHg y niveles de lactato serico >2 mmol/L (18 mg/dL) después de una resucitación adecuada con volumen. Con ese criterio, mortalidad hospitalaria es superior a 40%.

Fuente: Synger, M et al. The Third International Consensus Definitions for Sepsis and Septic Shock. JAMA, 2016; 315 (8): 801-810

La definición de SIRS (SRIS o Síndrome de Respuesta Inflamatoria Sistémica), actualmente denominado como forma maligna de inflamación intravascular, es compleja.

En esta línea cabe destacar la posibilidad de incluir otro parámetro, procalcitonina sérica (PCT), como marcador:
- SIRS:
- PCT > 1,0 ng/ml en pacientes médicos críticos
- PCT (pico a las 24 h) > 2,0 ng/ml en pacientes quirúrgicos críticos
- Sepsis grave (con disfunción de órganos, hipoperfusión [alteración nivel de conciencia, oliguria, acidosis láctica] y/o hipotensión):
- PCT > 5,0 ng/ml en pacientes médicos críticos
- PCT > 10,0 ng/ml en pacientes quirúrgicos críticos
- Shock séptico (sepsis grave con hipotensión inducida por sepsis [más sus manifestaciones] a pesar de reposición de fluidos, junto con neutrofilia > 92 % y linfocitopenia < 5 %]:
- PCT (valor pico) > 20,0 ng/ml

Fuente: - García de Lorenzo A, Rodríguez Montes JA, López Martínez J. Inflamación y enfermo crítico. Carrasco MS (ed). Tratado de emergencias médicas. Vol II. Arán Ediciones. Madrid. 2000:1237-1257
- Zahoree R. Definition for septic syndrome should be re-evaluated. Intensive Care Med 2000; 26:1870.

5.2 INFECCIONES NOSOCOMIALES
5.2.1 Criterios diagnósticos de infección nosocomial (C.D.C.).
1. INFECCIÓN DE HERIDA QUIRÚRGICA:
   1.1. Infección superficial de la incisión:
   1.1.1. Aparición dentro de los 30 días que siguen a la cirugía.
   1.1.2. Afectan a la piel, tejido celular subcutáneo o músculo por encima de la fascia y debe cumplir alguno de los siguientes criterios:
   - Drenaje purulento.
   - Aislamiento de microorganismos en herida cerrada de forma primaria.
   - Herida deliberadamente abierta, excepto los casos en los que el cultivo es negativo.
   - Diagnóstico de infección por el médico o el cirujano.
   1.2. Infección profunda de la herida quirúrgica:
   1.2.1. En los primeros 30 días, o dentro del primer año si existen implantes.
   1.2.2. Ante cualquiera de los siguientes criterios:
   - Drenaje purulento.
   - Dehiscencia espontánea en paciente febril y/o dolor o hipersensibilidad localizados, excepto los casos en los que el cultivo es negativo.
   - Absceso diagnosticado por inspección, cirugía o examen histopatológico.
   - Diagnóstico de infección por el médico o el cirujano.
   1.3. Infección de órgano o espacio:
   1.3.1. En los primeros 30 días, o dentro del primer año si existen implantes.
   1.3.2. Ante cualquiera de los siguientes criterios:
   - Líquido purulento recogido por drenaje de órgano o espacio.
   - Aislamiento de microorganismos en muestras de órganos o espacios.
   - Absceso diagnosticado por inspección, cirugía o examen histopatológico de órgano o espacio.
   - Diagnóstico de infección por el médico o el cirujano.

2. BACTERIEMIA PRIMARIA:
   2.1. Patógeno reconocido aislado en hemocultivo y que no está en relación con otra localización, excepto dispositivos intravasculares, ó
   2.2. Uno de los siguientes: fiebre >38ºC, escalofríos o hipotensión, con uno de los siguientes:
   2.2.1. Contaminante común de la piel aislado en dos hemocultivos tomados en diferentes localizaciones, y no relacionados con infecciones de otra localización.
   2.2.2. Contaminante común de la piel aislado en hemocultivo de paciente con dispositivo intravascular y sometido a tratamiento antibiótico apropiado.
   2.2.3. Antigenemia positiva y que el organismo no esté relacionado con la infección en otra localización.

3. NEUMONÍA: debe cumplir cualquiera de los siguientes criterios
   3.1. Estertores crepitantes o matidez a la percusión y al menos uno de los siguientes:
   3.1.1. Nueva aparición de esputo purulento o cambio en las características del esputo.
   3.1.2. Hemocultivo positivo.
   3.1.3. Cultivo positivo de aspirado traqueal, cepillado bronquial o biopsia.
   3.2. Infiltrado nuevo o progresivo, consolidación, cavitación o derrame

pleural en RX de tórax y cualquiera de los siguientes:
    3.2.1. Nueva aparición de esputo purulento o cambio en las características del esputo.
    3.2.2. Hemocultivo positivo.
    3.2.3. Cultivo positivo de aspirado traqueal (>106 ufc/ml), cepillado bronquial (>103 ufc/ml) o biopsia (>104 ufc/ml).
    3.2.4. Aislamiento de virus o detección de antígeno viral en secreciones respiratorias.
    3.2.5. Título diagnóstico de anticuerpos específicos (IgM) aislado, o incremento de cuatro veces en muestras séricas pareadas del patógeno (IgG).
    3.2.6. Evidencia histopatológica de neumonía.
(ufc: unidades formadoras de colonias.)

4. INFECCIÓN DEL TRACTO RESPIRATORIO INFERIOR SIN EVIDENCIA DE NEUMONÍA:

    4.1. Bronquitis, traqueobronquitis, bronquiolitis, traqueitis: en ausencia de signos clínicos o radiológicos de neumonía cumple dos de los siguientes criterios: fiebre (>38ºC), tos, esputo reciente o incremento en la producción del mismo, estertores, disnea y cualquiera de los siguientes:
    4.1.1. Aislamiento de microorganismos en cultivo de secreciones bronquiales por aspirado traqueal o por broncoscopia.
    4.1.2. Detección de antígeno positivo en secreciones respiratorias.
    4.2. Otras infecciones, incluyendo absceso pulmonar y empiema, deben ajustarse a los siguientes criterios:
    4.2.1. Visualización de microorganismos en muestras aisladas del cultivo de tejido, fluido pulmonar o líquido pleural.
    4.2.2. Absceso pulmonar o empiema visualizado durante la cirugía o por examen histopatológico.
    4.2.3. Absceso cavitado visualizado por estudio radiológico de pulmón.

5. INFECCIÓN DEL TRACTO URINARIO:

    5.1. Infección sintomática de las vías urinarias:
    5.1.1. Uno de los siguientes: fiebre (>38ºC), tenesmo, polaquiuria, disuria o dolorimiento suprapúbico. Y cultivo de orina con >=10^5 organismos/ml con no más de dos especies de organismos, o
    5.1.2. Dos de los siguientes: fiebre (>38ºC), tenesmo, polaquiuria, disuria o dolorimiento suprapúbico y cualquiera d los siguientes:
- Nitratos o leucocito-estearasa positivo.
- Piuria >10 leucocitos/ml.
- Visualización de microorganismos en la tinción de Gram.
- Dos urocultivos con >10^2 organismos/ml del mismo germen.
- Urocultivo con >= 10^5 colonias/ml de orina de un solo patógeno en paciente tratado con terapia antimicrobiana apropiada.

    5.2. Bacteriuria asintomática:
    5.2.1. Paciente sin fiebre, tenesmo, polaquiuria, disuria o dolorimiento suprapúbico con:
- Sonda urinaria presente siete días antes de un cultivo de orina y cultivo de orina con >=10^5 organismos/ml con no más de dos especies de organismos, o
- Sonda urinaria no presente siete días antes del primero de dos cultivos de orina y cultivo de orina con >=10^5 organismos/ml del mismo germen.

    5.3. Infección de otras regiones del tracto urinario:
    5.3.1. Microorganismos aislados del cultivo de fluidos, excepto orina, de los tejidos del lugar afectado.

5.3.2. Absceso u otra evidencia de infección apreciable bajo examen directo o análisis histopatológico, o
5.3.3. Dos de los siguientes: fiebre (>38ºC), dolor o hipersensibilidad local y alguno de los siguientes criterios:
- Drenaje purulento.
- Hemocultivo positivo.
- Evidencia radiológica de infección.
- Diagnóstico de infección por el médico o el cirujano.
- Prescripción antibiótica adecuada su médico.

6. INFECCIÓN DEL SISTEMA CARDIOVASCULAR:
6.1. Infección arterial y venosa:
6.1.1. Organismo aislado del cultivo de arterias o venas obtenidas durante cirugía y hemocultivo negativo o no realizado.
6.1.2. Evidencia de infección en la zona vascular afectada observada durante la cirugía o por examen histopatológico.
6.1.3. Uno de los siguientes: fiebre (38ºC), dolor, eritema o calor en la zona vascular afectada y los dos criterios siguientes:
- Cultivo de más de 15 colonias en el extremo del catéter intravascular por el método de cultivo semicuantitativo.
- Hemocultivo negativo o no realizado.

6.1.4. Drenaje purulento de la zona vascular afectada y hemocultivo negativo o no realizado.
6.2. Endocarditis:
6.2.1. Organismo aislado del cultivo de la válvula o vegetación, o
6.2.2. Dos de los siguientes criterios sin otra causa aparente: fiebre (>38ºC), soplo nuevo diferente, fenómenos embólicos, manifestaciones cutáneas, insuficiencia cardíaca congestiva o trastornos de la conducción cardíaca, y el médico prescribe el tratamiento correcto y cualquiera de los siguientes criterios:
- Germen aislado en dos hemocultivos, organismos visualizados bajo tinción de Gram de la válvula cuando el cultivo es negativo o no se ha efectuado.
- Vegetación valvular observada durante la intervención quirúrgica o durante la autopsia.
- Detección de antígenos en sangre o en orina.
- Evidencia de una nueva vegetación mediante ecografía.

6.3. Miocarditis y pericarditis:
6.3.1. Organismo aislado del cultivo del pericardio o del líquido pericárdico obtenido por punción o por cirugía, o
6.3.2. Dos de los siguientes criterios sin otra causa aparente: fiebre (>38ºC), dolor torácico, pulso paradójico o aumento del tamaño de la silueta cardíaca y cualquiera de los siguientes criterios:
- Alteraciones ECG compatibles con pericarditis o miocarditis.
- Test de antígeno postivo en sangre.
- Evidencia de miocarditis o pericarditis por examen histológico del tejido cardíaco.
- Seroconversión de anticuerpos del tipo específico con o sin aislamiento del virus en faringe o heces.
- Derrame pericárdico diagnosticado por ecografía.
- TAC, RMN, angiografía u otra evidencia radiológica de infección.

(TAC: tomografía axial computerizada; RMN: resonancia magnética nuclear.)
6.4. Mediastinitis:

6.4.1. Organismo aislado del cultivo del mediastino o líquido obtenido por punción o por cirugía.
6.4.2. Evidencia de mediastinitis apreciable durante la cirugía o por examen histopatológico, o
6.4.3. Uno de los siguientes criterios: fiebre (>38°C), dolor torácico o inestabilidad esternal y cualquiera de los siguientes criterios:
- Drenaje purulento en la zona del mediastino.
- Organismo aislado en hemocultivo o en cultivo de drenaje del mediastino.
- Ensanchamiento mediastínico en el examen radiológico.

7. INFECCIÓN DEL SISTEMA NERVIOSO CENTRAL:
7.1. Infección intracraneal:
7.1.1. Organismo aislado del cultivo del tejido cerebral o duramadre.
7.1.2. Absceso o evidencia de infección intracraneal observados durante la cirugía o por examen histopatológico, o
7.1.3. Dos de los siguientes criterios sin otra causa aparente: cefalea, vértigos, fiebre (>38°C), focalidad neurológica, cambios del nivel de consciencia y el médico prescribe tratamiento adecuado, y cualquiera de los siguientes:
- Visualización de microorganismos en tejido cerebral o tejido de absceso obtenido por punción, biopsia o autopsia.
- Detección de antígeno en sangre u orina.
- Evidencia radiológica de infección.
- Diagnóstico por anticuerpos simples (IgM) o seroconversión de IgG.

7.2. Meningitis y ventriculitis:
7.2.1. Organismo aislado del cultivo de LCR, o
7.2.2. Uno de los siguientes criterios sin otra causa aparente: cefalea, fiebre (>38°C), rigidez de nuca, signos meníngeos, alteraciones en pares craneales y el médico prescribe tratamiento adecuado, y cualquiera de los siguientes:
- Aumento de leucocitos, proteínas elevadas y/o glucosa disminuida en LCR.
- Visualización de microorganismos por tinción de Gram en LCR.
- Organismos aislados en hemocultivo.
- Detección de antígenos en LCR, sangre u orina.
- Diagnóstico por anticuerpos simples (IgM) o seroconversión de IgG.

(LCR: líquido cefalorraquideo.)
7.3. Absceso espinal sin meningitis:
7.3.1. Aislamiento de gérmenes en abbsceso de espacio epidural o subdural.
7.3.2. Absceso en espacio epidural o subdural identificado por cirugía o examen histopatológico, o
7.3.3. Uno de los siguientes criterios sin otra causa aparente: fiebre (>38°C), dolor de espalda, hipersensibilidad local, radiculitis, paraparesia o paraplejía y el médico prescribe tratamiento adecuado, y cualquiera de los siguientes:
- Aislamiento del germen en hemocultivo.
- Evidencia radiológica de absceso espinal.

8. SINUSITIS:
8.1. Organismo aislado en material purulento de un seno paranasal, o
8.1.1. Uno de los siguientes criterios sin otra causa aparente: fiebre

(>38°C), dolor sobre el seno afecto, cefalea, exudado purulento, obstrucción nasal y los dos siguientes:
- Transiluminación positiva.
- Evidencia radiográfica de infección.

9. INFECCIÓN DEL TRACTO GASTROINTESTINAL:
9.1. Gastroenteritis:
  9.1.1. Diarrea de comienzo agudo
  9.1.2. (heces líquidas durante más de 12 h) con o sin vómitos o fiebre (>38°C) y ausencia de causa no infecciosa probable, o
  9.1.3. Dos de los siguientes sin otra causa reconocida: náuseas, vómitos, dolor abdominal, cefalea, y alguno de los siguientes:
  - Patógeno entérico aislado en coprocultivo o torunda rectal.
  - Patógeno entérico detectado por microscopía óptica o electrónica.
  - Patógeno entérico detectado por antígenos o anticuerpos en heces o sangre.
  - Evidencia de patógeno entérico detectado por cambios citológicos en cultivo de tejidos (toxinas).
  - Título diagnóstico de anticuerpos (IgM) o seroconversión (elevación 4 veces) de IgG.

9.2. Infecciones de esófago, estómago, intestino delgado, grueso y recto:
  9.2.1. Absceso u otra evidencia de infección observada por cirugía, examen histopatológico, o
  9.2.2. Dos de los siguientes sin otra causa aparente compatible con infección del órgano o tejido afecto: fiebre (>38°C), náuseas, vómitos, dolor o hipersensibilidad abdominal, y alguno de los siguientes:
  - Aislamiento de gérmenes en drenaje o tejido obtenido por endoscopia o cirugía.
  - Visualización de microorganismos por tinción de Gram u OHK o células gigantes multinucleadas en drenaje o tejido obtenido por cirugía o endoscopia.
  - Aislamiento de gérmenes en hemocultivo.
  - Evidencia radiológica de infección.
  - Hallazgos patológicos por endoscopia.

9.3. Infecciones de vesícula biliar, hígado (excepto hepatitis vírica), bazo, páncreas, peritoneo, espacio subfrénico y otros tejidos y regiones intraabdominales:
  9.3.1. Aislamiento de microorganismos en material purulento del espacio intraabdominal por cirugía o por punción.
  9.3.2. Absceso u otra evidencia de infección intraabdominal observada por cirugía, examen histopatológico, o
  9.3.3. Dos de los siguientes sin otra causa aparente: fiebre (>38°C), náuseas, vómitos, dolor abdominal, ictericia, y alguno de los siguientes:
  - Aislamiento de gérmenes en drenaje o tejido obtenido por endoscopia o cirugía.
  - Visualización de microorganismos por tinción de Gram en drenaje o tejido obtenido por cirugía o endoscopia.
  - Aislamiento de gérmenes en hemocultivo y evidencia radiológica de infección.

10. INFECCIÓN DE PIEL Y TEJIDOS BLANDOS:
10.1. Piel:
  10.1.1. Drenaje purulento, pústulas, vesículas o ampollas, o
  10.1.2. Dos de los siguientes en la zona afectada: dolor o

hipersensibilidad localizados, hinchazón, enrojecimiento o calor y
cualquiera de lo que sigue:
- Aislamiento de microorganismos en aspirado o drenaje de la zona afectada. Si el germen es habitual en la piel, deberá haber un cultivo puro de un único germen.
- Hemocultivo positivo.
- Presencia de antígenos en tejido infectado o en sangre.
- Células gigantes multinucleadas en el tejido afectado.
- Diagnóstico por titulación de anticuerpos simples (IgM) o seroconversión de IgG).

10.2. Tejidos blandos (fascitis necrotizante, gangrena infecciosa, celulitis necrotizante, miositis infecciosa, linfadenitis o linfangitis):

10.2.1. Aislamiento de gérmenes en el tejido o en material de drenaje de la zona afectada.

10.2.2. Drenaje purulento de la zona afectada.

10.2.3. Absceso u otra evidencia de infección visualizado por cirugía o examen histopatológico, o

10.2.4. Dos de los siguientes en la zona afectada: dolor o hipersensibilidad localizados, hinchazón, enrojecimiento o calor y cualquiera de lo que sigue:
- Hemocultivo positivo.
- Diagnóstico por titulación de anticuerpos simples (IgM) o seroconversión de IgG).

10.3. Infección de úlcera de decúbito:
Enrojecimiento, hipersensibilidad o hinchazón de los bordes de la herida y cualquiera de lo que sigue:
- Aislamiento de gérmenes en fluidos del borde de la úlcera obtenidos por punción o biopsia.
- Hemocultivo positivo.

10.4. Infección de quemaduras:

10.4.1. Alteración del aspecto o las características de la quemadura y biopsia de la quemadura que muestre invasión de gérmenes en tejido contiguo viable, o

10.4.2. Alteración del aspecto o las características de la quemadura y cualquiera de lo que sigue:
- Hemocultivo positivo sin otra infección identificable.
- Aislamiento de virus del herpers simple, identificación de inclusiones o de partículas virales en biopsias o raspados de la lesión, o

10.4.3. Dos de los siguientes: fiebre (38ºC), hipotensión (TAS >=90 mm Hg), oliguria (<20 ml/h), hiperglucemia, confusión mental y cualquiera de lo que sigue:
- Invasión de tejido contiguo viable visualizada en biopsia de la quemadura.
- Hemocultivo positivo.
- Aislamiento de virus del herpers simple, identificación de inclusiones o visualización de partículas virales en biopsias o raspados de la lesión.

Fuente: Garner JS, Jarvis Wr, Emori TG: CDC definitions for nosocomial infections. Am J Infect Control 1988;16:128-140.

5.2.2 Causas de fiebre en la UCI.

A. NO INFECCIOSAS

1. Neoplasias
2. Enfermedad del SNC: Hemorragia, infarto o convulsiones.
3. Cardiovascular: IAM, pericarditis
4. Miscelaneas: Drogas: Antibioticos, DFH, Quinidina. Atelectasia relacionada a procedimientos.
5. Metabólico endocrinológicas: Suspensión etílica o de drogas, hipertiroidismo, insuficiencia suprarrenal.
6. Hematologico: Trombosis venosa profunda, TEP, hemorragia GI.
7. Gastrointestinal: Pancreatitis, Colecistitis, colitis isquémica, hepatitis no viral.
8. Inflamatorias: Inyecciones IM, vasculitis, gota/pseudogota.
9. Otras: Postoperatorias Postbroncoscopia.

B. INFECCIOSAS

1. Renales: Urosepsis, pielonefritis.
2. Respiratorias: Neumonía, sinusitis, traqueobronquitis.
3. Miscelaneas: Septicemia, meningitis, artritis séptica.
4. Gastrointestinal: Colitis por antibióticos, colangitis, abcesos intraabdominales.
5. Cardiovasculares: Endocarditis, infecciones por marcapasos o catéteres.
6. Infeccion de heridas, celulitis y úlceras de decúbito.

5.3 NEUMONIA
5.3.1 Criterios diagnósticos de neumonía grave adquirida en la comunidad (ATS/IDSA).

Criterios menores valorados al ingreso	
1. Frecuencia respiratoria ≥ 30 rpm. 2. Fracaso respiratorio grave (PaO2/FiO2 < 250). 3. Afectación de más de dos lóbulos en la radiografía de tórax (afectación multilobar). 4. Confusión/Desorientación 5. Uremia (BUN≥20 mg/dL) 6. Leucopenia (<400 cel/mm3) 7. Trombocitopenia (<100,000 cel/mm3) 8. Hipotermia (>36°C) 9. Hipotensión que requiere resucitación agresiva con fluidos.	La necesidad de ventilación no invesiva puede ser sustituida por un FR >30 o una PaO2/FiO2 <250.
Criterios mayores valorados al ingreso o durante la evolución clínica	
1. Ventilación mecánica invasiva 2. Shock séptico con la necesidad de vasopresores.	
Otros criterios menores a considerar incluyen hipoglucemia (en pacientes no diabéticos), alcoholismo agudo/abstinencia alcoholica, hiponatremia, acidosis metabolica inexplicable, o nivel de lactato elevado, cirrosis y asplenia.	

Fuente: Mandell L, Wunderink R, Anzueto A, et al. Infecious Diseases of America/American Thoracic Society Consensus guidelines on the management of community-acquired pneumonia in adults. Clinical Infectious Diseases 2007; 44:S27-72.

5.3.2 Etiologías más comunes de neumonía adquirida en la comunidad.

Tipo de Paciente	Etiologia
No hospitalizado	Streptococo pneumoniae Mycoplasma pneumoniae Haemophilus influenzae Chlamydophila pneumoniae Virus respiratorios (Influenza A y B, adenovirus, virus sincicial respiratorio y parainfluenza).
Hospitalizado (No en UCI)	S. pneumoniae M. pneumoniae C. pneumoniae H. influenzae Legionella species Aspiracion Virus respiratorios (Influenza A y B, adenovirus, virus sincicial respiratorio y parainfluenza)..
Hospitalizado (en UCI)	S. pneumoniae Staphylococcus aureus Legionella species Bacilos Gram negatives H. influenzae

Fuente: Mandell L, Wunderink R, Anzueto A, et al. Infecious Diseases of America/American Thoracic Society Consensus guidelines on the management of community-acquired pneumonia in adults. Clinical Infectious Diseases 2007; 44:S27-72.

5.3.3 Clasificación de la American Thoracic Asociation (ATS) para neumonía adquirida en la comunidad.

	GRUPO 1	GRUPO 2	GRUPO 3	GRUPO 4
Edad	< 60 Años	> 60 Años*	Cualquiera	Cualquiera
Comorbilidad	NO	SI *	SI o NO	SI o NO
Necesidad hospitalizar	NO	NO	SI	SI
Gravedad extrema (UTI)	NO	NO	NO	SI

* Por lo menos uno de los criterios debe estar presente.

5.3.4 Neumonía nosocomial: escala de valoración clínica de la infección pulmonar (Clinical Pulmonary Infection Score, CPIS).

PARÁMETRO	VALOR	PUNTUACIÓN
Temperatura (°C)	36,5-38,4	0
	38,5-38,9	1
	<36,5 ó >39	2
Leucocitos/mm3	4.000-11.000	0
	<4.000 ó >11.000	1
	formas inmaduras ?500	2
Secreciones traqueales	<14 aspiraciones	0
	>=14 aspiraciones	1
	secreciones purulentas	2
paO2/FiO2	>240 o SDRA	0
	<240 y no SDRA	2
Radiografía de tórax	Limpia	0
	Infiltrado difuso	1
	Infiltrado localizado	2
Cultivo semicuantitativo de aspirado traqueal	N° colonias bacterias patógenas no significativo	0
	N° colonias bacterias patógenas significativo	1
	Igual patógeno en Gram	2

paO2/FiO2: presión arterial de Oxígeno/fracción inspirada de Oxígeno;
SDRA: síndrome del distress respiratorio del adulto.
Un valor de más de 6 puntos es altamente sugestivo de neumonía.

Fuente: Pugin J, Auckenthaler R, Mili N. Diagnosis of ventilator associated pneumonia by bacteriologic analysis of bronchoscopic and non bronchoscopy blind bronchoalveolar lavage fluid. Am Rev Respir Dis 1991; 143:1121-1129.

5.3.5 Calculo del pronostico CURB-65.

	Descripcion	Puntos
C	Confusión	1
U	BUN > 19 mg/dL	1
R	Respiraciones > 30/min.	1
B	Presion arterial <90/60 mmHg	1
Edad	Igual o mayor a 65 años	1

Puntaje = 1 tratamiento ambulatorio
>1 hospitalizar.
A mayor puntaje mayor mortalidad.
Fuente: Ann Internal Med 118:384, 2005.

5.3.6 Escala PSI/PORT (Pneumonia Severity Index/Pneumonia Outcomes Research Team).

Grupo de Riesgo I	Edad menor a 50 años Ausencia de comorbilidades Sin alteración del estado conciencia Frec.Resp. < 30/min Frec.Card. < 125 lpm Tensión Art. Sistólica >90 mmHG Temp. Axilar > 35º C y < 40º C
Característica	
Sexo Masculino	Edad en años
Sexo femenino	Edad en años menos 10
Residente en asilo	+10
Comorbilidades	
Cáncer	+30
Hepatopatía	+20
Insuficiencia cardíaca	+10
Enfermedad cerebrovascular	+10
Enfermedad renal	+10
Examen físico	
Estado mental alterado	+20
Frecuencia resp. >30 por min.	+20
Tensión arterial sistólica <90 mmHg	+20
Temperatura axilar <35->40° C	+15
Frecuencia cardíaca >125 por min.	+10
Laboratorio	
pH sanguíneo <7,35	+30
Uremia >30 mg/dl	+20
Natremia <130 mEq/l	+20
Glucemia >250 mg/dl	+10
Hematocrito <30 %	+10
PaO2 <60 mmHg o Sat.O2 <90%	+10
Derrame pleural	+10

Categorización de riesgo por puntaje.

Puntaje Obtenido	Grupo de Riesgo
< 70	I
71-90	III
91-130	IV
> 130	V

De acuerdo a estos parámetros se ha establecido que las neumonías grupo I-III son consideradas de bajo riesgo por su baja mortalidad (menos del 0,5% para el grupo I hasta el 3 % para el grupo III) y la poca frecuencia de complicaciones. Por este motivo, pueden ser tratadas ambulatoriamente con antibióticos orales. Existe la posibilidad que los pacientes del grupo de riesgo III, de acuerdo al criterio médico, reciba una internación breve y culmine su tratamiento en forma ambulatoria. Los pacientes de los grupos de riesgo IV y V tienen una mortalidad superior al 30 % y deben ser internados

Estratificacion del Riesgo de las NAC (clasificación de PORT)

Clase	Riesgo de muerte (%)	Internación
I	<0,5	NO
II	0,5-1	NO
III	1-3	SI/NO
IV	10	SI
V	30	SI

Fuente: consenso del Cono Sur para las Neumonias Adquiridas en lacomunidad en adultos .
http://www.nac-conosur.com/tipo3.htm

5.4 ENDOCARDITIS
5.4.1 Criterios diagnósticos de endocarditis infecciosa (EI).

1. POSIBLE: hallazgos sugestivos de endocarditis que no cumplen los criterios de endocarditis definitiva
2. DEFINITIVA:
   2.1. Criterios patológicos:
      2.1.1. Microorganismos demostrados en la vegetación por cultivo o histología en un émbolo periférico o en un absceso intracardíaco.
      2.1.2. Vegetación o absceso intracardíaco confirmados por histología
   2.2. Criterios clínicos:
      2.2.1. Dos criterios mayores.
      2.2.2. Un criterio mayor y tres menores.
      2.2.3. Cinco criterios menores.

CRITERIOS MAYORES:
1. Hemocultivos positivos para EI
   1.1. Microorganismos típicos de EI en dos hemocultivos separados
      1.1.1 Estreptococo Viridans
         S. Bovis
         HACEK
      1.1.2. S. Aureus o Enterococus adquiridos en la comunidad en ausencia de foco primario
   1.2. Hemocultivos persistentes positivos
      1.2.1. Hemocultivos extraidos con más de 12 horas de separación
      1.2.2. La totalidad de tres, o la mayoría de cuatro o más hemocultivos separados siempre que entre el primero y el último haya al menos una hora
2. Evidencia de afectación miocárdica
   2.1. Ecocardiograma positivo
      2.1.1. Vegetación en válvula o estructuras adyacentes o en el choque del jet, o sobre dispositivos protésicos en ausencia de otra explicación anatómica
      2.1.2. Absceso
      2.1.3. Nueva dehiscencia parcial de una válvula protésica
   2.2. Nueva regurgitación valvular (incremento o cambio en un soplo preexistente no es suficiente)

CRITERIOS MENORES
1. Predisposición. Una cardiopatía predisponente o ser ADVP.
2. Fiebre >38°C
3. Fenómenos vasculares: émbolos en arterias mayores, infartos pulmonares, sépticos, aneurismas micóticos, hemorragia intracraneal, hemorragia conjuntival y lesiones de Janeway
4. Fenómenos inmunológicos (glomerulonefritis, nódulos de Osler, manchas de Roth y factor reumatoide).
5. Ecocardiograma: sugestivos de EI sin alcanzar los criterios mayores antes mencionados.
6. Evidencia microbiológica (hemocultivos positivos que no cumplen los criterios mayores) o evidencia serológica de infección activa con un microorganismo que produce EI.

HACEK: Haemofilus (influenzae, parainfluenzae, aphrophilus, paraphrophilus), Actinobacillus actinomycetemcomitans, Cardiobacterium hominis, Eikenella corrodens, Kingella kingae; ADVP: adicto a drogas por vía parenteral.

Fuente: Durack DT, Lukes AS, Bright DJ, and the Duke Endocarditis Service. New criteria for diagnosis of infective endocarditis: utilization of specific echocardiografic findings. Am J Med 1994; 96:200-209.

5.4.2 Criterios de ingreso en UCI de pacientes con endocarditis infecciosa.

1. Situación séptica no controlada y fracaso de órganos vitales: SDRA, shock, FRA, coagulopatía severa con o sin hemorragia activa, metástasis sépticas...
2. Insuficiencia cardíaca congestiva refractaria a tratamiento médico convencional.
3. Embolismos coronarios complicados con IAM.
4. Arritmias potencialmente malignas.
5. Insuficiencia respiratoria severa de cualquier etiología.
6. Complicaciones neurológicas que cursen con depresión del nivel de consciencia.
7. Postoperatorio precoz de cirugía protésica.

Fuente: Alcalá MA, Carrasco N, Pérez C. Endocarditis infecciosa. En: Álvarez Lerma F: Decisiones clínicas y terapéuticas en patología infecciosa del paciente crítico. Editorial Marré. 1999: 193-221.

5.5 INFECCIONES DEL SNC

5.5.1 Criterios diagnósticos de los hallazgos de laboratorio en LCR.

Hallazgos	Normal	Bacteriano	Vírico	Parameníngeo	Fúngico
Células/mm3	0-5	100-5.000	10-500	<500	0-1.000
Proteínas mg/dl	15-40	>100	50-100	>60	>60
Glucosa mg/dl	50-75	<40	normal	normal	<40
Tinción específica		+ en 75%		negativo	+ en <25%

Fuente: Gremillion DH: Neurologic infections. En: Civetta JM, Taylor RW, Kirby RR (eds) Critical Car. Lippincott-Raven Publishers, Philadelphia, 1997:1636-1648.

5.5.2 Criterios diagnósticos del líquido cefalo-raquideo.

	Células/ml	Tipo celular	Glucosa	Proteínas (mg/dl)
Normal	0-3	L	60% glucemia	20-45
MAB	>1.000	>60% PMN	↓*	>80
MPT	>500	>60% PMN	↓*	↑
MV	<1.000	L, H	N	N ó ↑
MF	<500	L	N ó ↓	>60
MTB	<1.000	L, PMN+	↓*	>100
MCA	<1.000	PMN, L, H	N ó ↓	↑
AC	<1.000	L, H	N ó ↓	↑

MAB: meningitis aguda bacteriana; **MPT:** meningitis decapitada; **MV:** meningitis vírica; **MF:** meningitis micótica; **MTB:** meningitis tuberculosa; **MCA:** meningitis carcinomatosa; **AC:** absceso cerebral; ↑: aumentado; ↓: disminuido; **N:** normal; *:<50% glucemia; **+:** 10 días iniciales; **L:** linfocitos; **PMN:** polimorfonucleares; **H:** hematíes.

Fuente: Sierra R, Jiménez JM: Infecciones del SNC. 223-228.

5.5.3 Fisiopatología del Abceso cerebral.

Estadio 1:	Cerebritis temprana (día 1 a 3). Se observa un infiltrado inflamatorio agudo con bacterias visibles al Gram y un marcado edema rodeando la lesión.
Estadío 2:	Cerebritis tardía (día 4 a 9). En el centro de la lesión se observa necrosis, los macrófagos y fibroblastos invaden la periferia.
Estadío 3:	Formación capsular temprana (día 10 a 13). El centro necrótico comienza a disminuir de tamaño y simultáneamente se desarrolla una cápsula de colágeno que es menos prominente en el lado ventricular de la lesión. El edema también comienza a disminuir.
Estadío 4:	Formación capsular tardía (días 14 y posteriores). La cápsula continúa engrosándose con un colágeno reactivo abundante

Fuente: http://escuela.med.puc.cl/publ/Cuadernos/2003/AbscesoEncefalico.html

5.5.4 Criterios de ingreso en uci de pacientes con meningitis bacteriana.

- Edad <10 años ó >60 años.
- Germen infectante:
- Neumococo
- Listeria monocytogenes
- BGNNF
- Criterios clínicos:
- Retardo en el inicio del tratamiento
- GCS =< 8
- Convulsiones
- APACHE >15
- Shock
- CID/petequias
- Insuficiencia respiratoria
- FRA
- Neumonía
- Criterios analíticos:
- LCR:
- Proteínas >1.000 mg/dl
- Glucosa <10 mg/dl
- Proteína C<100 mg/dl
- Microbiología:
- Alto inóculum bacteriano en la tinción Gram
- Persistencia del germen con tratamiento adecuado
- Leucopenia <3.000 leucocitos/mm3

BGNNF: bacilo Gram negativo no fermentador; **CID:** coagulación intravascular diseminada; **FRA:** fracaso renal agudo: **LCR:** líquido cefalorraquideo; **GCS:** escala de coma de Glasgow.

Fuente: Jordá R, Maraví E, Homar J, Álvarez L y Grupo de Estudio de Infecciones del SNC de la Sociedad Española de Medicina Intensiva, Crítica y Unidades Coronarias. Meningitis aguda. En: Álvarez Lerma F: Decisiones clínicas y terapéuticas en patología infecciosa del paciente crítico. Editorial Marré. 1999: 37-57.

5.5.5 Criterios diagnósticos en las infecciones de los espacios cervicales profundos.

Espacio	Origen	Dolor	Trismus	Inflamación	Disfagia	Disnea
Sub-mandibular	2º-3º molares	++	+	Submandibular	-	-
Sublingual	Incisivos inferiores	++	+	Suelo de la boca	+	+
Faringe anterior	Masticadores	+++	+++	Ángulo de la mandíbula	+	+/-
Faringe posterior	Masticadores	+	+	Faringe posterior unilateral	+	+++
Retro-faringeo	Faringe lateral o a distancia por linfáticos	++	+	Faringe posterior unilateral	+	+
Prevertebral	Vértebras cervicales	++	-	Faringe posterior linea media	+/-	+/-

-: negativo; +/-: indiferente; +: ligero; ++: moderado; +++: intenso.
Fuente: Adaptado de: Megran DW, Scheifele DW, Chown AW: Odontogenic infections. Pediatr Infect Dis 1984;3:257.

5.5.6 Clasificación del tétanos generalizado.

Características	Grado I	Grado II	Grado III
Tiempo de progresión	Tardío o limitado	48 h	>48 h
Disfagia a líquidos	No	Leve	Muy intensa
Espasmos musculares	No o poco frecuente y baja intensidad	Sí, provocados	Sí, muy frecuentes e intensos
Crisis de apnea	No	Leve	Sí, con cianosis
Hiperactividad simpática	No	No o moderada	Sí, intensa
Hipertermia	No o moderada	No o moderada	
Nivel de consciencia	Bueno	Confusión	Coma
EEG	Normal	Alterado	Muy alterado
Respuesta a sedación y relajación	Buena	Regular	Mala

Fuente: Marisal F, Galván B, Lenguas F, García Caballero J, Monjas A: Tétanos (II). Evolución, diagnóstico, diagnóstico diferencial, tratamiento y profilaxis. Med Intens 1994;18:71-81.

5.6 VIH
5.6.1 Clasificación CDC revisada de la infección y vigilancia de infección por vih en adultos y adolescentes.

CD4/mm3	Categoría clínica		
	A	B	C
>= 500 = >=29%	A1	B1	C1
200-499 =14-28%	A2	B2	C2
<200 = <14%	A3	B3	C3

Categorias A3,B3 y todas las C: SIDA.
Fuente: MMR 41:RR-17, Dec 18, 1.992

CATEGORÍAS CLÍNICAS		
A	B	C
Infección VIH asintomática. Linfadenopatía generalizada persistente (nódulos en 2 ó + localizaciones extrainguinales de >1 cm>3 meses). Enfermedad VIH aguda o primaria	Sintomático no A ni C. Ejemplos: Angiomatosis bacilar. Candidiasis vulvovaginal persistente y resistente. Candidiasis orofaringea. Displasia cervical severa o carcinoma in situ. Síndrome constitucional (fiebre, diarrea persistente...).	Candidiasis esofágica, traqueal, bronquial. Coccidiomicosis extrapulmonar. Cáncer cervical invasivo. Criptococosis intestinal crónica. CMV: retinitis, hígado, bazo, nódulos. Encefalopatía por VIH. Herpes simple con úlcera mucocutánea >1 mes, bronquitis o neumonía. Histoplasmosis: diseminada, extrapulmonar. Isosporiasis crónica. Sarcoma de Kaposi. Linfoma: Burkit, inmunoblástico, primario en cerebro. M tuberculosis pulmonar o extrapulmonar. Neumonía por Pneumocistis carinii. Neumonía recurrente (>2/año). Leucoencefalopatía progresiva multifocal. Bacteriemia recurrente por Salmonella. Toxoplasmosis cerebral. Síndrome de Wasting por HIV.

5.6.2 Criterios para inicio de terapia ARV.

CATEGORÍA CLÍNICA.	CD4	RECOMENDACIÓN.
Asintomaticos	>500 350-500 200-350 <200	El tratamiento antirretroviral es recomendado en cualquier cifra de CD4 para reducir la morbilidad y mortalidad asociada con la infección por VIH. A pesar de que el tratamiento antirretroviral está indicado en todos los pacientes, la presencia de éstas condiciones incrementan a urgencias para el inicio de terapia antirretroviral.
Infección crónica sintomática o presencia de enfermedades definitorias	Independiente de las cifras	
Mujer embarazada	Independiente de las cifras	
Coinfección con VHB	Independiente de las cifras	
Nefropatía asociada a VIH	Independiente de las cifras	

Fuente: Panel on Antiretroviral Guidelines for adults and adolescents. Guidelines for the use of antiretroviral agents in HIV-1 infected adults and adolescents. Department of Health an Humans Services. Disponible en: http://www.aidsinfo.nih.gov/contentfiles/adultandadolescentGL.pdf.

5.6.3 Recomendaciones del Panel on Antiretroviral Guidelines for Adults and Adolescents.

- La terapia antirretroviral es recomendada para todos los individuos infectados con VIH, independientemente del conteo CD4, para reducir la mortalidad y mortalidad asociada con Infección por VIH.
- TARAA se recomienda para personas infectadas con VIHpara prevenir la transmisión de VIH.
- Cuando se inicia TARAA, es importante educar al paciente en los beneficios y consideraciones acerca del TARAA, y las estrategias para mantener una adherencia. Basandose caso por caso, el TARAA puede ser diferido por causas clínicas y/o psicosociales, pero la terapia debe ser iniciada tan pronto como sea posible.

Fuente: Panel on Antiretroviral Guidelines for adults and adolescents. Guidelines for the use of antiretroviral agents in HIV-1 infected adults and adolescents. Department of Health an Humans Services. Disponible en: http://www.aidsinfo.nih.gov/contentfiles/adultandadolescentGL.pdf.

5.6.4 Criterios para interpretación del Western Blot.

Principales bandas del Western blot		
Denominación	Proteína	Gen
gp160	Precursora de la envoltura	env
gp120	Glucoproteína externa	
gp41	Glucoproteína transmembrana	
p55	Precursora del core	gag
p40		
p24	Proteína principal	
p17	Proteína de la matriz	
p66	Transcriptasa inversa	pol
p51		
p31	Endonucleasa	

Criterios mínimos de positividad del Western blot	
FDA	Existencia por lo menos de tres bandas: p24, p31 y gp41 u otra glucoproteína
ARC	Existencia de al menos 3 bandas una por cada uno de los 3 genes estructurales
CDC	Al menos dos bandas: p24, gp41 y gp160/120
CRSS	Al menos una banda del core (gag/pol) y otra de envoltura (env)
OMS	Al menos dos bandas de envoltura

Fuente: http://www.ctv.es/USERS/fpardo/vih4.htm

5.6.5 Estadificación del Sarcoma de Kaposi TIS del National Institute of Allergy and Infectious Diseases AIDS Clinical Trial Group.

Parámetro	Riesgo reducido (estadio 0) Todos los siguientes	Riesgo elevado (estadio 1) Cualquiera de los siguientes:
Tumor (T)	Confinado a la piel o a los ganglios linfáticos o enfermedad bucal mínima.	Edema o ulceración asociado con el tumor. Lesiones bucales externas. Lesiones gastrointestinales. Lesiones viscerales extraganglionares.
Sistema inmunitario (I) Enfermedad sistémica (S)	Recuento de células T CD4+ ≥ 200 cél/μl Sin síntomas B Indice de Karnofsky >70 Ningun antecedente de infección oportunista, enfermedad neurológica, linfoma o candidosis bucal.	Recuento de las células T CD4+ <200 μl. Síntomas B Indice de Karnofsky <70 Antecedente de infección oportunista, enfermedad neurológica, linfoma o candidosis bucal.

Sintomas B: fiebre inexplicada, sudoración nocturna, pérdida de peso involuntario >10% o diarrea durante más de dos semanas.
Fuente: Harrison, Principios de Medicina Interna. 16 Edición.

5.7 OTROS.

5.7.1 Síndrome del shock tóxico.

Criterios de Petesdorf y Beeson	Brune-Dilly-Kilmartin-McCarthy
• Fiebre > 38.3ºC en varias ocasiones. • Persistencia sin diagnóstico por lo menos 3 semanas. • Al menos una semana de investigaciones hospitalarias.	• Fiebre ocasional mayor de 38.3ºC por 3 semanas o mayor de 37.5ºC consistentemente por 2 semanas sin diagnóstico despues de que se hayan realizado exámentes durante una semana de hospitalización.

Adaptado de: Mandell´s Principles and Practices of Infection Diseases. 6th Edition (2004) by Gerald L. Mandell MD. MACP, John E. Bennett MD, Raphael Dolin MD, ISBN 0-443-06643-4..

5.7.1 Síndrome del shock tóxico.
1. Fiebre (>38,8ºC).
2. Eritroderma macular difuso.
3. Descamación, especialmente de palmas de manos y plantas de pies, 1-2 semanas después del inicio de la enfermedad.
4. Hipotensión arterial o hipotensión ortostática.
5. Afectación multisistémica con tres o más de los siguientes:
    5.1. Gastrointestinal: vómitos o diarrea al principio de la enfermedad.
    5.2. Muscular: mialgia severa o aumento de CPK al menos dos veces por encima del límite superior del valor normal.
    5.3. Membranas mucosas: hiperemia vaginal, orofaringea o conjuntival.
    5.4. Renal: urea y creatinina al menos dos veces por encima del límite superior del valor normal o sedimento urinario con piuria en ausencia de infección del tracto urinario.
    5.5. Hepático: bilirrubina total, GOT y GPT al menos dos veces por encima del límite superior del valor normal.
    5.6. Hematológico: < 100.000 plaquetas/mm3.
    5.7. Sistema Nervioso Central: desorientación, alteraciones de consciencia o focalidades neurológicas sin fiebre ni hipotensión.
6. Resultados negativos de las siguientes pruebas:
    6.1. Cultivos de sangre, exudado faringeo y LCR (se admite hemocultivo + a S. aureus).
    6.2. Serología para fiebre de las Montañas Rocosas, leptospira y rubeola.

CPK: creatinín fosfo-kinasa; GOT: transaminasa glutámico-oxalacética; GPT: transaminasa glutámico.pirúvica; LCR: líquido cefalorraquideo.

Adaptado de: Reingold AL, Hargrett NT, Shands KN et al: Toxic shock syndrome surveillance in the United States, 1980 to 1981. Ann Intern Med 1982;96:875.

5.7.2 Criterios sugerentes de sepsis por catéter.

1.	El paciente ha recibido fluidoterapia durante el desarrollo de bacteriemia/sepsis.
2.	Flebitis local y/o inflamación en el lugar de la inserción del catéter, especialmente si se asocia con exudado purulento.
3.	Bacteriemia/sepsis primaria sin otro foco aparente.
4.	La sepsis ocurre en un paciente sin riesgo de bacteriemia.
5.	Desarrollo de sepsis de forma aguda y grave, con frecuencia shock.
6.	Enfermedad embólica localizada distal a la canalización arterial.
7.	Endoftalmitis por Cándida en pacientes que reciben nutrición parenteral total
8.	Sepsis aparentemente refractaria a tratamiento antimicrobiano.
9.	Resolución del síndrome febril tras la retirada del catéter.

Fuente: León C, León M, León MA, De La Torre MV, Castillo JM. Infecciones relacionadas con catéteres intravasculares. En: Álvarez Lerma F: Decisiones clínicas y terapéuticas en patología infecciosa del paciente crítico. Editorial Marré. 1999: 59-80

TEMA 6. NEUROLOGIA
6.1 DEPRESION DE CONCIENCIA

6.1.1 Clasificación fisiopatológica del coma.

1. Coma estructural:
   1.1. Supratentorial:
      1.1.1. Afectación hemisférica bilateral.
      1.1.2. Afectación hemisférica unilateral y afectación contralateral secundaria:
         1.1.2.1. Herniación cingulada.
      1.1.3. Compresión secundaria del SRAA (síndromes de herniación):
         1.1.3.1. Herniación central o diencefálica.
         1.1.3.2. Herniación uncal.
   1.2. Infratentorial:
      1.2.1. Lesión directa del SRAA.
      1.2.2. Compresión directa del SRAA.
      1.2.3. Compresión secundaria del SRAA (síndromes de herniación):
         1.2.3.1. Herniación transtentorial o rostral.
         1.2.3.2. Herniación amigdalar o caudal.
2. Coma metabólico.

SRAA: sistema reticular activador ascendente.

Fuente: Molina R, Cabré L: Coma. En: Montejo JC, García de Lorenzo A, Ortiz Leyba C, Planas M: Manual de Medicina Intensiva. Mosby. 1.996;209-213.

6.1.2 Puntuación de Pittsburgh para valoración del tronco cerebral.

REFLEJOS	AUSENTE	PRESENTE
Reflejo de la tos o nauseoso	1	2
Reflejo palpebral (un lado)	1	2
Reflejo corneal (un lado)	1	2
Oculocefálicos u oculogiros	1	2
Reflejo fotomotor derecho	1	2
Reflejo fotomotor izquierdo	1	2

PPTC= suma de todos los reflejos (mejor 15 y peor 6)
Puntaje Combinado= PPTC + GCS (mejor 30 y peor 9)
Tiene como objeto completar la escala de Glasgow para el coma en las lesiones no traumáticas. Comprende una evaluación de los reflejos del tronco cerebral. La puntuación total se suma a la escala de Glasgow.

Fuente: Safar P,Bircher NG. Cardiopulmonary cerebral resuscitation. 3rd. Ed. Philadelphia. WB Saunders Co. 1988. 262.

6.1.3 Reflejos del tallo cerebral.

UBICACION	REFLEJO
Mesencefalo	Pupilar
Mesencefalo y puente	Oculocefálico y oculovestibular
Pontinos	Corneano, mandibular, chupeteo, mentoniano,
Bulbares	Nauseoso, carinal.

Su importancia radica en que la ausencia de ellos diagnostica clínicamente muerte cerebral.

6.1.4 Clasificación de los estados confusionales agudos.

1. Estados confusionales agudos con hipoactividad psicomotora
   1.1. Sin focalidades neurológicas claras y LCR normal:
      1.1.1. Encefalopatía metabólica, hepática, urémica, hipercápnica, hipoglucémica, coma diabético, hipercalcemia, porfiria.
      1.1.2. Enfermedades infecciosas.
      1.1.3. Reducción del flujo cerebral o su contenido de O2: encefalopatía hipóxica, ICC, arritmias cardíacas
      1.1.4. Psicosis: de UCI, postoperatoria, postraumática, puerperal.
      1.1.5. Intoxicación por drogas: opiaceos, barbitúricos, antidepresivos tricíclicos, otros sedantes, anfetaminas, anticolinérgicos.
   1.2. Con focalidades neurológicas y/o LCR patológico:
      1.2.1. AVC y otras lesiones ocupantes de espacio (especialmente parietal derecho, inferofrontal y temporal): infarto isquémico, hemorragias (intraparenquimatosa, subdural, epidural), tumores, abscesos, granuloma.
      1.2.2. Hemorragia subaracnoidea.
      1.2.3. Infecciones: meningitis, encefalitis.
   1.3. Demencia
2. Delirio
   2.1. Sin focalidades neurológicas
      2.1.1. Fiebre tifoidea.
      2.1.2. Neumonía.
      2.1.3. Septicemia.
      2.1.4. Fiebre reumática.
      2.1.5. Tirotoxicosis e intoxicación por ACTH.
      2.1.6. Estados postopertatorios y postraumáticos.
   2.2. Con focalidades neurológicas
      2.2.1. Vascular, neoplásico, etc, especialmente si afectan lóbulos temporales y parietales.
      2.2.2. Contusión cerebral y laceración: delirio traumático.
      2.2.3. Meningitis aguda purulenta y tuberculosa.
      2.2.4. Hemorragia subaracnoidea.
      2.2.5. Encefalitis vírica.
   2.3. Asociado a estados de abstinencia, intoxicaciones exógenas y estados postconvulsivos:
      2.3.1. Deprivación de alcohol (delirium tremens), barbitúricos y sedantes no barbitúricos.
      2.3.2. Intoxicaciones: escopolamina, atropina, amfeteminas, etc.
      2.3.3. Delirio postconvulsivo.

LCR: líquido cefalo-raquideo; **ICC:** insuficiencia cardíaca congestiva; **AVC:** accidente vascular pulmonar; **ACTH:** hormona adenocorticotropa.

Fuente: Tomado de: Felice KJ, Schwartz WJ, Drachman DA: Evaluating the patient with altered conciousness in the Intensive Care Unit. En: Rippe JM, Irwin RS, Alper JS, Fink MP: Intensive Care Medicine. Little, Brown Co, Boston 1991:1546-1553

6.1.5 Clasificación de efectos de toxicos en el SNC (Reed L).

CLASE	CARACTERISTICAS
0	Dormido, se despierta y responde
1	En coma, reflejos intactos, respuesta a dolor (+)
2	En coma, reflejos intactos, respesta al dolor (-), No depresión respiratoria.
3	En coma, reflejos ausentes, sin depresión respiratoria o circulatoria.
4	En coma profundo y estado de choque, reflejos ausentes y depresión respiratoria.

6.1.6 Criterios diagnósticos de encefalopatía metabólica.

1. Inicio gradual (en horas).
2. Progresión en pacientes no tratados.
3. Disminución gradual del nivel de consciencia.
4. Pacientes tratados con varios medicamentos depresores del SNC.
5. Pacientes con algún fracaso orgánico, postoperatorios, trastornos hidroelectrolíticos, enfermedades endocrinológicas.
6. Sin evidencia de tumor cerebral o AVC, generalmente sin focalidades excepto hipoglucemia.
7. A veces precedido por convulsiones focales o generalizadas.
8. Aumento espontáneo de la actividad motora (asterixis, mioclonias, rigidez, etc.).
9. Alteraciones en la bioquímica plasmática, GSA y hemograma.
10. Generalmente normalidad en los estudios de imagen.
11. Alteraciones generalizadas en el EEG (enlentecimiento, ondas trifásicas).
12. Recuperación gradual al iniciar el tratamiento.

Fuente: Ravin PD, Walsh FX: Metabolic encephalopathy. En: Rippe JM, Irwin RS, Alper JS, Fink MP: Intensive Care Medicine. Little, Brown Co, Boston 1991:1553-1561

6.1.7 Score ABCD2 para Ataque Isquemico Transitorio.

Identifica undividuos con elevado riesgo de stroke en forma temprana, después de un ataque isquemico transitorio.

A (Age – Edad)	1 punto por edad >60 años.
B (Blood pressure – Presion arterial >140/90 mmHg)	1 punto por hipertensión en la evaluación aguda.
C (Clinical features – Características clínicas)	2 puntos por deficit motor unilateral, 1 por transtorno del habla sin deficit motor, y
D (Symptom Duration – Duracion de los síntomas)	1 punto por 10 – 59 minutos, 2 puntos por >60 minutos.
D (Diabetes)	1 punto.
El total del score puede fluctuar desde 0 (más bajo riesgo) a 7 (riesgo más elevado)	
Scores 0 – 3	Riesgo bajo
Scores 4 – 5	Riesgo moderado.
Scores 6 – 7	Riesgo elevado.

Fuente: Johnston SC, Rothwell PM, Nguyen-Huynh MN, Giles MF, Elkins JS, Bernstein AL, Sidney S. Validation and refinement of scores to predict very early stroke risk after transient ischaemic attack. Lancet. 2007 Jan 27;369(9558):283-92

6.1.8 Sistema Oxford de clasificación del ACV.

ACV total de la circulación anterior Son tres: • Déficit sensorial o motor contralateral • Hemianopsia homónima • Disfunción cortical superior*	ACV de la circulación posterior • Hemianopsia homónima aislada • Signos del tronco encefálico • Ataxia cerebelosa
ACV parcial de la circulación anterior Son dos: • Déficit sensorial o motor contralateral • Hemianopsia homónima • Disfunción cortical mayor	Ictus lacunar • Déficit motor puro • Déficit sensitivo puro • Déficit sensitivomotor
* La disfunción cortical superior incluye la disfasia /alteración visioespacial.	

Fuente: McArthur, K. Quinn, T. Walters, M. Diagnosis and management of transient ischaemic attack and ischaemic stroke in the acute phase. BMJ 2011; 342:d1938.

6.1.9 Escala ROSIER (Recognition of Stroke in the Emergency Room).

Descripción	Si	No
¿Pérdida de la conciencia o síncope?	-1	0
¿Convulsiones?	-1	0
Comienzo agudo nuevo:		
¿Parálisis facial asimétrica?	+1	0
¿Parálisis braquial asimétrica	+1	0
¿Trastornos del habla?	+1	0
¿Defectos del campo visual?	+1	0

Total -2 a +5
Posible ACV si el puntaje es >0 en ausencia de hipoglucemia
Sensibilidad para el diagnóstico de ACV 82%
Especificidad para el diagnóstico de ACV 42%

Fuente: McArthur, K. Quinn, T. Walters, M. Diagnosis and management of transient ischaemic attack and ischaemic stroke in the acute phase. BMJ 2011; 342:d1938.

6.1.10 Escala FAST (Functional Assessment Staging).

Descripción	Si	No
Asimetría facial?	1	0
Parálisis del brazo (o la pierna)?	1	0
Trastornos del habla?	1	0

Total 0 a 3
Sospecha de ACV si el puntaje es >0
Sensibilidad para el diagnóstico de ACV 82%
Especificidad para el diagnóstico de ACV 37%

Fuente: McArthur, K. Quinn, T. Walters, M. Diagnosis and management of transient ischaemic attack and ischaemic stroke in the acute phase. BMJ 2011; 342:d1938.

6.1.11 Escala de Accidente Vascular Cerebral de los National Institutes of Health.

1 NDC	5. Campos visuales	12. Sensibilidad (alfiler)
0 alerta	0 Sin perdida visual	0 normal
1 somnoliento	1 hemianopsia parcial	1 pérdida parcial
2 estuporoso	2 hemianopsia completa	2 pérdida grave
3 coma	3 hemianopsia bilateral	
2. preguntas (preguntar el mes y la edad) 0 ambas correctas 1 una correcta 2 incorrectas	**6. Paralisis facial** 0 no hay caída 1 caída, pero no golpea la cama 2. cae hasta la cama 3 no hay esfuerzo por contrarrestar la gravedad. 4 sin movimiento. 5 amputación/fusión articular.	**13. El mejor idioma** 0 ninguna. 1 leve-moderada. 2 casi ininteligible o peor. 3 intubado/barrera.
4. mejor mirada 0 normal 1 parálisis parcial de la mirada 2 desviación forzada	**11. Ataxia en extremidades** 0 ausente 1 presente en una extremidad 2 presente en ambas extremidades	**15. extensión e inatención.** 0 sin inatención 1 inatención parcial 2 inatención completa.

NDC= nivel de conciencia. Sin déficit: 0, déficit mínimo: 1, déficit ligero: 2-5, déficit moderado: 6-15, déficit importante: 16-20, y déficit grave: >20.

Fuente: Montaner J, Alvarez-Sabín J. La escala de ictus del National Institute of Health (NIHSS) y su adaptación al español. Neurología 2006;21(4):192-202.

6.1.12 Escala de isquemia de Hachinski.

Dato clínico	Puntuación
Comienzo súbito	2
Deterioro a brotes	1
Curso fluctuante	2
Confusión nocturna	1
Conservación de la personalidad	1
Depresión	1
Síntomas somáticos	1
Labilidad emocional	1
Antecedentes de hipertensión arterial sistémica	1
Antecedentes de ictus	2
Signos de ateroesclerosis	1
Signos neurológicos focales	2
Síntomas neurológicos focales	2

Puntuación	
< 4	Sugiere un transtorno degenerativo.
4 – 7	Casos dudosos y demencias mixtas.
> 7	Demencia vascular.

Fuente: Hachinski VC, Lassen NA, Marshall J. Multi-infarct dementia: a cause of mental deterioration in the elderly. Lancet 1974;2:207-210.

6.1.13 Escala de Rankin.

0.	Sin síntomas.	
1.	Sin incapacidad importante	Capaz de realizar sus actividades y obligaciones habituales.
2.	Incapacidad leve	Incapaz de realizar algunas de sus actividades previas, pero capaz de velar por sus intereses y asuntos sin ayuda.
3.	Incapacidad moderada	Síntomas que restringen significativamente su estilo de vida o impiden su subsistencia totalmente autónoma (p. ej. necesitando alguna ayuda).
4.	Incapacidad moderadamente severa	Síntomas que impiden claramente su subsistencia independiente aunque sin necesidad de atención continua (p. ej. incapaz para atender sus necesidades personales sin asistencia).
5.	Incapacidad severa	Totalmente dependiente, necesitando asistencia constante día y noche.
6.	Muerte	

Fuente: Van Swieten, JC. Koudstaal, PJ. Visser, MC. Schouten, HJ. Van Gijn, J. Interobserver agreement for the assessment of handicap in stroke patients. Stroke. 1988 May;19(5):604-7.

6.1.14 La Escala Global del Deterioro para la Evaluación de la Demencia Primaria Degenerativa (GDS) (también conocida como la Escala de Reisberg).

Diagnóstico	Fase	Señales y Síntomas
Falta de demencia	Fase 1: Ningún declive cognitivo	En esta fase la persona tiene una función normal, no experimenta la pérdida de la memoria, y es sano mentalmente. Gente que no tiene la demencia sería considerada estar en la Fase 1.
Falta de demencia	Fase 2: Un declive cognitivo muy leve	Esta fase se usa para describir el olvido normal asociado con el envejecimiento; por ejemplo, olvidarse de los nombres y de donde se ubican los objetos familiares. Los síntomas no son evidentes a los seres queridos ni al médico.
Falta de demencia	Fase 3: Declive cognitivo leve	Esta etapa incluye la falta de memoria creciente, dificultad leve que concentra, funcionamiento de trabajo disminuido. La gente puede conseguir perdió más a menudo o tiene dificultad que encuentra las palabras correctas. En esta etapa, un person' s amados comenzará a notar una declinación cognoscitiva. Duración media: 7 años antes del inicio de la demencia
Etapa temprana	Fase 4: Declive cognitivo moderado	Esta etapa incluye dificultades de concentrarse, una disminución de la habilidad de acordarse de los eventos recientes, y dificultades de manejar las finanzas o de viajar solo a lugares nuevos. La gente tiene problemas llevando a cabo eficientemente/con precisión las tareas complejas. Puede no querer reconocer sus síntomas. También la gente puede recluirse de los amigos y de la familia porque las interacciones sociales se

Etapa media	Fase 5: Declive cognitivo moderadamente severo	hacen más difíciles. En esta etapa un médico puede notar problemas cognitivos muy claros durante una evaluación y entrevista con el paciente. Duración promedio: 2 años. Gente en esta fase tiene deficiencias serias de la memoria y necesita ayuda a completar las actividades diarias (vestirse, bañarse, preparar la comida). La pérdida de la memoria se destaca más que antes y puede incluir aspectos importantes de la vida actual; por ejemplo, puede ser que la persona no recuerda su domicilio o número de teléfono. También puede que no sepa la hora, el día, o donde está. Duración promedio: 1,5 años.
Etapa media	Fase 6: Declive cognitivo severo (la demencia media)	Las personas en esta fase requieren ayuda extensiva a hacer las actividades diarias. Empiezan a olvidar los nombres de los miembros de la familia y tienen muy poco recuerdo de los eventos recientes. Muchas personas solamente pueden recordar algunos detalles de la vida temprana. También tienen dificultades de contar atrás de 10 y de llevar a cabo las tareas. La incontinencia (la pérdida del control de la vejiga o de los intestinos) es un problema en esta fase. Cambios de la personalidad tales como el delirio (creer algo que no es verdad), las compulsiones (repetir una actividad, como limpiar), la ansiedad o la agitación pueden ocurrir. Duración promedio: 2,5 años.
Etapa avanzada	Fase 7: Declive cognitivo muy severo (la demencia avanzada)	Las personas en esta fase esencialmente no tienen la habilidad de hablar ni de comunicarse. Requieren ayuda con la mayoría de las actividades (p.ej., usar el baño, comer). A menudo pierden las habilidades psicomotores, por ejemplo la habilidad de caminar. Duración promedio: 2,5 años.

Fuente.: Reisberg, et al., 1982; DeLeon and Reisberg, 1999.

6.2 CONVULSIONES
6.2.1 Clasificación clínica del estatus epiléptico.

1) Estatus epiléptico generalizado:
   a) Estatus epiléptico primariamente generalizado:
     I) Estatus epiléptico tónico-clónico.
     II) Estatus epiléptico mioclónico.
     III) Estatus epiléptico clónico-tónico-clónico.
   b) Estatus epiléptico secundariamente generalizado:
     I) Crisis parciales con generalización secundaria.
     II) Estatus epiléptico tónico.
   c) Estatus epiléptico generalizado no convulsivo
     I) Estatus epiléptico ausencias (estatus pequeño mal).
     II) Estatus epiléptico ausencias atípico.
     III) Estatus atónico
2) Estatus epiléptico Parcial:
   a) Estatus epiléptico simple parcial.
   b) Estatus epiléptico complejo parcial.

Fuente: Bleck TP: Therapy for status epilepticus. Clin Neuropharmacol 1983;6:255-269

6.2.2 Clasificación de las crisis epilépticas.

I. Crisis epilépticas parciales:
   A. Crisis parciales simples con signos motores, sensitivos, autónomos o psíquicos.
   B. Crisis parciales complejas.
   C. Crisis parciales con generalización secundaria.
II. Crisis epilépticas primariamente generalizadas:
   A. De ausencia (pequeño mal).
   B. Tónico-clónicas (gran mal).
   C. Tónicas.
   D. Atónicas.
   E. Mioclónicas.
III. Crisis epilépticas no clasificadas:
   A. Crisis neonatales.
   B. Espasmos infantiles.

Fuente: International League Against Epilepsy (ILAE). 1981

6.3 HEMORRAGIA SUBARACNOIDEA

6.3.1 Clasificación de la hemorragia subaracnoidea de Hunt y Hess.

GRADOS	CRITERIOS
Grado 0	Aneurisma íntegro
Grado I	Asintomático o mínima cefalea y ligera rigidez de nuca
Grado II	Cefalea moderado-severa, rigidez de nuca y no focalidades excepto parálisis de pares craneales.
Grado III	Somnolencia, confusión, focalidades moderadas.
Grado IV	Estupor, hemiparesia moderada-severa, posible rigidez de descerebración precoz y alteraciones vegetativas.
Grado V	Coma profundo, rigidez de descerebración, aspecto de moribundo.

Fuente: Hunt WE, Hess RM: Surgical risk as related to time of intervention in the repair of intracranial aneurysms. J Neurosurg 1968;14

6.3.2 Escala pronóstica de la hemorragia subaracnoidea de botterell.

GRADOS	CRITERIOS
Grado I	Consciente, con o sin signos de HSA
Grado II	Somnoliento, sin déficit significativo
Grado III	Somnolencia, con coágulos intracerebrales y déficit neurológico
Grado IV	Déficit importante que se deteriora por un gran coágulo intracerebral, o paciente de edad con déficit menor con enfermedad cerebrovascular previa
Grado V	Moribundo con fallo de centros vitales y rigidez extensora

Fuente: Botterell EH, Lougheed WM, Scot JW: Hypothermia and interruption of carotid and vertebral circulation in the surgical management on intracraneal aneurysm. J Neurosurg 1956;13:1.

6.3.3 Clasificación de Fisher de la hemorragia subaracnoidea.

GRADOS	CRITERIOS
Grado I	Sin sangre en la TAC. No predice vasoespasmo
Grado II	Sangre difusa pero no lo bastante para formar coágulos. No predice vasoespasmo
Grado III	Sangre abundante formando coágulos densos >1 mm en el plano vertical (cisura interhemisférica, cisterna insular, cisterna ambiens) o > 3 x 5 mm en el longitudinal (cisterna silviana e interpeduncular). Predice vasoespasmo severo
Grado IV	Hematoma intracerebral o intraventricular con o sin sangre difusa o no apreciada en las cisternas basales. No predice vasoespasmo

Fuente: Tomado de Maestre A, Jiménez F: Hemorragia subaracnoidea. En Montejo JC, García de Lorenzo A, Ortiz C, Planas M. Manual de Medicina Intensiva. Madrid. Mosby/ Doyma. 1996:220-223.

6.3.4 Severidad de la hemorragia subaracnoidea.

Grado		
I	Glasgow 15	Neurologicamente intacto (excepto paralisis de N. craneales)
II	Glasgow 15	Cefalea y rigidez de nuca
III	Glasgow 13-14	IIIb con déficit focal IIIa sin déficit focal
IV	Glasgow 8-12	Con o sin déficit focal
V	Glasgow 3-7	Estado comatoso

Fuente: K. Sono, A. Takura. 1989.

6.3.5 Reglas de decisión clínica para identificar pacientes con alto riesgo de hemorragia subaracnoidea.

Regla 1	Edad >40 años Dolor o rigidez de cuello. Perdida de la conciencia presenciada. Aparición de cefalea al esfuerzo.
Regla 2	llegada en ambulancia, edad> 45 años, vómito al menos una vez, presión arterial diastólica> 100 mmHg
Regla 3	llegada en ambulancia, presión arterial sistólica> 160 mmHg, dolor o rigidez de cuello, edad de 45 a 55 años.

Para cada regla, los pacientes deben ser investigados por la HSA si una o más características clínicas en el estado están presentes.

Retrospectivamente, cada una de las tres reglas de un 100% de sensibilidad y su especificidad fue del 28% y 39%.

Fuente: Perry JJ et al. High risk clinical characteristics for subarachnoid haemorrhage in patients with acute headache: Prospective cohort study. *BMJ* 2010 Oct 28; 341:c5204.

6.4 EXPLORACION NEUROLOGICA
6.4.1 Exploración neurológica.

Nivel Lesional	Nivel conciencia	Actividad y Respuestas motoras	Patrón Respiratorio	Globos Oculares	Pupilas
Cortical	Letargia	Agitado, localiza el dolor	Cheyne-Stokes	Movimientos variables orientados	Normal
Diencéfalo	Obnubilación Estupor	Rigidez decorticación		Desviación conjugada o posi. intermedia Movs. aberrantes R. oculo-vestibular (+) R. oculo-cefálico (+)	Miosis moderada poco reactiva
Mesencéfalo	Coma	Rigidez descerebración	Kusmaull	Posición fija adelante R. corneal (–) R. oculo-cefálico asimétrico R. oculo-vestibular asimétrico	Midriasis media fija
Protuberancia	Coma	Extensión miembros sups. y flexión inferiores	Respiración apneica	R. corneal (-) R. oculo-cefálico (-) R. oculo-vestibular (-)	Miosis intensa arreactiva
Bulbar	Coma	Flacidez	Respiración atáxica	R. corneal (-) R. cilio-espinal (-)	Midriasis intensa arreactiva

6.4.2 Exploración de pares craneales.

Par Craneal	Exploración	Signos de lesión
I. Nervio Olfatorio	No se suele explorar	Anosmia, disosmia, en casos de meningiomas del surco olfatorio y traumatismos craneoencefálicos con rotura de la lámina cribosa etmoidal.
II. Nervio óptico	Agudeza y perimetría visual. Fundoscopía.	Ceguera, disminución de agudeza visual, hemianopsia homónima, bitemporal en lesiones centrales del quiasma.
III. Nervio Oculomotor común.	Pupilas, simetría, tamaño, forma, reactividad a los reflejos fotomotor, consensuado, y de acomodación. Motilidad ocular extrínseca (recto superior, inferior y medial, oblicuo inferior) y elevación del parpado.	Ptosis, ojo en reposo desviado hacia fuera y abajo. Midriasis si se lesionan sus fibras parasimpáticas.

IV. N. Troclear	Motilidad ocular extrínseca (oblicuo superior)	Ojo en reposo desviado hacia fuera y arriba, produce característicamente diplopía vertical que aumenta al mirar hacia abajo. (leer o bajar escaleras).
V. N. Trigémino.	Sensorial tres ramas (sensibilidad de la cara) reflejo corneal. Motor: maseteros, temporales y pterigoideos (masticación y lateralización de la mandibula)	Hipoalgesia facial y debilidad de los musculos correspondientes.
VI. N. oculomotor externo	Motilidad ocular extrínseca (recto externo)	Ojo en reposo desviado hacia adentro.
VII. N. Facial.	Motilidad de la musculatura facial	Interesa determinar si la paralisis es central o supranuclear (se respeta la mitad superior de la cara) o periférica o nuclear (se afecta toda la hemicara)
VIII. N. esteatoacustico	Se explorara la porción coclear o auditiva y la vestibular (maniobras oculocefalicas, maniobras de Barany, marcha en estrella y pruebas calóricas).	Hipoacusia (lesión n. auditivo). Vértigo (lesión n. vestibular).
IX. N. glosofaringeo X. N. Vago	Se exploran juntos, sensibilidad y motilidad velopalatina. Reflejo nauseoso.	Desviación de la uvula y paladar hacia el lado lesionado.
XI. N. Espinal	Esternocleidomastoideo y porción superior del trapecio.	Paresia de los musculos implicados
XII. N. Hipogloso	Motilidad de la lengua	Desvición de la punta hacia el lado lesionado, hemiatrofia.

6.4.3 Transtornos motores.

Lesion musculoespinal	Pérdida de la fuerza	tono	Atrofia	Fasciculaciones	Ataxia
Asta anterior	Focal	Flácido	Presente	Presentes	Ausente
Raiz nerviosa, plexo, n.periférico	Focal o segmentaria	Flácido	Presente	Ocasionalemente presentes	Ausente
Unión neuromuscular	Difusa	Generalmente normal	Gral. Ausente	Ausente	Ausente
Músculo	Difusa	Flácido	Presente pero tardio	Ausente	Ausente
Lesion extrapiramidal	Ninguna o leve	Rigidez	Ausente	Ausente	Ausente
Lesion corticoespinal	Generalizada, incompleta	Espastico	Ausente	Ausente	Ausente

Lesión cerebelosa	(ninguna, la ataxia puede simular perdida de fuerza)	Hipotónico	Ausente	Ausente	Presente
Transtorno psicógeno	Extraña. Puede simular cualquier tipo.	Con frec. aumentado	Ausente	Ausente	Puede simular ataxia

Lesion musculoespinal	Reflejos	Movimientos anormales	Otros movimientos patológicos asociados
Asta anterior	Disminuidos o ausentes	Ninguno, excepto fasciculaciones	Ausentes
Raiz nerviosa, plexo, n.periférico	Disminuidos o ausentes	Ninguno, poco frec. Fasciculaciones	Ausentes
Unión neuromuscular	Generalmente normales	Ningunos	Ausentes
Músculo	Disminuidos	Ningunos	Ausentes
Lesion extrapiramidal	Normales	Presentes	Ausentes
Lesion corticoespinal *	Reflejos de estiramiento hiperactivos. Reflejos superficiales disminuidos o ausentes	Ningunos	Presentes**
Lesión cerebelosa	Reflejos de estiramiento disminuidos o pendulares	Temblor intencional	Ausentes
Transtorno psicógeno	Reflejos de estiramiento normales o exagerados, pero con superficiales normales y sin características corticoespinales	Pueden estar presentes	Ausentes

* El signo de babinski solo se observa en caso de lesión corticoespinal (primera motoneurona)
** movimientos por liberación corticoespinal como clonus y espasmos en flexión o extensión.

6.4.4 Niveles de principales Dermatomas.

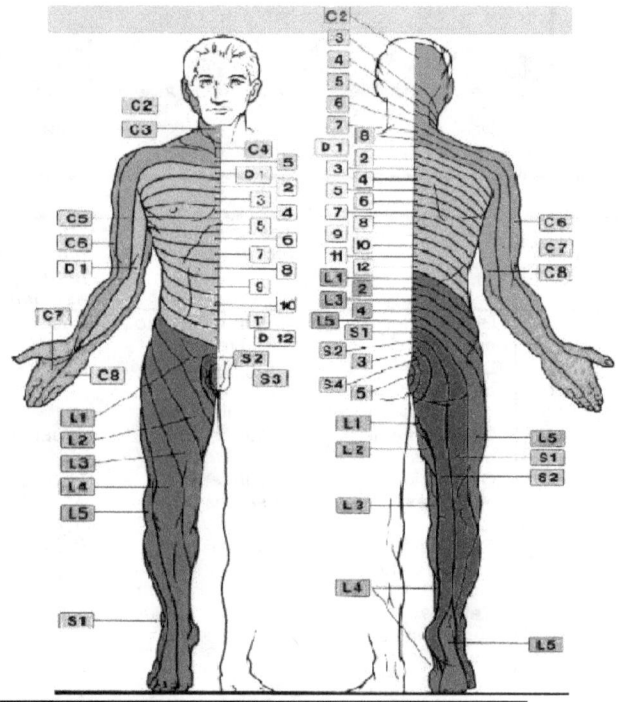

C5	Clavículas
C5, 6, 7	Partes laterales de miembros superiores
C8, D1	Lado medial de miembros superiores
C6	Dedo pulgar
C6, 7, 8	Mano
C8	Dedo anular y meñique
D4	Nivel de pezones
D10	Nivel del ombligo
D12	Región inguinal
L1, 2, 3, 4	Superficie anterior e interna de miembros inferiores
L4, 5, S1	Pie
L4	Cara medial de hallux
S1, 2, L5	Superficie posterior y externa de miembros inferiores
S1	Margen lateral de pie y dedo pequeño
S2, 3, 4	Perineo

Fuente: Greenberg SA. The history of dermatome mapping. Arch Neurol. 2003 Jan;60(1):126-31.

6.4.5 Inervación de los segmentos espinales y músculos.

Segmento espinal	Músculo	Acción
C5, C6	Deltoides	Abducción del brazo
C5, C6	Biceps	Flexión del codo
C6-C7	Extensor carpi radialis	Extensión de la muñeca
C7, C8	Triceps	Extensión del codo
C8, T1	Flexor digitorum profundus	Prensión de la mano
C8, T1	Intrínsecos de la mano	Abducción de los dedos
L1, L2, L3	Iliopsoas	Flexión de la cadera
L2, L3, L4	Cuádriceps	Extensión de la rodilla
L4, L5, S1, S2	Biceps femoral	Flexión de la rodilla
L4, L5	Tibial anterior	Dorsiflexión del tobillo
L5, S1	Extensor hallucis longus	Extensión 1er dedo pie
S1, S2	Gastrocnemio	Flexión plantar del tobillo
S2, S3, S4	Vejiga y esfinter anal	Tono rectal voluntario

Fuente: Chiles III BW, Cooper PR. Acute spinal injury. N Eng J Med 1996; 334: 514-520.

6.4.6 Ramas de la Arteria carótida externa

Rama	Irrigación	Características
A. tiroidea superior	Laringe y zona sup. de tiroides	
Faringea ascendente	Nasofaringe, orofaringe, oído medio, parte de meninges	Da ramas hipoglosa y yugular que irrigan IX, X y XI
Lingual	Lengua, suelo de boca, glándula submandibular y parte del maxilar inferior	Puede nacer de un tronco linguofacial comun
Facial	Cara, paladar, labios y mejilla	Se anastomosa con oftálmica
Occipital	Porción posterior del cuero cabelludo, músculos de la nuca y meninges de fosa posterior	Se puede anastomosar con vertebral
Auricular posterior	Pabellón de la oreja, conducto auditivo externo y cuero cabelludo	
Temporal superficial	Parte de cuero cabelludo y oído	Rama terminal
Arteria maxilar	Músculos de masticación, paladar, maxilar superior, senos paranasales, nariz, orbita y meninges	Rama terminal, se anastomosa con carótida interna

6.4.7 Ramas de la carótida interna.

Arteria	Ramas	Irrigación

A. oftálmica	A. central de la retina A. ciliares A. anterior de la hoz y recurrente meníngea, ramas orbitarias	N. optico
A. comunicante posterior	A. talamoperforantes anterior	Quiasma óptico, tálamo, hipotálamo y tallo hipofisiario
A. coroidea anterior	Segmento cisternal Segmento intraventricular	Tracto óptico, pedúnculo cerebral, uncus, amigdala, hipocampo, parte del tálamo y brazo posterior de cápsula interna, cola N. caudado, plexos coroideo ventrículo lateral

6.4.8 Segmentos de la arteria carótida interna.
(entra a cráneo por conducto carotideo)

Segmento	Limites	Ramas	Irrigación
Bulbocarotideo Cervical	Hasta antes de entrar al canal carotídeo		
Petroso	A través de porción petrosa del hueso temporal	Timpánicas Vidiana Carótido timpanico Estapedial persistente	Oído medio Oído medio o interno
Cavernoso	A través del seno cavernoso C5 ascendente, desde salida de conducto carotideo hasta rodilla C4 rodilla, porción de rodilla entre segmentos ascendente y horizontal C3 porción horizontal, desde curvatura posterior y anterior C2 segunda rodilla, entre porción horizontal y segmento C1 C1 Salida a nivel de clinoides anterior	Tronco posterior Meningo-hipofisiaria Hipofisiaria inferior Tentorial marginal Tronco inferoesterno Tronco hipofisiario superior	
Supraclinoideo	Desde salida del seno cavernoso hasta bifurcación		

6.4.9 Arteria cerebral anterior.

Segmento	Limites	Ramas	Irrigación

A1	Desde origen hasta unión con ACoA	A. lenticulo estriadas mediales	Cabeza del núcleo caudado y brazo anterior de la cápsula interna
A 2	De AcoA hasta bifurcación en pericallosa y callosa marginal	Recurrente de Heubner Orbitofrontal y frontopolar	Brazo anterior y rodilla de cápsula interna, cabeza N. caudado, putamen rostral, globo palido.
A 3	Hasta posterior a bifurcación	Callosa marginal y pericallosa (ramas principal y terminal) Ramas corticales	Dos tercios anteriores de la cara interna hemisférica y pequeña área hemisférica superior que se extiende desde convexidades

6.4.10 Arteria cerebral media

Segmento	Limites	Ramas	Irrigación
M 1 Esfenoidal	Desde origen ACI hasta bifurcación en cisura de Silvio	A. lenticulo estriadas laterales	N. lenticular, cápsula interna, N. caudado
M 2 Insular	Cisura de Silvio hasta salir de ínsula	R. insulares	Insula
M 3 Opercular	Desde insula	R. corticales hemisféricas	Parte de hemisferio
M 4 Cortical	Se extiende sobre superficie cortical		Corteza motora, somatosensorial primaría, de asociación, area de Broca y de Wernicke, corteza prefrontal, corteza auditiva primaria, corteza de asociación principal

6.4.11 Arteria basilar

Ramas	Irrigación
A. cerebelosa anteroinferior AICA	VI, VII, VIII, inferolateral de puente, anterolateral del hemisferio cerebeloso y flóculo
Circunflejas cortas Circunflejas largas	Puente ventral y tallo cerebral
A. cerebelosa superior SUCA:	III, IV, Vermix, cerebelo superior, pedunculos medio y sup. núcleos de cerebelo, (ultima rama antes de bifurcación)

6.4.12 Arteria cerebral posterior.

Segmento	Limites	Ramas	Irrigación

P 1 Peduncular	Desde bifurcación basilar hasta unión con ACoP	Tálamo perforantes post. A. Coroidea posteromedial	-Tálamo y tallo cerebral. -Lamina cuadrigemina, mesencefalo, tálamo posterior, pineal, tela coroidea
P 2 Ambiente	Desde unión AcoP a través de mesencefalo hasta incisura de la tienda	A. coroidea posterolateral A. tálamo geniculadas	-Tálamo posterior, plexo coroideo ventricular lateral -Cuerpo geniculado medial, pulvinar, brazo del tubérculo cuadrigemino sup. pie peduncular
P 3 Cuadrigemino	Desde tienda	A. temporales inferiores A. parietooocipital A. calcarina A. pericallosa posteriores	-Superficie inf. lóbulo temporal -Tercio post. superficie interhemisferica -Polo occipital y corteza visual -Esplenio del cuerpo calloso

6.4.13 Arteria vertebral

Ramas	Irrigación
A. meníngea posterior	Hoz del cerebro
A. espinal anterior	Se une a controlateral, se dirige caudal e irriga 2/3 anteriores de medula
A. espinal posterior	Cara posterior de bulbo, columna posterior y cuernos posteriores de medula
A. cerebelosa posteroinferior PICA: Segmento bulbar ant. S. bulbar lateral S. amígdalo bulbar S. veloamigdalar R. corticales	Plexo coroideo 4to ventrículo, bulbo, amígdala cerebelosa, porción inf. de vermix, superficie posteroinferior del cerebelo

6.4.14 Cápsula interna.

Cápsula interna derecha	Localización	Vías que la atraviesan
	Brazo anterior	Fronto-ponto-cerebelosa
	Rodilla	Cortico-mesencefalo-ponto-bulbar
	Brazo posterior	Cortico-espinal superior Trucada Cortico-espinal inferior Esteroceptivas Propioceptivas

6.4.15 Vías en pedúnculos cerebelosos.

PEDÚNCULO CEREBELOSO	TIPO	VÍA	SIGNOS Y SINTOMAS EN LESIONES
Superior Brachium conjuntivum	Aferente Eferente	Espino-cerebelosa indirecta Dento-rubro-talamo-cortical	Temblor intencional, dismetría y disdiadococinesia en extremidades contralaterales
Medio Brachium pontis	Aferente Eferente	Fronto-ponto-cerebelosa Cerebelo-cerebelosa	
Inferior Cuerpo restiforme	Aferente	Espino-cerebelosa dorsal directa Vestibulo-cerebelosa Cocleo-cerebelosa Reticulo-cerebelosa	Ataxia en extremidad inferior Nistagmus Hipotonia muscular
	Eferente	Olivo-cerebelosa Arqueado-cerebeloso Cerebelo-vestibular Cerebelo-coclear Cerebelo-reticular Cerebelo-olivar Cerebelo-espinal	

6.4.16 Sindromes cerebelosos.

LÓBULO	CARACTERISTICAS	PATOLOGÍAS EN LAS QUE SE ENCUENTRA
Posterior	Ataxia generalizada, temblor intencional, en habla, dismetria y disdiadococinesia	EVC, tumores trauma, enf. degenerativas
Anterior	Marcha ataxica (Beodo), afecta mas miembros pélvicos	Desnutrición, alcoholismo,
Floculonodular	Ataxia de tronco	Afecta mas niños de 5 años, meduloblastoma

6.4.17 Cambios en el flujo cerebral.

Flujo sanguineo	Alteraciones funcionales
50- 55 ml/100 g/min	Normal
21- 25 ml/100g/min	Alteraciones de conciencia, EEG anormal, se presenta isquemia cerebral
18-20 ml/100g/min	EEG isoelectrico y falla de neurotrasmisión
12-16 ml/100g/min	Falla y bomba de Na y K. Hay infartos cerebrales
10-5 ml/100g/min	Edema citotoxico
< 10 ml/100g/min	Falla celular total

6.4.18 Generalidades del metabolismo cerebral.

Presión de perfusión cerebral	50-150 mmHg
Flujo sanguíneo Cerebro	50 ml/100g/min representa 2% del peso corporal total Recibe 15-25% del gasto cardiaco total Sangre en cráneo 75 ml Metaboliza 20% del consumo de O2 corporal total Tasa metabólica de O2 3.5 – 3.8 ml/100g/min
Peso promedio del encéfalo	1400 grs

6.4.19 Características del liquido cefalorraquídeo.

Formaión en ventrículos	60% (50% en los ventrículos laterales)
Formación en el espacio subaracnoideo	40%
Tasa de recambio	4-5 veces al día.
Volumen en el adulto	130 cc (100-150 cc)
Distribución	30 cc en ventrículos 100 cc en espacio subaracnoiedeo.
Producción neta	0.35 ml/min 400-500 ml/día
Distribución	
Presión: decúbito	100- 180 ml/H_2O
sentado	200- 300 ml/H_2O

Fuente: Carpenter M.B. Neuroanatomía Fundamentos. Panamericana-Willianms & Wilkins 4ª edición

6.4.20 Areas de Brodmann y características de lesiones.

AREA	REGION Y FUNCION	LOBULO	LESION
1, 2, 3	Corteza somatosensorial primaria	Parietal	Pérdida de discriminación táctil y sentido de posición
4	Corteza primaria motora	Frontal	paresia contralateral, flacidez, reflejos tendinosos exagerados y signo de Babinski positivo.
5, 7	Area Psicosomestésica (sensitiva secundaria)	Parietal superior	Ataxia optica
6	Area premotora, motora suplementaria	Frontal	Apraxias
7	Conexiones del área visual y motora de corteza	Parietal	Incoordinación motora-visual
8	Movimientos oculares voluntarios en dirección opuesta	Frontal	Lesión lleva ojos a mismo lado
9, 10, 11, 12	Area prefrontal (asociación terciaria)	Prefrontal	Incapacidad en la toma de decisiones, la lesi'on bilateral produce cambios permanentes
17	Corteza visual primaria	Occipital	Hemianopsia homonima contralateral
18 y 19	Paraestriada y periestriada	Occipital	Agnosia a colores con perdida de relaciones espaciales
20, 21	Corteza de lóbulo temporal	Temporal	Prosopagnosia hasta perdida del color en ciertas partes de la visión. La lesión produce incapacidad para comprender símbolos y expresarse a través de ellos.
22	Area psicoauditiva	Circunvolución temporal	Escucha pero no entiende, es una afasia auditiva receptiva.

23, 24, 29, 30, 35, 28	Area límbica	superior de la cara lateral del hemisferio. Circunvolución del Cíngulo	Estrategias de comportamiento relacionadas con los instintos y emociones
28, 34	Corteza olfatoria	Uncus y corteza entorrinal	Alucinaciones olfatorias generalmente desagradables.
39 y 40	Area de Werrnicke (lenguaje en hemisferio dominante)	Temporal	Afasia sensitiva. Discurso fluido pero carente de significado.
41 y 42	Areas auditivas primarias (giro transverso de Heschl)	Temporal	Déficit auditivo
44 y 45	Hemisferio dominante, área de Broca, del lenguaje	Frontal	Afasia motora
43	Circunvolución postcentral, área gustativa primaria	Parietal	Ageusia contralateral

6.5 OTRAS CLASIFICACIONES EN NEUROLOGIA.
6.5.1 Clasificación de Osserman para Miastenia Gravis.

Estadio 0	Sin datos clínicos
Estadio I	Debilidad muscular de músculos del ojo
Estadio II	Debilidad que afecta otro grupo muscular que no es el ocular
IIA	Afecta extremidades, músculos axiales o ambos
IIB	Afecta músculos orofaríngeos o respiratorios
Estadio III	Debilidad moderada afectando otro grupo muscular que no sea el ocular
IIIA	Afecta extremidades, músculos axiales o ambos
IIIB	Afecta músculos orofaríngeos o respiratorios
Estadio IV	Debilidad severa afectando otro grupo muscular que no sea el ocular
IVA	Afecta extremidades, músculos axiales o ambos
IVB	Afecta músculos orofaríngeos o respiratorios
Estadio V	Paciente intubado con apoyo o no de ventilación mecánica, que no incluye al paciente en el manejo postoperatorio en un paciente con MG

Fuente de: Osserman KE, Genkins G. Studies on myasthenia gravis; a reference for Health Care Professionals. In:
Myasthenia Gravis Foundation of America. HYPERLINK http://www.myasthenia.org November, 2003

6.5.2 Criterios Diagnósticos para Neuropatia de pequeñas fibras.

Los pacientes son diagnosticados con neuropatía de pequeñas fibras, cuando al menos dos de los siguientes exámenes son anormales:
1. Los signos clínicos de deterioro de pequeñas fibras (pinchazos y pérdida de la sensibilidad térmica y/o alodinia o hiperalgesia), la distribución es coherente con la neuropatía periférica (neuropatía dependiente o no de la longitud);
2. Umbral anormal al calor y/o frio del pie evaluado mediante pruebas sensoriales cuantitativos;
3. Densidad de fibras nerviosas intraepidérmicas reducidas, distal en miembros inferiores.

La neuropatía de pequeñas fibras se descartan en la presencia de:
1. Cualquier signo de deterioro de fibras de gran tamaño (pérdida de la sensibilidad al tacto suave y/o vibratorios y/o propioceptiva y/o ausencia de reflejos tendinosos profundos);
2. Cualquier signo de deterioro de fibra motora (pérdida y/o debilidad muscular);
3. Cualquier anormalidad en estudios de conducción nerviosa sensomotora.

Fuente: Devigili G, Tugnoli V, Penza P, Camozzi F, Lombardi R, Melli G, Broglio L, Granieri E, Lauria G. The diagnostic criteria for small fibre neuropathy: from symptoms to neuropathology. Brain. 2008 Jul;131(Pt 7):1912-25

6.5.3 Criterios de McDonald para diagnóstico de Esclerosis Multiple (Revisión 2010).

Presentación Clínica	Datos adicionales necesarios para diagnostic de EM
≥ 2 ataques: Evidencia clínica objetiva de ≥ lesiones o evidencia clínica objetiva de una lesión con evidencia histórica razonable de un ataque previo.	Ninguna.
≥ 2 ataques: Evidencia clínica objetiva de una lesion.	Diseminación en espacio, demostrada por: • ≥ 1 lesión en T2 en por lo menos 2 areas del SNC típicas de la EM (periventricular, yuxtacortical, infratectorial, o medulla espinal); o • Se espera otro ataque clinico que comprometa otro sitio diferente en el SNC.
1 ataque: evidencia clínica objetiva de ≥ 2 lesiones.	• Diseminación en tiempo, demostrada por: • Lesiones asintomáticas vistas cpon o sin contraste en cualquier momento, o • Una lesión nueva T2 y/o lesiones demostradas con contrastes en la IRM de seguimiento sin importar el momento; o • Se espera un segundo ataque clínico.
1 ataque 1 lesión clínica objetiva (presentación monosintomática)	Diseminación en espacio demostrada por: • ≥ 1 lesion T2 en por lo menos 2 áreas del SNC típicas de la EM (periventricular, yuxtacortical, infratectorial, o medulla espinal); o • Se espera otro ataque clínico que comprometa otro sitio diferente en el SNC y Diseminación en tiempo demostrada por • Lesiones simultaneas asintomáticas vistas con y sin contraste en cualquier momento; o • Una lesión nueva T2 y/o lesiones demostradas con contrastes en la RM de seguimiento sin importar el momento; o • Se espera un segundo ataque clínico.
Insidiosa progresión neurológica sugestiva de EM (EM progresiva primaria)	UIn año de la progresión de la enfermedad (retrospectiva o prospectiva) y por lo menos 2 de estos 3 criterios: • Diseminación en espacio en el cerebro basada en ≥ 1 lesión T2 en las regiones periventricular, yuxtacortical o infratentorial. • Diseminación en espacio en la medula espinal basada en ≥ 1 lesiones T2; o • LCR positivo.

Fuente: Polman, C. et al. Annals of Neurology. 2011;69:292-302.

6.5.4 Criterios neurológicos para la determinación de muerte cerebral (U.S. Guidelines).

1. Cese de todas las funciones cerebrales valorables clínicamente.
   - Coma profundo
   - Ausencia de los siguientes reflejos cerebrales:
     - ○ Reacción pupilar a la luz
     - ○ Reflejos oculocefálicos
     - ○ Reflejos oculovestibulares
     - ○ Reflejo corneal
     - ○ Reflejos orofaringeos
     - ○ Reflejos respiratorios: test de apnea
   - Test de confirmación en caso de duda
2. Cese irreversible de todas las funciones cerebrales
   - Se conoce la causa del coma y es suficiente para que se pierdan las funciones cerebrales
   - Exclusión de posibilidades de recuperación de las funciones cerebrales, descartar:
     - ○ Intoxicación metabólica o por drogas
     - ○ Hipotermia
     - ○ Shock
   - El cese de las funciones persiste tras un adecuado período de observación
     - ○ El período de observación depende del juicio clínico
     - ○ Cuando el EEG es plano: observación clínica durante 6 horas
     - ○ Cuando no se cuenta con EEG: observación clínica durante 12 horas
     - ○ En la anoxia cerebral: observación clínica durante 12 horas (menos si se hace alguna otra prueba)
   - Pruebas de confirmación:
     - ○ EEG
     - ○ Diagnóstico del cese del flujo cerebral
       - ▪ Angiografía
       - ▪ Gammagrafía
       - ▪ Doppler

Fuente: Defining death: medical, legal, and ethical issues in the determination of death. President's Commission for the study of ethical problems in Medicine and Biomedical and Behavioral Research, US Government Printing Office, 1981.

6.5.5 Escala PD-CQ/FS (Parkinson's Disease-Cognitive Questionnaire and Functional Scale)

PD-CQ/FS	No	Algunas	Muchas	Nunca
¿Tiene dificultades para manejar el dinero? P.ej: comprobar el cambio, calcular el dinero que necesita para comprar, etc...	0	1	2	8
2. ¿Tiene dificultades para llevar las cuentas de la casa?	0	1	2	8
¿Tiene dificultades para planificar u organizar sus vacaciones, o los encuentros con sus familiares o amigos?	0	1	2	8
¿Tiene dificultades para controlar su correspondencia, visitas médicas, facturas/recibos?	0	1	2	8
¿Tiene dificultades para controlar a qué horas y qué dosis de medicamentos tiene que tomar?	0	1	2	8
¿Tiene dificultades para gestionar su tiempo o para planificar sus actividades diarias?	0	1	2	8
¿Últimamente, le cuesta más entender el manejo de los electrodomésticos o los aparatos electrónicos de su casa?	0	1	2	8
¿Tiene dificultades para planificar qué trayecto ha de coger para viajar en transporte público?	0	1	2	8
¿Tiene dificultades para solucionar problemas imprevistos o inesperados?	0	1	2	8
10. ¿Le cuesta explicar lo que quiere decir?	0	1	2	8
¿Le cuesta entender lo que lee: libros, revistas, el periódico?	0	1	2	8
12. ¿Le cuesta entender cómo funciona el teléfono móvil?	0	1	2	8
Para la puntuación final se añade a las respuestas contestadas con 8 la media de la puntuación de los ítems correctamente contestados				

Fuente: Tomado de http://www.neuropsicol.org

CAPITULO 7. NEFROLOGIA

7.1 FRACASO RENAL

7.1.1 Criterios diagnósticos de los principales síndromes en nefrología.

SÍNDROMES	CLAVES DIAGNÓSTICAS	DATOS FRECUENTES
FRA	Anuria/Oliguria, disminución del FG	HTA, hematuria, proteinuria, piuria, cilindros, edemas
Nefritis aguda	Hematuria/cilindros hemáticos, hiperazoemia, oliguria, edemas, HTA	Proteinuria, piuria, congestión circulatoria
FRC	Hiperazoemia >3 meses, uremia, osteodistrofia renal, disminución de tamaño renal, cilindruria	Hematuria, proteinuria, cilindros, edemas, oliguria, poliuria, nicturia, edemas, HTA, alteración electrolitos
Síndrome nefrótico	Proteinuria >3,5 g/1,73 m2/día, hipoalbuminemia, hiperlipidemia, lipiduria	Cilindros, edemas
Alteraciones urinarias inespecíficas	Hematuria, proteinuria, piuria estéril, cilindros	
Infección urinaria	Bacteriuria >10^5 colonias/ml u otros agentes infecciosos, piuria, cilindros leucocitarios, polaquiuria, sensibilidad vesical, hipersensibilidad en flanco	Hematuria, hiperazoemia leve, proteinuria leve, fiebre
Tubulopatías	Alteración electrolitos, poliuria, nicturia, osteodistrofia renal, riñones voluminosos, alteraciones en transporte renal	Hematuria, proteinuria tubular, enuresis
HTA	HTA sistólica y diastólica	Proteinuria, cilindros, hiperazoemia
Nefrolitiasis	Antecedentes de litiasis renal, cólico nefrítico	Hematuria, piuria, polaquiuria, urgencia
Obstrucción vía urinaria	Hiperazoemia, oliguria, anuria, poliuria, nicturia, retención urinaria, disminución chorro urinario, hipertrofia de próstata, riñones grandes, hipersensibilidad en flancos, vejiga llena tras micción	Hematuria, piuria, enuresis, disuria

FRA: fracaso renal agudo; **FRC:** fracaso renal crónico; **HTA:** hipertensión arterial; **FG:** filtrado glomerular.

7.1.2 Criterios diagnósticos típicos en situaciones que causan FRA.

Diagnóstico	Anormalidades Urinarias	Sedimento Urinaria	Osmolalidad U (mOsm/Kg)	FE Na+ (%)
FRA prerrenal	No o mínima proteinuria	Posible algún cilindro hialino	>500	<1
FRA intrínseco				
Isquemia tubular	Ligera-moderada proteinuria	Cilindros granulares pigmentados	<350	>1
Nefrotoxinas	Ligera-moderada proteinuria	Cilindros granulares pigmentados	<350	>1
Nefritis intersticial aguda	Ligera-moderada proteinuria, hemoglobinuria	Eosinófilos, leucos, hematíes, cilindros de leucocitos, y de eosinófilos	<350	>1
Glomerulonefritis aguda	Moderada-severa proteinuria, Hb	Hematíes, cilindros de hematíes	>500	<1
FRA postrrenal	No o mínima proteinuria, posible Hb	Cristales, hematíes y puede haber leucos	<350	>1

FRA: fracaso renal agudo; **U:** orina; **Hb:** hemoglobina; **FE:** fracción de excreción.

Fuente: Thadhani R, Pascual M, Bonventre JV. Acute renal failure. N Eng Med 1996; 334: 1448-1460.

7.1.3 Clasificación del fracaso renal agudo.

PARÁMETRO	PRERRENAL	NTA
Na+ urinario	<20 mEq/l	>40 mEq/l
Osmolalidad urinaria	>500 mOsm/l	<350 mOsm/l
Densidad urinaria	>1020	<1010
Osmolaridad U/P	>1,3	<1,1
Creatinina U/P	>40	<20
Urea U/P	>8	<3
Urea/creatinina P	>20/1	<10/1
FE Na+	<1%	>1%
Cl- agua libre	Negativo	Positivo
Sedimento	Normal	Cilindros granulosos
Respuesta a volumen	Positiva	Negativa
Respuesta a diuréticos	Positiva	Negativa

NTA: necrosis tubular aguda; **P:** plasma. **U:** orina; **FE Na:** fracción de excreción de sodio = Na U x Cr P/Na P x Cr; **Cl:** aclaramiento.

Fuente: Ramos LA: Función renal. En: Ramos LA: Guía práctica de cuidados intensivos. Laboratorios Beecham. 1993:161-172.

7.1.4 Criterios diagnósticos de fracaso renal agudo.

Causas de FRA	Signos clínicos	Sedimento	Confirmación
FRA prerrenal (70%)	Signos de depleción de volumen o de depleción del volumen circulante eficaz	Cilindros hialinos, FeNa <1%, NaU <10 mEq/l, densidad >1018	Puede necesitar monitorización hemodinámica. Rápida resolución al restaurar perfusión
FRA intrínseco (25%)			
1. Grandes vasos renales:			
1.1. Trombosis de la arteria renal	FA o IAM reciente, náuseas, vómitos, dolor abdominal o lumbar.	Proteinuria leve, a veces hematíes	Transaminasas normales, LDH alta. Arteriografía renal
1.2. Atero/embolismo	Intervención aórtica reciente, >50 años, placas retinianas, nódulos subcutáneos, púrpura palpable, lívedo reticularis, vasculopatía, HTA	Normal, sin cilindros, a veces eosinofiluria	Eosinofilia, biopsia cutánea y renal, hipocomplementemia
1.3. Trombosis venosa renal	Síndrome nefrótico o embolismo pulmonar, dolor lumbar	Proteinuria, hematuria	Venografía de cava inferior y vena renal selectiva
2. Pequeños vasos y glomérulo:			
2.1. Vasculitis/glomerulonefritis	Enfermedad multisistémica o clínica compatible	Cilindros hemáticos o granulosos, hematíes dismórficos, proteinuria	C3, ANCA, anti-MBG, AAN, ASO, crioglobulinas anti-ADN, biopsia renal
2.2. SHU/PTT	Clínica compatible, fiebre, palidez, equímosis, alteraciones	Normal o hematíes o proteinuria leve. Raro cilindros hemáticos o	Anemia, trombocitopenia, esquistocitosis, LDH aumentada, biopsia renal

2.3. HTA maligna	neurológicas HTA severa, cefalea, ICC, retinopatía, disfunción neurológica, papiledema	granulosos Hematíes, cilindros hemáticos, proteinuria	HVI, resolución con control de TA
3. NTA:			
3.1. Isquémica	Hemorragia reciente, hipotensión, cirugía mayor, quemaduras	Cilindros granulosos o epiteliales marrones, Fe Na > 1%, NaU >20, densidad 1010	Son suficientes clínica y análisis de orina
3.2. Toxinas exógenas	Contraste radiológico reciente, antibióticos nefrotóxicos o antineoplásicos, con o sin depleción de volumen, sepsis o FRC	Cilindros granulosos o epiteliales marrones, Fe Na > 1%, NaU >10, densidad 1010	Son suficientes clínica y análisis de orina
3.3. Toxinas endógenas	1. Antecedentes de rabdomiolisis 2. Antecedentes de hemólisis 3. Antecedentes de lisis tumoral (a), mieloma (b) o ingestión de etilenglicol (c)	Sobrenadante rosado, + para hemo Sobrenadante rosado, + para hemo Cristales de urato (a), proteinuria (b), o cristales de oxalato (c)	HiperK+, hiperCa++, hiperP, aumento de mioglobinemia, CPK MM y ácido úrico HiperK+, hiperCa++, hiperP, hiperuricemia, plasma rosado + para hemoglobina HiperK+, hiperuricemia, y (a) hiperP, (b) paraproteína urinaria o circulante o (c) estudio toxicológico, acidosis hiato osmolar

4. E. Túbulo/ intersticiales agudas:			
4.1. Nefritis intersticial alérgica	Ingestión reciente de fármacos, fiebre, rash o artralgias	Cilindros leucocitarios, leucocitos, hematíes, proteinuria	Eosinofilia sistémica, biopsia cutánea de la erupción, biopsia renal
4.2. Pielonefritis bilateral aguda	Dolor lumbar, puñopercusión +, estado tóxico y febril	Leucocitos, hematíes, proteinuria, bacteriuria	Urocultivo, hemocultivos
FRA postrrenal (5%)	Dolor abdominal o lumbar, vejiga palpable	Normal o hematuria sin cilindros ni proteinuria	Radiografía simple, ecografía renal, pielografía,TAC

FRA: fracaso renal agudo; FeNa: fracción de excreción de sodio; NaU: concentración de sodio urinario; FA: fibrilación auricular; IAM: infarto agudo de miocardio; LDH: deshidrogenasa láctica; HTA: hipertensión arteriañ, C3: fracción 3 del complemento, ANCA: anticuerpos contra el citoplasma de los neutrófilos, anti-MBG: anticuerpos antimembrana basal del glomérulo; AAN: anticuerpos antinucleares; ASO: antiestreptolisinas; ADN: ácido desoxirribonucleico; SHU/PTT: síndrome hemolítico urémico/ púrpura trombótica trombocitopénica; ICC: insuficiencia cardíaca congestiva, HVI: hipertrofia de ventrículo izquierdo; TA: presión arterial; NTA: necrosis tubular aguda; FRC: fracaso renal crónico; hiperK+: hiperkaliemia; hiperCa++: hipercalcemia; hiperP: hiperfosforemia; CPK MM: fracción muscular de la creatín fosfokinasa; TAC: tomografía axial computerizada.

Fuente: Brady HR, Singer GG. Acute renal failure. Lancet 1995; 346: 1533-1540.

7.1.5 Factores asociados con recuperación de la función renal tras fracaso renal agudo.

- Aumento de diuresis.
- Aumento de densidad o de osmolalidad urinaria.
- Mejoría de la acidosis metabólica.
- Disminución de creatinina sérica o de su tasa de aumento.

Fuente: Chertow GM, Lazarus JM: Peritoneal dialysis, hemodialysis and hemofiltration techniques in the Intensive Care Unit. In: Rippe JM, Irwin RS, Fink MP, Cerra FB (eds.): Intensive Care Medicine (3rd ed). Little, Brown. 1996:183-203.

7.1.6 Factores de riesgo asociados a nefropatía por radiocontraste.

- Insuficiencia renal previa.
- Nefropatía diabética con insuficiencia renal.
- Depleción de volumen.
- Grandes dosis de contraste (>2 ml/Kg)
- Edad > 60 años.
- Hiperuricemia.
- Insuficiencia hepática.
- Mieloma múltiple

Fuente: Cohen AJ, Clive DM: Acute renal failure in the Intensive Care Unit. In: Rippe JM, Irwin RS, Fink MP, Cerra FB (eds.): Intensive Care Medicine (3rd ed). Little, Brown. 1996:1000-1022.

7.1.7 Estadios de Insuficiencia Renal Crónica (KDOQI).

ESTADIO	DESCRIPCION	TFG (ml/min/1.73 m^2)
1	Daño renal con TFG normal o aumentada	≥ 90
2	Daño renal con leve disminución en la TFG	45 – 89
3	Moderada disminución en la TFG	30 – 44
4	Severa disminución en la TFG	15 – 29
5	Insuficiencia renal crónica terminal	< 15 o en diálisis.

IRC es definida como cualquier grado de daño o TFG < 60 ml/min/1.73 m2 por ≥ 3 meses.
Daño renal es definido como anormalidades patológicas o marcadores de daño incluyendo pruebas de orina, séricos o de imagen.

Fuente: KDOQI Clinical Practice Guidelines for Chronic Kidney Disease: Evaluation, Classification, and Stratification.
http://www.kidney.org/professionals/kdoqi/guidelines_ckd/p4_class_g1.htm.

7.1.8 Criterios RIFLE para Insuficiencia Renal Aguda (IRA).

Categoría	Criterios de Filtrado Glomerular (FG)	Criterios de Flujo Urinario (FU)	
Riesgo	Creatinina incrementada x1,5 o FG disminuido > 25%	FU < 0,5ml/kg/h x 6 hr	Alta Sensibilidad
Injuria	Creatinina incrementada x2 o FG disminuido > 50%	FU < 0,5ml/kg/h x 12 hr	Alta Especificidad
Fallo	Creatinina incrementada x3 o FG disminuido > 75%	FU < 0,3ml/kg/h x 24 hr o Anuria x 12 hrs	
Loss (Pérdida)	IRA persistente = completa pérdida de la función renal > 4 semanas		
ESKD (IRC)	Insuficiencia Renal Estadio Terminal (> 3 meses)		

FG: Filtrado Glomerular. IRA: Insuficiencia Renal Aguda
ESKD (End Stage Kidney Disease): IRC (Insuficiencia Renal Estadio Terminal)

Fuente: Bellomo R, Kellum JA, Mehta R, Palevsky PM, Ronco C. Acute Dialysis Quality Initiative II: the Vicenza conference. Curr Opin Crit Care. 2002 Dec;8(6):505-8.
Bellomo R, Ronco C, Kellum JA, Mehta RL, Palevsky P; Acute Dialysis Quality Initiative workgroup. Acute renal failure - definition, outcome measures, animal models, fluid therapy and information technology needs: the Second International Consensus Conference of the Acute Dialysis Quality Initiative (ADQI) Group. Crit Care. 2004 Aug;8(4):R204-12. Epub 2004 May 24

7.1.9 Criterio Diagnóstico para Lesión Renal Aguda (AKIN: Acute Kidney Injury Network).

Una reducción abrupta (menor de 48 hrs) de la función renal actualmente se ($\geq$26.6 μmol/l), un incremento en el porcentaje de creatinina de igual o mas de 50% (1.5 por encima de la basal), o una reducción de flujo urinario (documentado por oliguria de menos de 0.5 ml/kg por hora por mas de 6 horas).

Fuente: Mehta, RL; Kellum, JA; Shah, SV; Molitoris, BA; Ronco, C; Warnock, DG; et al. Acute kidney injury network: report of an initiative to improve outcomes in acute kidney injury. Critical care 2007, 11:R31. Available online: http://ccforum.com/content/11/2/R31.

7.1.10 Clasificación/Estadificación de Lesión Renal Aguda (AKIN: Acute Kidney Injury Network).

Estadio	Criterio por Creatinina sérica	Criterio por Uresis
1	Incremento en creatinina sérica igual o mayor de 0.3 mg/dL ($\geq$26.6 μmol/l) o incremento de igual o mas de 150 a 200% de la basal.	Menos de 0.5 ml/kg/hora por mas de 6 horas
2	Incremento en la creatinina sérica en mas de 200 a 300% de la basal.	Menos de 0.5 ml/kg/hora por mas de 12 horas
3	Incremento en creatinina sérica en mas de 300% de la basal (o creatinina sérica de igual i mayor de 4.0 mg/dL [$\geq$354 μmol/l] con un incremento agudo de al menos 0.6 mg/dl [$\geq$44 μmol/l])	Menor de 0.3 ml/kg/hora por 24 horas o anuria por 12 horas.

Fuente: Mehta, RL; Kellum, JA; Shah, SV; Molitoris, BA; Ronco, C; Warnock, DG; et al. Acute kidney injury network: report of an initiative to improve outcomes in acute kidney injury. Critical care 2007, 11:R31. Available online: http://ccforum.com/content/11/2/R31.

7.1.11 Criterios de selección e identificación del donante renal.

1. Edad menor de 65 años
2. Ausencia de enfermedad preexistente en el órgano a trasplantar
3. Ausencia de sepsis
4. Ausencia de neoplasias, excepto las limitadas al SNC y el carcinoma basocelular de piel
5. Ausencia de:
   5.1. Enfermedad vascular aterosclerótica avanzada
   5.2. Colagenosis
   5.3. Afectaciones de la hemostasia (hemofilias, etc) o hemoglobinopatías
   5.4. Enfermedades víricas sistémicas (herpes, SIDA, hepatitis)
6. Adicción a drogas por vía parenteral
7. Tratamientos previos con fármacos nefrotóxicos

Fuente: Makay DB, Milford EL, Sayegh MH. Clinical aspects of renal transplantation. En: Brenner BM, Rector FC, eds. The kidney (5ª ed). Philadelphia: WB. Saunders, 1996; 2602- 2652.

CAPITULO 8. ENDOCRINO Y METABOLISMO
8.1 DIABETES MELLITUS

8.1.1 Criterios para el diagnostico de Diabetes Mellitus.
1. Glucosa en ayuno (mas de 8 hrs) igual o mayor a 126 mg/dL. * ó
2. Glucosa plasmatica igual o mayor a 200 mg/dL 2 horas posterior a una carga de 75 gr de glucosa anhidra disuelta en agua.* ó
3. HbA1c igual o mayor de 6.5% realizado por un método de laboratorio certificado y estandirizado * ó
4. En un paciente con síntomas clásicos de hiperglucemia o crisis hiperglucemica, una glucemia casual igual o mayor de 200 mg/dL.

Para las tres pruebas, el riesgo es continuo, extendiéndose por debajo del limite inferior del rango y llegando a ser mayor en el extremi superior del intervalo.

Fuente: American Diabetes Asociation. Standars of medical care in diabetes 2017. Diabetes Care 2017;40 (suppl.1): S11-S24.

8.1.2 Criterios para el diagnostico de Riesgo de Diabetes (Prediabates).
1. Glucosa en ayuno (mas de 8 hrs) de 100 a 125 mg/dL. * ó
2. Glucosa plasmatica de 140 a 199 mg/dL 2 horas posterior a una carga de 75 gr de glucosa anhidra disuelta en agua.* ó
3. HbA1c de 5.7 a 6.4% realizado por un método de laboratorio certificado y estandirizado * ó
4. En un paciente con síntomas clásicos de hiperglucemia o crisis hiperglucemica, una glucemia casual igual o mayor de 200 mg/dL.

* en ausencia inequívoca de hiperglucemia, los criterios deben ser confirmados repitiendo la prueba.

Fuente: American Diabetes Asociation. Standars of medical care in diabetes 2017. Diabetes Care 2017;40 (suppl.1): S11-S24.

8.1.3 Diagnostico de la diabetes mellitus gestacional.
"Un paso" (Consenso IADPSG).
1. Realizar una prueba de 75 gr de glucosa anhidra, con medición de glucosa y a la 1 y 2 horas, a las 24.28 semanas de gestación in mujeres no diagnosticadas previamente con diabetes.
2. La prueba oral de glucosa debe ser realizada en la mañana después de una noche de ayuno de al menos 8 horas.
3. El diagnostico de Diabetes Gestacional se realiza con cualquiera de los siguientes valores de glucosa:
    - En ayuno ≥92 mg/dL (5.1 mmol/L)
    - 1 hora: ≥180 mg/dL (10.0 mmol/L)
    - 2 horas: ≥153 mg/dL (8.5 mmol/L).

"Dos pasos" (Consenso NIH)
1. Realizar una prueba de glucosa oral de 50 gr (no en ayuno), con una medición de glucosa de 1 hora (paso 1), a las 24-28 semanas de gestación en mujeres con previamente diagnosticada con Diabetes.
2. Si los niveles de glucosa medidas 1 hora después de la lectura es ≥140 mg/dL* (7.8 mmol/L), proceder a una prueba con 100 gr de glucosa anhidra (paso 2). Los 100 gr de glucosa anhiidra deben ser tomados con el paciente en ayuno.
3. El diagnostico de diabetes gestacional es realizado con al menos 2 de los siguientes 4 valores de glucosa plasmática (medidos en

ayuno, 1 h, 2 h, 3 h después de la prueba con glucosa oral) se alcancen o superen.

	Carpenter /Counstan	Ó NDDG
Ayuno	95 mg/dL (5.3 mmol/L)	105 mg/dL (5.8 mmol/L)
1 hora	180 mg/dL (10 mmol/L)	190 mg/dL (10.6 mmol/L)
2 horas	155 mg/dL (8.6 mmol/L)	165 mg/dL (9.2 mmol/L)
3 horas	140 mg/dL (7.8 mmol/L)	145 mg/dL (8.0 mmol/L)

NDDG: National Diabetes Data Group. * The American College of Obstetricians and Gynecologists (ACOG)

Fuente: American Diabetes Asociation. Standars of medical care in diabetes 2017. Diabetes Care 2017;40 (suppl.1): S11-S24.

8.1.4 Clasificación de la diabetes mellitus.

I. Diabetes tipo 1 (Destrucción de la célula β, llevando usualmente a deficiencia absoluta de insulina)

II. Diabetes tipo 2. (debido a una perdida progresiva en la secreción de insulina de celulas β en el fondo de la resistencia a la insulina)

III. Diabetes mellitus gestacional (GDM). Diabetes diagnosticada en el segundo o tercer trimestre de embarazo, que claramente no estaba antes del embarazo.

IV. Otros tipos específicos debido a otras causas. Por ejemplo síndromes de diabetes monogenica como diabetes neonatal, diabetes mellitus de inicio en la juventud (MODY), enfermedades del páncreas exócrino (como fibrosis quística), y diabetes inducida por drogas o químicos (como uso de glucocorticoides, en el tratamiento de VIH/SIDA, o despúes del transplante de órganos).

Fuente: American Diabetes Asociation. Standars of medical care in diabetes 2017. Diabetes Care 2017;40 (suppl.1): S11-S24.

8.1.5 Estadios de la Diabetes tipo 1.

Estadio	Estadío 1	Estadío 2	Estadío 3
	- Autoinmunidad - Normoglucemia - Presintomatico	- Auto-inmunidadad - Disglucemia -Presintomatico.	-Hiperglucemia de inicio rápido - Sintomático.
Criterio diagnostico	- Multiples anticuerpos. - sin alteración en IGT o IFG	- Múltiples autoanticuerpos - Disglicemia: IFT y/o IGT - FPG 100-125 mg/dL. - 2h PG: 10-199 mg/dL. - HbA1c 5.7-6.4% o mas de 10% de incremento en A1c.	- Síntomas clínicos - Diabetes por criterios estándares.

IGT: Tolerancia a la glucosa, IFG: Glucosa en ayunas, FPG: glucosa plasmática rápida, 2h PG: glucosa plasmática 2 horas posterior a ingesta de 75 gr de glucosa.

Fuente: American Diabetes Asociation. Standars of medical care in diabetes 2017. Diabetes Care 2017;40 (suppl.1): S11-S24.

8.1.6 Correlación entre la Hemoglobina Glucosilada y concentración de Glucosa Plasmática.

HbA1c %	Concentracion de glucosa plasmatica mg/dL
6	126
7	154
8	183
9	212
10	240
11	269
12	298

Fuente: American Diabetes Asociation. Standars of medical care in diabetes 2017. Diabetes Care 2017;40 (suppl.1): S11-S24.

8.1.7 Insulinas disponibles de forma común en el mercado.

Tipo	Retardante	Tampón	Especie	Inicio efecto (h)	Pico efecto (h)	Duración (h)
Regular o rápida	Ninguno	ClNa, glicerol, NaHPO4, acetato sódico	Humana. Porcina. Bovina	0,25-1	1,5-4	5-9
NPH	Protamina	glicerol, NaHPO4	Humana. Porcina. Bovina	0,5-2	3-6	8-14
Lenta	Zinc	ClNa, acetato sódico	Humana. Porcina. Bovina	1-2 / 1-2	3-8 / 3-8 / 5-10	7-14 / 7-14 / 10-24
Ultralenta	Zinc	ClNa	Humana. Bovina	2-31,5-2 / 3-4	4-8 / 6-12	8-14 / 12-28
Lispro	Zinc			1		4
Aspart				0,15	0.40-0,50	4-6
Glargina					No hay	24

Fuente: Home PD, Alberti KGMM. Insulin therapy. En: Alberti KGMM, Dfronzo HK, Zimmet P. International textbook of diabetes mellitus. Chichester, John Wiley. 1992: 831-836.
Gomez Perez, Javier. Tratamiento con insulina. Alternativas actuales. Rev de endocrinologia u nutrición 2005; 13 No. 3 supl. 1.

8.1.8 Clasificación de Wagner para las ulceras diabéticas.

Grado 0	Ausencia de úlceras en un pie de alto riesgo.
Grado 1	Úlcera superficial que compromete todo el espesor de la piel pero no tejidos subyacentes.
Grado 2	Úlcera profunda, penetrando hasta ligamentos y músculos pero no compromete el hueso o la formación de abscesos.
Grado 3	Úlcera profunda con celulitis o formación de abscesos, casi siempre con osteomielitis.
Grado 4	Gangrena localizada.
Grado 5	Gangrena extensa que compromete todo el pie.

Fuente:Oyibo SO, Jude EB, Tarawneh I, Nguyen HC, Harkless LB, Boulton AJ.A comparison of two diabetic foot ulcer classification systems: the Wagner and the University of Texas wound classification systems. Diabetes Care. 2001 Jan;24(1):84-8.

8.1.9 Clasificación de la Universidad de Texas para Úlceras en Pie Diabético.

Grado	Descripción
Grado I-A	no infectado, ulceración superficial no isquémica
Grado I-B	infectado, ulceración superficial no isquémica
Grado I-C	isquémica, ulceración superficial no infectada
Grado I-D	isquémica y ulceración superficial infectada
Grado II-A	no infectada, úlcera no isquémica que penetra hasta la capsula o hueso
Grado II-B	infectada, úlcera no isquémica que penetra hasta la capsula o hueso
Grado II-C	isquémica, úlcera no infectada que penetra hasta la capsula o hueso
Grado II-D	úlcera isquémica e infectada que penetra hasta la capsula o hueso
Grado III-A	no infectada, úlcera no isquémica que penetra hasta hueso o un absceso profundo
Grado III-B	infectada, úlcera no isquémica que penetra hasta hueso o un absceso profundo
Grado III-C	isquémica, úlcera no infectada que penetra hasta hueso o un absceso profundo
Grado III-D	úlcera isquémica e infectada que penetra hasta hueso o un absceso profundo

Fuente:Oyibo SO, Jude EB, Tarawneh I, Nguyen HC, Harkless LB, Boulton AJ.A comparison of two diabetic foot ulcer classification systems: the Wagner and the University of Texas wound classification systems. Diabetes Care. 2001 Jan;24(1):84-8.

8.1.10 Correlación Clasificaciones PEDIS, IDSA y San Elian para pié diabético.

Características de la lesión	PEDIS grados	IDSA Nomenclatura	San Elian Puntos
a) Sin signos y síntomas de infección	1	No infectadas	0
b)Limitada a piel y subcutáneo. - Induración, calor y dolor. - Eritema > 0.5 – 2 cm. - Descarga purulenta.	2	Leve	1
c) Lo anterior y: - Eritema de > 2 cm. - Afección a estructuras profundas, piel y tejido subcutáneo. - Abcesos, necrosis, fascitis, osteomielitis, artritis séptica. No debe incluir ningún signo de respuesta inflamatoria sistémica.	3	Moderada	2
d) Cualquier lesión arriba descrita con - Respuesta inflamatoria sistémica. - <u>Descontrol metabólico: Hiperglucemia o hipoglucemia secundaria a sepsis.</u> (solo San Elian)	4	Grave	3

Fuente: Martínez de Jesus, F. Guerrero Torres, G. Ochoa Herrera, P. Anaya Prado, R. Muñoz Prado, J. Jiménez Godínez, R. et al. Diagnóstico, clasificación y tratamiento de las infecciones en el pie diabetic. Cirujano General Vol. 34 Num. 3- Julio- septiembre 2012.

8.1.11 Escala Internacional de la gravedad clínica de la retinopatía diabética (RD)

Grado de la intensidad de la enfermedad	Hallazgos en la oftalmoscopía con dilatación pupilar.
Sin RD aparente	Sin anomalías.
RD no proliferativa leve	Solo microaneurismas.
RD no proliferativa moderada	Más que "leve" pero menos que "grave"
RD no proliferativa grave	Cualesquiera de las siguientes: • 20 o mas hemorragias intrarretinianas en los 4 cuadrantes. • Microesfgeras venosas definitivas en dos o mas cuadrantes. • AMIR prominente en uno o mas cuadrantes, sin datos de RD proliferativa.
RD proliferativa	Uno o mas de los siguientes: • Neovascularización definida. • Hemorragia prerretiniana o del vítreo.

RD: retinopatía diabética, AMIR: Anomalías microvasculares intrarretinianas.

Fuente:1. Proposed international clinical diabetic retinopathy and diabetic macular edema disease severity scales. - Wilkinson CP - *Ophthalmology* - 01-SEP-2003; 110(9): 1677-82
2. http://www.ophthalmologyjournaloftheaao.com/article/S0161-6420(03)00475-5/abstract

8.2 HIPERLIPEMIAS

8.2.1 Clasificación de las hiperlipidemias de Fredrickson.

Fenotipo	Anormalidad en las lipoproteínas	Resultados
Tipo I	>Quilomicrones	+++Triglicéridos
Tipo IIa	>LDL	+Colesterol
Tipo IIb	>LDL y VLDL	+Colesterol y triglicéridos
Tipo III	>LDL	+Colesterol y triglicéridos
Tipo IV	>VLDL	+Triglicéridos, colesterol normal o ligeramente
Tipo V	>VLDL, quilomicrones presentes	+++Colesterol y triglicéridos

LDL: lipoproteínas de baja densidad; **VLDL:** lipoproteínas de muy baja densidad.

Fuente: Herbert PN, Assmann G, Gotto AM Jr, Fredrickson DS. Familial lipoprotein deficiency: Abetalipoproteinemia, hypobetalipoproteinemia, and Tangier disease. In: Stanbury JB, Wyngaarden JB, Fredrickson DS, Goldstein JL, Brown MS (eds): The Metabolic Basis of Inherited Disease, 5th ed. New York, McGraw-Hill, 1983: 594.

8.3 TRANSTORNOS HIDROELECTROLITICOS Y ACIDOBASICOS

8.3.1 Criterios diagnósticos del síndrome de secreción inapropiada de ADH (SSIADH).

1. Hiponatremia (sodio plasmático <130 mEq/l) con hiposmolalidad plasmática (<280 mOsm/l) y sodio urinario >30 mEq/l.
2. Osmolaridad urinaria >200 mOsm/Kg en presencia de hiponatremia.
3. Ausencia de hipovolemia, hipotensión, fallo cardíaco, nefrosis, cirrosis o insuficiencia renal, adrenal o tiroidea.
3.1. Urea plasmática, ácido úrico, creatinina y actividad de renina plasmática normal o baja.
3.2. Cortisol y tiroxina plasmática normales.

Fuente: Gómez Tello V, García de Lorenzo A. Síndrome de secreción inapropiada de hormona antidiurética. En: Montejo JC, García de Lorenzo A, Ortiz Leyba C, Planas M: Manual de Medicina Intensiva. Mosby 1996: 356-358.

8.3.2 Criterios electrocardiográficos de hipokaliemia.

1. Onda U >1 mm.
2. Onda U > onda T en la misma derivación.
3. Depresión de ST >0,5 mm.

Fuente: Surawicz B, Barum H, Crim WB. Quantitative analysis of the electrocardiographic pattern of hypopotasemia. Circulation 1957; 16: 750-763

1. Relación T:U <= 1.
2. Onda U >0,5 mm en DII y >1 mm en V3.
3. Depresión de ST >=0,5 mm.

Fuente: Weaver WF, Burchel H. Serum potassium and the electrocardiogram and hypokalemia. Circulation 1973; 47: 408-418

8.3.3 Clasificación clínica de la acidosis láctica.

1. Tipo A: estados de hipoperfusión e hipoxia:
   1.1. Shock cardiogénico.
   1.2. Shock hemorrágico.
   1.3. Shock séptico.
   1.4. Isquemia regional (mesentérica...).
2. Tipo B: sin evidencia clínica de hipoperfusión:
   2.1. Asociada a enfermedades adquiridas:
      2.1.1. Gran mal.
      2.1.2. Fracaso renal.
      2.1.3. Fracaso hepático.
      2.1.4. Neoplasias.
      2.1.5. Deficiencia de tiamina.
      2.1.6. Infección: sepsis, cólera, malaria.
      2.1.7. Feocromocitoma.
      2.1.8. Diabetes mellitus
   2.2. Asociada a metabolitos, drogas y toxinas:
      2.2.1. Nutrición parenteral.
      2.2.2. Etanol, metanol, etilenglicol, propilenglicol, salicilatos, paracetamol, biguanidas, estreptozocina, adrenalina, noradrenalina, teofilinas, terbutalina, cocaina, papaverina, nitroprusiato, cianida, isoniacida, ácido nalidíxico, lactulosa, ritoridina, niacina, paraldehído.
   2.3. Asociada a enfermedades hereditarias:
      2.3.1. Déficit de glucosa-6 fosfato, fructosa 1-6 difosfatasa y piruvato carboxilasa.
      2.3.2. Acidurias orgánicas.
      2.3.3. Enfermedades de Leigh y de Alper.
      2.3.4. Síndrome de Kearns-Sayre.
      2.3.5. Encefalopatía mitocondrial.
   2.4. Otras:
      2.4.1. Acidosis D-láctica.
      2.4.2. Inexplicada.

Fuente: Cohen RD, Woods HF. Lactic acidosis revisited. Diabetes. 1983; 32: 181

8.4 CATABOLISMO Y PATOLOGIA AMBIENTAL
8.4.1 Grados de estrés metabólico.

	Grado 0	Grado I	Grado II	Grado III
Nitrógeno urinario (g/día)	5	5-10	10-15	>15
Glucemia* (mg/dl)	100 ± 25	150 ± 25	150 ± 25	250 ± 50
Índice de consumo de O2 (ml/min/m2)	90 ± 10	130 ± 6	140 ± 6	160 ± 10
Resistencia a la insulina	No	No	Sí/No	Sí
(*) no diabetes, pancreatitis ni tratamiento esteroideo.				

Fuente: García de Lorenzo A, Montejo JC. Requerimientos nutritivos y metabólicos. En: Montejo JC, García de Lorenzo A, Ortiz Leyba C, Planas M: Manual de Medicina Intensiva. Mosby 1996: 377-380.

8.4.2 Clasificación de la hipotermia.
1. Hipotermia moderada
1.1. 34-35ºC:
1.1.1. Máxima capacidad de tiritar.
1.1.2. Aumento del gasto aerobio, metabolismo y catecolaminas.
1.1.3. Aumento de frecuencia cardíaca, taquipnea y vasoconstricción.
1.1.4. Pérdida de la coordinación motora fina.
1.1.5. Diuresis fría.
1.2. 33-35ºC:
1.2.1. Daño en la regulación térmica.
1.2.2. Disminución del metabolismo, gasto cardíaco, frecuencia respiratoria, frecuencia cardíaca y niveles de catecolaminas.
2. Hipotermia grave:
2.1. 32,5ºC: confusión y pérdida de memoria.
2.2. 31ºC: pérdida de la capacidad de tiritar.
2.3. 30ºC:
2.3.1. Pérdida total de la regulación térmica.
2.3.2. Aparición de onda J en el ECG, arritmias supraventriculares, narcosis por frío, anestesia quirúrgica, enlentecimiento del EEG.
2.4. 28ºC:
2.4.1. Hemodinámica: disminución de presión arterial un 75%, de la frecuencia cardíaca un 50%, del consumo de O2 un 50%. Riesgo de fibrilación ventricular.
2.4.2. Renal: disminución del flujo un 50% y de la filtración glomerular un 35%.
2.5. 25ªC: pérdida de reflejos osteotendinosos, máximo riesgo de fibrilación ventricular.
2.6. 20ªC: asistolia. Cesa la conducción en el nervio periférico. EEG plano.

ECG: electrocardiograma; **EEG:** electroencefalograma.

Fuente: Adrados A, Cobo P. Hipotermia. En: Montejo JC, García de Lorenzo A, Ortiz Leyba C, Planas M: Manual de Medicina Intensiva. Mosby 1996: 409-413.

8.5 REQUERIMIENTOS BASALES
8.5.1 Necesidades caloricas.

Hasta 10 Kg.	100 cal/kg/24 hrs
De 10 a20 kg.	50 cal/kg/24 hrs
20-70 kg	20 cal/kg/24 hrs
Ejemplo: niño con 25 kg tendra necesidades diarias de 1600 cal. (10x100)+(10x50)+(5x20)= 1600 cal.	

8.5.2 Requerimientos basales diarios.

Requerimiento de liquidos.	
Adulto de 70 kg (afebril)	35 ml/kg/24 hrs
Adulto de otro peso	Calcular el requerimiento de agua de acuerdo a lo siguiente: Para los primeros 10 kg de peso corporal: 100 ml/kg /dia mas Para los siguientes 10 kg de peso corporal: 50 ml/kg/dia mas Para un peso mayor de 20 kg: 20 ml/kg/dia.
Necesidades electroliticas.	
Sodio (como NaCl)	80 – 120 mEq (mmol)/dia
Cloruro	80 – 120 mEq (mmol)/dia
Potasio	50 – 100 mEq (mmol)/dia
Calcio	1 – 3 gr/dia, que en su mayor parte se secretan por el tubo digestivo, no es necesario administrarlo de rutina cuando no existen indicaciones especificas.
Magnesio	20 mEq/dia (mmol/dia). No es preciso suinistrarlo de rutina si no existen indicaciones especificas, como hiperalimentacion parenteral, diuresis masiva, abuso de alcohol (se requiere con frecuencia) ó preclampsia.

Fuente: Gomella, Leonard. *Referencia de bolsillo para médicos*. Editorial McGraw-Hill. 10 edicion, 2006.

8.5.3 Perdida de electrolitos.

Sudor	100-200 ml
Gastrointestinal saliva	1500 ml
Jugo gastrico	2500 ml
Bilis	500 ml
Jugo pancreatico	700 ml
Jugos intestinales	3000 ml
Heces normales	100 ml

8.6 OTROS CRITERIOS.
8.6.1 Criterios para Síndrome de Secreción Inapropiada de Hormona Antidiurética (SIADH).
- Hiponatremia Hipotónica
- Osmolalidad urinaria >100 mOsm por kg (100 mmol por kg)
- Ausencia de depleción de volumen extracelular
- Función tiroidea y adrenal normal
- Función cardiaca, hepática y renal normal

Fuente: Fried LF, Palevsky PM. Hyponatremia and hypernatremia. Med Clin North Am 1997;81:585-609

8.6.2 Criterios Diagnósticos para Tormenta Tiroidea.

Parámetros diagnóstico		Puntuación
Disfunción termorreguladora.	**Temperatura °F (°C)**	
	99–99.9 (37.2-37.7)	5
	100–100.9 (37.8-38.2)	10
	101–101.9 (38.3-38.8)	15
	102–102.9 (38.9-39.2)	20
	103–103.9 (39.3-39.9)	25
	>/= 104.0 (>/= 40.0)	30
Efectos sobre el sistema nervioso central	Ausente	0
	Leve (agitación)	10
	Moderada (delirio, psicosis, letargia extrema)	20
	Severa (convulsiones, coma)	30
Disfunción gastrointestinal – hepática.	Ausente	0
	Moderada (diarrea, nauseas/vómitos, dolor abdominal)	10
	Severa (ictericia inexplicada)	20
Disfunción cardiovascular	**Taquicardia (latidos/minuto)**	
	90–109	5
	110–119	10
	120–129	15
	>/= 140	25
	Insuficiencia cardíaca congestiva	
	Ausente	0
	Leve (edema pedal)	5
	Moderada (rales bibasales)	10
	Severa (edema pulmonar)	15
	Fibrilación Auricular	
	Ausente	0
	Presente	10
	Eventos precipitante	
	Ausente	0
	Presente	10

Sistema de puntuación: Una puntuación de 45 o más es altamente sugestiva de tormenta tiroidea, una puntuación de 25-44 sugiere tormenta inminente, y una puntuación por debajo de 25 es poco probable que presente una tormenta tiroidea.

Fuente: Burch HB, Wartofsky L. Life-threatening thyrotoxicosis. Thyroid storm. Endocrinol Metab Clin North Am 1993;22:263–77
Nayak B, Burman K. Thyrotoxicosis and thyroid storm. Endocrinol Metab Clin North Am. 2006 Dec;35(4):663-86.

CAPITULO 9. HEMATOLOGIA, DERMATOLOGIA.

9.1 HEMATOLOGIA
9.1.1 Clasificación de las alteraciones hemostáticas y las causas de sangrado patológico.

1. Alteración de las plaquetas:
   1.1. Alteraciones cuantitativas (trombocitopenia):
      1.1.1. Trombopoyesis insuficiente o anormal:
         1.1.1.1. Anemia aplásica.
         1.1.1.2. Déficit de B12 o de folato.
      1.1.2. Destrucción acelerada, pérdida o distribución anormal:
         1.1.2.1. Inmunológico: púrpura trombocitopénica idiopática, drogas.*
         1.1.2.2. No inmunológica: púrpura trombótica trombocitopénica,* coagulación intravascular diseminada.*
   1.2. Alteraciones cualitativas:
      1.2.1. Congénitas:
         1.2.1.1. Defectos de adhesión: enfermedad de von Willebrand.
         1.2.1.2. Defectos de secreción: enfermedad de almacenamiento de las plaquetas.
         1.2.1.3. Defecto de agregación: tromboastenia.
      1.2.2. Adquiridas:
         1.2.2.1. Defectos de adhesión: uremia,* drogas.*
         1.2.2.2. Defectos de secreción: enfermedad mieloproliferativa, drogas.*
         1.2.2.3. Defecto de agregación: paraproteinemia, drogas,* productos de degeneración de fibrina/fibrinógeno.*
2. Alteraciones de la coagulación:
   2.1. Deficiencia de factores:
      2.1.1. Defectos de producción:
         2.1.1.1. Congénito: hemofilia.
         2.1.1.2. Adquirido: déficit de vitamina K,* enfermedades hepáticas,* drogas (cumarínicos).*
      2.1.2. Destrucción acelerada:
         2.1.2.1. Consumo: fibrinolisis, coagulación intravascular diseminada.*
         2.1.2.2. Pérdida: síndrome nefrótico.
         2.1.2.3. Multifactorial: postoperatorio de cirugía cardíaca.
      2.1.3. Dilucional: reposición masiva de sangre.*
   2.2. Inhibidores (anticoagulantes):
      2.2.1. Anticuerpos contra factores de coagulación: inhibidor factor VIII.
      2.2.2. Anticuerpos anti fosfolípidos: inhibidor "lupuslike".
      2.2.3. Disproteinemia.
      2.2.4. Productos de degeneración de fibrina/fibrinógeno.*
      2.2.5. Heparina*.
(*) alteraciones comunes en UCI.

Fuente: Ansell JE. Acquired bleeding disorders. En: Rippe JM, Irwin RS, Fink MP, Cerra FB (eds.): Intensive Care Medicine (3rd ed). Little, Brown. 1996: 1357-1368

9.1.2 Clasificación de reacciones transfusionales.

I Inmunologicos inmediatos	II Inmunologicos tardíos
a) Reacción hemolítica. b) Reacción febril no hemolítica. c) Reacción alérgica: anafiláctica, urticaria, d) daño pulmonar agudo asociado a la transfusión (TRALI)	a) Aloinmunización contra eritrocitos, leucocitos, plaquetas y/o proteínas plasmáticas. b) Hemólisis. c) Enfermedad injerto contra huésped (EICH), d) Púrpura postransfusión d) Inmunomodulación (TRIM)
III No Inmunologicos inmediatos	**IV No Inmunologicos tardíos**
a) Choque séptico b) Insuficiencia cardiaca congestiva. c) Hemólisis no inmune: mecánica, térmica u osmótica. d) Embolia: aérea o por partículas (pequeños coágulos) e) hipotermia f) Desequilibrio electrolítico: hipomagnesemia, hipocalcemia, hiperpotasemia. g) coagulopatía heodilucional.	a) Hemosiderosis. b) Transmisión de enfermedades: virales, bacterianas y/o parasitarias.

Fuente: Luna- González J. La reacción transfusional. Gac Med Mex Vol.143, Supl 2, 2007.

9.1.3 Criterios para el Sindrome Antifosfolípido.

Criterio Clínico.	
Trombosis vascular.	Uno o mas episodios clínicos de trombosis de vasos pequeños, venosa o arterial, que ocurre dentro de un tejido u órgano único.
Complicaciones del embarazo.	Una o mas muertes fetales inexplicables y con productos morfológicamente normales después de la décima semana de gestación. Uno o más nacimientos prematuros de neonatos morfológicamente normales antes de las 34 semanas de gestación. Tres o mas abortos espontaneos inexplicables después de la decima semana de gestación.
Criterio de laboratorio.	
Anticuerpos anticardiolipina.	Anticuerpo anticardiolipina IgG e IgM presente en nivel moderado o alto en la sangre en 2 o más ocasiones durante las ultimas 6 semanas.
Anticoagulante lúpico.	Anticuerpo detectado en la sangre en 2 o más ocasiones durante las últimas 6 semanas.
Debe reunir un criterio clínico y un criterio de laboratorio.	

Fuente: Consenso Internacional de Criterios preliminares para clasificar el SAAF. Majluf Cruz, Abraham. Hematologia básica.

9.1.4 Nuevas definiciones de Mieloma Multiple y Mieloma temprano.

Estadío	Definición.
GMSI – Gammapatía monoclonal de significando incierto.	- Proteína monoclonal presente pero usualmente <3.0 g/dL. - no características CRAB u otras indicadores de mieloma activo. - células plasmáticas en medula ósea <10%.
MMA – Mieloma Múltiple asintomático o latente.	- Nivel de enfermedad más alto que MGUS: componente M sérico puede ser >3.0 g/dL y/o células plasmáticas en médula ósea >10%, pero - sin carácterÍsticas CRAB u otras indicaciones de Mieloma activo.
Mieloma activo temprano.	- Celulas plasmáticas en médula ósea >60%. - relación de cadenas ligeras libres >100. - >1 lesión focal en IMR.
Mieloma Activo	-Infiltración en medula ósea por >10% de células plasmáticas clonales y, además tiene que - presentar uno o varios síntomas CRAB o indicadores de daño orgánico o bien si no hay síntomas CRAB, la presencia de un biomarcador que predice un riesgo muy alto de desarrollar algún síntoma CRAB*
* Daño orgánico clasificado como "CRAB" o cualquier otro problema clínico significante vinculado a progresión de Mieloma como infecciónes recurrentes o neuropatía no relacionada al tratamiento. **CRAB:** C-Calcio elevado (>10 mg/dL), R-disfuncion renal (creatinina >2mg/dL o TFG <40 ml/min), A-anemia (hemoglobina <10 g/dL o decremento >2 gr/dL del valor normal del paciente), B-Enfermedad Osea (una o mas lesiones osteolíticas detectadas en una radiografía convencional, la TC de cuerpo entero de dosis bajas o PET/TC. **Una o mas características CRAB u otros problemas significantes son requeridos para el diagnóstico de Mieloma multiple sintomático.**	

Fuente:
https://www.myeloma.org/sites/default/files/images/publications/International/PDF/spanish/Espan/guiua_para_el_paciente.pdf.

9.1.5 Sistema de Estadiage Internacional (pronóstico) International Staging System (ISS) para Mieloma Multiple.

Estadios	Criterios	Definicion	Mediana de Supervivencia (Tiempo en el que sobrevive el 50% de los enfermos)(Meses)
I	ß2-M Baja	ß2-M < 3,5 mg/l Albumina > ó = 3, 5 g/dl	62
II	Ni Estadio I ni Estadio III	ß2-M < 3,5 mg/l Albumina < 3,5 g/dl o ß2-M = 3,5 mg/l bis < 5,5 mg/l	44
III	ß2-M Alta	ß2-M = 5,5 mg/l	29

Fuente: Greipp PR, San Miguel J, Durie BG, Crowley JJ, Barlogie B. et al. International staging system for multiple myeloma. J Clin Oncol. 2005 May 20;23(15):3412-20. Epub 2005 Apr 4.

9.1.6 Sistema de estadiaje de Durie y Salmon.

Estadio	Criterios	Medida de la Masa de Células del Mieloma (Células x $10^{12}/M^2$)
Estadio I (A o B) masa tumoral baja	Todos los ítems a continuación: Valor de hemoglobina > 10 g/dl. Valor de calcio sérico normal o < 12 mg/dl. En la radiografía, estructura ósea normal (escala 0) o apenas plasmocitoma óseo solitario. Baja producción de componente M con valor de IgG < 5g/dl y de IgA < 3g/dl. Proteína de Bence Jones < 4 g/24h.	< 0,6
Estadio II (A o B) masa tumoral intermedia ria	No se adecua a los criterios de Estadio I ni de Estadio III.	0,6 - 1,2
Estadio III (A o B) masa tumoral elevada	Uno o más de los siguientes ítems: Valor de hemoglobina < 8,5 g/dl. Valor de calcio sérico > 12 mg/dl. Lesiones óseas líticas avanzadas (escala 3). Alta producción de componente M con valor de IgG > 7 g/dl y de IgA > 5 g/dl. Proteína de Bence Jones > 12 g/24h.	> 1,2
Subclasificación A:	Función renal relativamente normal (valor de creatinina sérica < 2,0 mg/dl)	
Subclasificación B:	Función renal anormal (valor de creatinina sérica > 2,0 mg/dl)	

Fuente: http://www.myelomala.org

9.1.7 Estadios Pronosticos en el Linfoma de Hodgkin
Se utilizan más frecuentemente:

1. Clasificación de Ann Arbor (modificación de Cotswolds)
2. Para asignar grupos de riesgo en enfermedad localizada: criterios EORTC.
3. Para asignar grupos de riesgo en enfermedad avanzada: criterios IPS, conocido habitualmente como Hasenclever Score.

9.1.8 Clasificación de Ann Arbor para la Enfermedad de Hodking.

I	Afección de una sola región ganglionar o estructura linfoidea (p. ej., bazo, timo, anillo de Waldeyer)
II	Afección de dos o más regiones ganglionares a un mismo lado del diafragma (el mediastino se considera un solo sitio; losganglios hiliares se consideran "lateralizaciones" y la afección de ambos lados corresponde al estadio II de la enfermedad)
III	Afección de regiones ganglionares o de estructuras linfoideas a ambos lados del diafragma
III1	Afección subdiafragmática circunscrita al bazo, ganglios del hilio esplénico, ganglios celiacos o ganglios porta
III2	Afección subdiafragmática extendida a los ganglios paraaórticos, ilíacos o mesentéricos, más las estructuras afectadas en III1
IV	Afección de zona(s) extraganglionar(es) más allá de las llamadas "E"
	Más de una afección extraganglionar en cualquier sitio
	Cualquier afección del hígado o de la médula ósea
A	Sin síntomas
B	Pérdida inexplicable de >10% del peso corporal en los últimos seis meses antes de efectuar la estadificación
	Fiebre inexplicable, persistente o recidivante con temperaturas >38°C en el mes anterior
	Sudores profusos, nocturnos y recidivantes en el mes anterior
E	Afección única, confinada a tejidos extralinfáticos, salvo el hígado y la médula ósea

Fuente: Harrison, T. Principios de Medicina Interna 1ª edición. Mc Graw-Hill Interamericana.

9.1.9 Indice pronóstico internacional de los linfomas no hodgkinianos (Células grandes).

Cinco factores clínicos de riesgo:
    Edad 60 años
    Niveles séricos altos de deshidrogenasa láctica
    Clase funcional 2 (ECOG) o 70 (de Karnofsky)
Estadio III o IV de la clasificación de Ann Arbor
    Afección extraganglionar en más de un sitio
A cada paciente se le asigna un número por cada factor de riesgo que presenta
Se reúne a los pacientes en grupos distintos según el tipo de linfoma
Para el linfoma difuso de células B grandes:

0, 1 factores = riesgo bajo	35% de los casos: supervivencia a 5 años de 73%
2 factores = riesgo bajo o intermedio	27% de los casos: supervivencia a 5 años de 51%
3 factores = riesgo alto o intermedio	22% de los casos: supervivencia a 5 años de 43%
4, 5 factores = riesgo alto	16% de los casos: supervivencia a 5 años de 26%

Fuente: Harrison, T. Principios de Medicina Interna 1ª edición. Mc Graw-Hill Interamericana

9.1.10 Clasificación de Cotswolds.

Estadio	Descripción
I	afectación de una única región ganglionar o estructura linfoide (ej: bazo, timo, anillo Waldeyer)
II	afectación de dos o más regiones ganglionares en el mismo lado del diafragma (el mediastino es un sólo sitio; los hiliares son uno de cada lado); el número de sitios se indica con un subfijo (ej: II3)
III	Afectación de regiones linfáticas o estructuras linfáticas a ambos lados del diafragma.
III1	
III2	Abdomen superior (esplenico, celíaco, portal) Abdomen inferior (paraaórtico, mesentérico)
IV	Afectación de sitios extranodales más allá de los indicados como E. Afectación visceral.
A	No síntomas B
B	Fiebre, sudoración nocturna, pérdida de peso superior al 10% del peso corporal en los seis meses previos
X	Enfermedad voluminosa (bulky): ensanchamiento mediastínico >1/3 medido a nivel de T5-6, o masa >10cm.
E	Afectación de un único sitio extranodal contiguo o próximo a la localización nodal conocida
CS	Estadio clínico
PS	Estadio patológico

Fuente: Lister TA, Crowther D, Sutcliffe SB, Glatstein E, et al. Report of a committee convened to discuss the evaluation and staging of patients with Hodgkin's disease: Cotswolds meeting. J Clin Oncol. 1989;7(11):1630-6.

9.1.11 Criterios EORTC para grupos de riesgo con Enfermedad Localizada.

Subgrupo favorable	Subgrupo desfavorable
Estadio I y II con 3 o menos areas nodales afectas, y edad menor de 50 años, y MT (ratio Mediastino/Tórax) menor 0.33, y VSG menor de 50 sin síntomas B, o VSG menor de 30 con síntomas B.	Estadio II con 4 o más areas nodales afectas, o edad igual o mayor de 50 años, o ratio MT igual o mayor de 0.33, o VSG igual o mayor de 50 sin síntomas B, o VSG igual o mayor de 30 con síntomas B.

Fuente: Eghbali H, Raemaekers J, Carde P; EORTC Lymphoma Group. The EORTC strategy in the treatment of Hodgkin's lymphoma. Eur J Haematol Suppl. 2005;(66):135-40.

9.1.12 Criterio International Prognostic System (Hasenclever Score) para grupos de riesgo con enfermedad avanzada.

Variables con impacto pronóstico adverso	Supervivencia libre de progresión, a los 5 años, de acuerdo con el número de factores de riesgo
Edad mayor de 50 años, Sexo masculino, Estadio IV, Hb menor de 10 g/dL, Albúmina menor de 4 g/dL, Leucocitos mayor o igual a 15x10E9/L, Linfocitos menor de 0.6x10E9/L (o menor del 8% en el recuento diferencial).	0 factor: 84% 1 factor: 77% 2 factor: 67% 3 factor: 60% 4 factor: 51% 5 factor: 42%

Fuente: Hasenclever D, Diehl V. A prognostic score for advanced Hodgkin's disease. International Prognostic Factors Project on Advanced Hodgkin's Disease. N Engl J Med. 1998;339(21):1506-14.

9.1.13 Estadificación de la leucemia linfoide habitual de células B (RAI/BINET).

Estadio	Manifestaciones clínicas	Supervivencia media, años
SISTEMA RAI		
0: Riesgo bajo	Sólo linfocitosis en sangre y médula ósea	>10
I: Riesgo intermedio	Linfocitosis + linfadenopatías + esplenomegalia: ± hepatomegalia	7
II		
III: Riesgo alto	Linfocitosis + anemia	1.5
IV		Linfocitosis + trombocitopenia
SISTEMA DE BINET		
A	Adenopatías palpables en menos de tres zonas; sin anemia ni trombocitopenia	>10
B	Tres o más zonas ganglionares afectadas; sin anemia ni trombocitopenia	7
C	Hemoglobina 10 g/100 ml, o plaquetas <100 000/ l	2

Fuente: Harrison, T. Principios de Medicina Interna 1ª edición. Mc Graw-Hill Interamericana.

9.1.14 Eastern Cooperative Oncology Group Performance Scale (ECOG-PS) correlacionado a escala de Karnofsky.

Grado	ECOG	Karnofsky
0	Completamente activo, capaz de llevar a cabo sus actividades sin restricción.	100
1	Restriccion en actividad fisica estenuante pero capaz de deambular y llevar a cabo actividades ligeras laborales o del hogar.	80 – 90
2	Ambulatorio, capaz de cuidarse a si mismo, incapaz de llevar actividades laborales o del hogar, mas del 50% del tiempo activo.	60 – 70
3	Capaz de cuidarse de si mismo, confinado a cama o silla mas del 50% del tiempo.	40 – 50
4	Completamente incapaz. No puede llevar a cabo el cuidado de su persona, totalmente confinado a silla o cama.	= ó < 3
5	Muerto	

Fuente: http://www.ncbi.nlm.nih.gov/books/bv.fcgi?rid=cmed.table.7384

9.1.15 Indice Pronostico Internacional en Linfoma Folicular (Follicular Lymphoma International Prognostic Index (FLIPI)

Puntuan para su cálculo:	Se definieron 3 grupos según la puntuación obtenida:
Estadio de Ann Arbor (III-IV) Edad mayor de 60 años Elevación de LDH 4 o más áreas ganglionares Hemoglobina menor de 12 g/dL	(0-1) Riesgo bajo (2) Riesgo intermedio (3 ó más) Riesgo alto

SUPERVIVENCIA GLOBAL

Bajo riesgo: Supervivencia global a 5 años del 90% y a 10 años del 71%
Riesgo intermedio: Supervivencia global a 5 años del 77% y a 10 años del 51%
Riesgo alto: supervivencia global a 5 años del 52% y a 10 años del 35%
Fuente: Solal-Celigny P et al. Follicular lymphoma international prognostic index.Blood. 2004; 104; 5: 1258-1265

9.1.16 Indice Pronostico en Linfoma del Manto (MCL Internacional Prognostic Index, MIPI)
Puntúan para su cálculo:

EDAD	ECOG
0 puntos: si menor de 50 años 1 punto: entre 50 y 59 años 2 puntos: ente 60 y 69 años 3 puntos: si igual o mayor de 70 años	0 puntos: si ECOG 0-1 1 puntos: si ECOG 2-4
LDH	CIFRA DE LEUCOCITOS
0 puntos: ratio menor de 0.67 1 punto: ratio entre 0.67 y 0.99 2 puntos: ratio entre 1.00 y 1.49 3 puntos: ratio igual o mayor de 1.50	0 puntos: menor de 6.700 x 109/L 1 puntos: entre 6.700 y 9.999 x 109/L 2 puntos: entre 1.000 y 14.999 x 109/L 3 puntos: igual o mayor de 15.000 x 109/L

Se definieron 3 grupos según la puntuación obtenida:
Riesgo bajo : entre 0 y 3 puntos
Riesgo intermedio : entre 4 y 5 puntos
Riesgo alto : entre 6 y 11 puntos

SUPERVIVENCIA GLOBAL

Bajo riesgo: mediana no alcanzada y SG a 5 años del 60% (seguimiento 32 meses)
Riesgo intermedio: mediana de supervivencia de 51 meses
Riesgo alto: mediana de supervivencia de 29 meses

Fuente: Hoster E, Dreyling M, Klapper W, Gisselbrecht C, van Hoof A, Kluin-Nelemans HC, Pfreundschuh M, Reiser M, Metzner B, Einsele H, Peter N, Jung W, Wörmann B, Ludwig WD, Dührsen U, Eimermacher H, Wandt H, Hasford J, Hiddemann W, Unterhalt M; German Low Grade Lymphoma Study Group (GLSG); European Mantle Cell Lymphoma Network. A new prognostic index (MIPI) for patients with advanced-stage mantle cell lymphoma. Blood. 2008;111(2):558-65.

9.1.17 Clasificación de la OMS para los Sindromes Mielodisplasicos.

Anemia refractaria (AR)	Anemia; menos del 5% de blastos y menos del 15% de sideroblastos en anillo en médula ósea
Anemia refractaria con sideroblastos en anillo	Anemia; al menos un 15% de sideroblastos en anillo y menos del 5% de blastos en médula ósea
Citopenia refractaria con displasia (CRD)	Afecta a dos o más tipos de células hematológica; menos del 5% de blastos y menos del 15% de sideroblastos en anillo en médula ósea
Anemia refractaria con displasia multilinaje y sideroblastos en anillo (ARMD-SA)	Afecta a dos o más tipos de células hematológicas; al menos un 15% de sideroblastos en anillo y menos del 5% de blastos en médula ósea
Anemia refractaria con exceso de blastos - 1 (AREB-1)	Afecta a uno o más tipos de células hematológicas; menos del 5% de blastos en sangre, menos del 5%-9% de blastos en médula ósea
Anemia refractaria con exceso de blastos -2 (AREB-2)	Afecta a uno o más tipos de células hematológicas; menos del 5%-19% de blastos en sangre, 10%-19% de blastos en médula ósea
SMD, sin clasificar	Afecta a los granulocitos o a los megacariocitos; menos del 5% de blastos en médula ósea
SMD con del(5q) aislada	Anemia; plaquetas normales o aumentadas en sangre; menos del 5% de blastos en médula ósea; megacariocitos normales o aumentados en médula ósea; delección del brazo largo del cromosoma 5 (del 5q) sin otras anomalías cromosómicas

Fuente: Vardiman JW, Harris NL, Brunning RD. The World Health Organization (WHO) classification of the myeloid neoplasms. Blood 002;100:2292-2302.

9.1.18 Sistema Internacional de Puntuación Pronóstica (International Prognostic Scoring System, IPSS) del SMD.

	Sistema Internacional de Puntuación Pronóstica				
	0	0,5	1,0	1,5	2,0
Blastos en médula ósea (%)	< 5	5-10	-	11-20	21-30
Citogenética *	Buena	Intermedia	Mala	-	-
Citopenias	0/1	2/3	-	-	-

* Buena = normal, pérdida del cromosoma Y, delección 5q aislada, delección 20q. Intermedia = otras anomalías
Mala = tres o más anomalías, anomalías del cromosoma 7.

Categorías de supervivencia y riesgo según el grupo IPSS

	0	0,5-1,0	1,5-2	>2,5
Desarrollo de LMA a lo largo de la vida	19%	30%	33%	45%
Mediana de años hasta LMA	9,4	3,3	1,1	0,2
Supervivencia mediana (años)	5,7	3,5	1,2	0,4

La puntuación pronóstica es importante para determinar el abordaje terapéutico y las metas terapéuticas. En pacientes de riesgo bajo a intermedio-1, que tienen más probabilidad de tener períodos de supervivencia largos, los tratamientos que ofrecen mejorías prolongadas a largo plazo en los recuentos hematológicos y mejoran el nivel de salud son una prioridad. En las categorías de mayor riesgo, la prioridad son los tratamientos agresivos que alargan la supervivencia y retrasan la progresión a LMA.
Fuente: Greenberg P, Cox C, LeBeau MM, et al. International scoring system for evaluating prognosis in myelodysplastic syndromes. Blood 997;89:2079-2088

9.1.19 Índice de Puntuación MASCC para Identificar Pacientes con Cáncer Neutropénicos Febriles de Bajo Riesgo.
Sistema de puntuación para riesgo de complicaciones en pacientes neutropénicos febriles, basado en el modelo predictivo Multinational Association for Supportive Care in Cancer (MASCC).

Característica	Puntuación
Severidad de la enfermedad	
*Ausencia de síntomas o síntomas leves	5
*Síntomas moderados	3
Ausencia de hipotensión	5
Ausencia de enfermedad pulmonary obstructive crónica (EPOC)	4
Tumor sólido o ausencia de infección micótica en tumor hematológico	4
Paciente ambulatorio	3
Ausencia de deshidratación	3
Edad <60 años	2

El máximo valor en este sistema es 26, y un score de <21 predice un riesgo <5% para complicaciones severas y una muy baja mortalidad (<1%) en pacientes neutropénicos febriles.
Fuente: Antoniadou A, Giamarellou H. Fever of unknown origin in febrile leukopenia. Infect Dis Clin North Am. 2007 Dec;21(4):1055-90

9.1.20 Factores de Coagulación.

	Nombre	Masa (KDa)	Nivel en plasma (mg/dl)	Función
I	Fibrinógeno	340	250-400	Se convierte en fibrina por acción de la trombina. La fibrina constituye la red que forma el coágulo.
II	Protrombina	72	10-14	Se convierte en trombina por la acción del factor Xa. La trombina cataliza la formación de fibrinógeno a partir de fibrina.
III	Tromboplastina o factor tisular			Se libera con el daño celular; participa junto con el factor VIIa en la activación del factor X por la vía extrínseca.
IV	Ión Calcio	40 Da	4-5	Median la unión de los factores IX, X, VII y II a fosfolípidos de membrana.
V	Procalicreína	350	1	Potencia la acción de Xa sobre la protrombina
VI	No existe	--	--	--.
VII	Proconvertina	45-54	0.05	Participa en la vía extrínseca, forma un complejo con los factores III y Ca2+ que activa al factor X.
VIII:C	Factor antihemofílico	285	0.1-0.2	Indispensable para la acción del factor X (junto con el IXa). Su ausencia provoca hemofilia A.
VIII:R	Factor Von Willebrand	>10000		Media la unión del factor VIII:C a plaquetas. Su ausencia causa la Enfermedad de Von Willebrand.
IX	Factor Christmas	57	0.3	Convertido en IXa por el XIa. El complejo IXa-VII-Ca2+ activa al factor X. Su ausencia es la causa de la hemofilia B.
X	Factor Stuart-Prower	59	1	Activado por el complejo IXa-VIII-Ca2+ en la vía intrínseca o por VII-III-Ca2+ en la extrínseca, es responsable de la hidrólisis de protrombina para formar trombina.
XI	Tromboplastina plasmática o antecedente trombo plastínico de plasma	160	0.5	Convertido en la proteasa XIa por accion del factor XIIa; XIa activa al factor IX.
XII	Factor Hageman	76	--	Se activa en contacto con superficies extrañas por medio de calicreína asociada a cininógeno de alto peso molecular; convierte al factor XI en XIa.
XIII	Pretransglutaminidasa o factor Laili-Lorand	320	1-2	Activado a XIIIa, también llamado transglutaminidasa, por la acción de la trombina. Forma enlaces cruzados entre restos de lisina y glutamina contiguos de los filamentos de fibrina, estabilizándolos.
Precalicreína	Factor Fletcher	--	--	Activada a calicreína, juntamente con el cininógeno de alto peso molecular convierte al factor XII en XIIa.
Cininógeno de alto peso molecular	Factor Fitzgerald-Flaujeac-Williams	--	--	Coadyuva con la calicreína en la activación del factor XII.

9.1.21 Guias de decisión para diagnostico de Anemias.

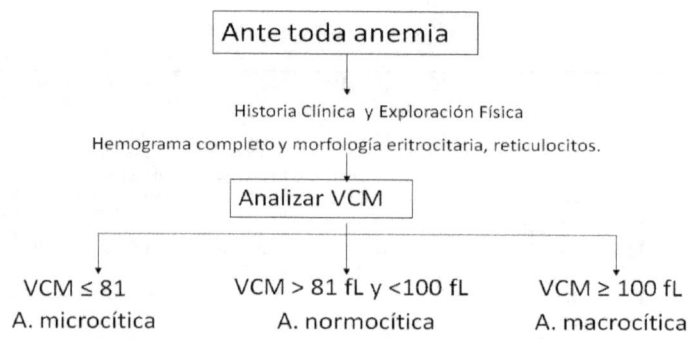

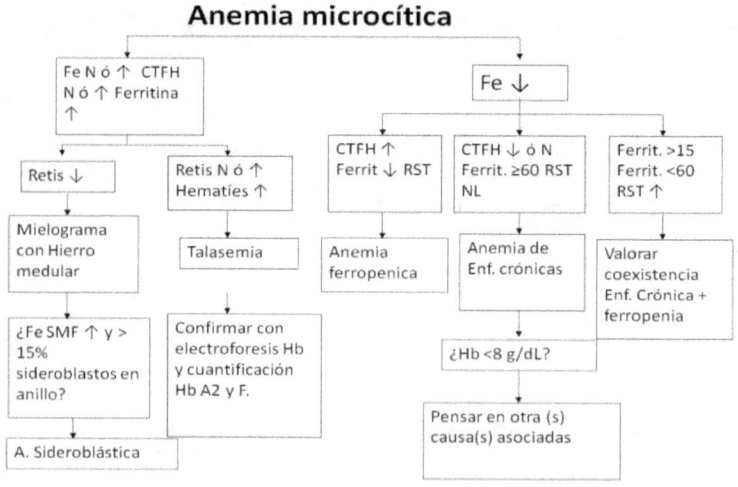

Anemia normocítica

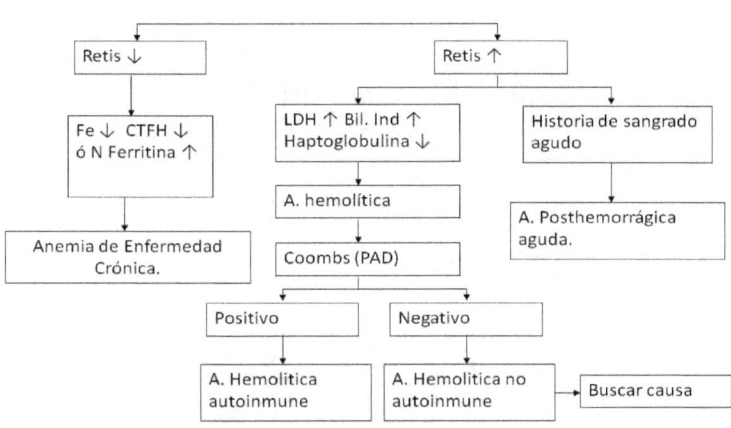

Anemia macrocítica

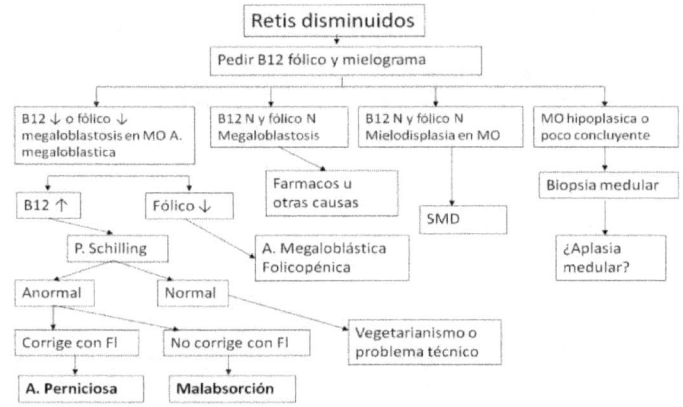

Anemia macrocítica

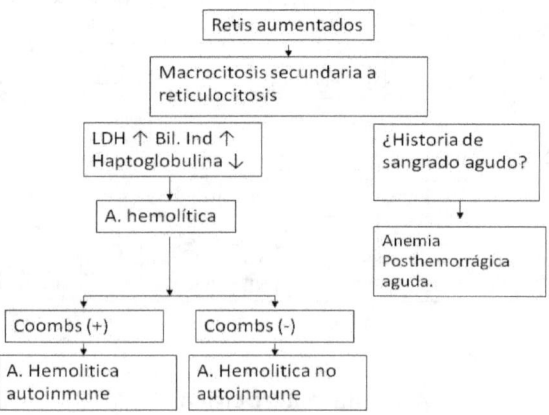

9.2 DERMATOLOGIA
9.2.1 Clasificación de los problemas dermatológicos en UCI.

1. Enfermedades de la piel con complicaciones que amenazan la vida:
 1.1. Eritema multiforme.
 1.2. Necrolisis tóxica epidérmica.
 1.3. Eritroderma exfoliativo.
 1.4. Psoriasis pustular de Von Zumbusch.
 1.5. Pénfigo vulgar.
 1.6. Diseminación cutánea de la infección por herpes simple.

2. Enfermedades sistémicas que amenazan la vida y cursan con afectación grave de la piel:
 2.1. Púrpura fulminante
 2.2. Fiebre de las Montañas Rocosas.
 2.3. Enfermedad injerto-huésped.
 2.4. Síndrome del shock tóxico.
 2.5. Sepsis.
 2.6. Enfermedad de Lyme.
 2.7. Picadura de araña (loxoscelismo).
 2.8. Angioedema y anafilaxis.
 2.9. Síndrome de inmunodeficiencia adquirida.
 2.10. Lupus eritematoso sistémico.

3. Enfermedades sistémicas que amenazan la vida con manifestaciones dérmicas moderadas:
 3.1. Hemorragia telangiectasia hereditaria (Osler-Weber-Rendu).
 3.2. Pseudoxantoma elástico.
 3.3. Síndrome de Ehlers-Danlos.
 3.4. Papulosis maligna atrófica (enfermedad de Degos).

4. Enfermedades de la piel adquiridas durante la evolución de enfermedades sistémicas graves:
 4.1. Eritema secundario a medicamentos.
 4.2. Moniliasis.
 4.3. Dermatitis seborreica.
 4.4. Úlceras por presión.
 4.5. Infección recurrente por herpes simple.
 4.6. Dermatitis de contacto.

Fuente: Silvestri DL, Cropley TG. Dermatologic problems in the Intensive Care Unit. En: Rippe JM, Irwin RS, Fink MP, Cerra FB (eds.): Intensive Care Medicine (3rd ed). Little, Brown. 1996: 2413-2443

9.2.2 Clasificación de Gell y Coombs de las reacciones inmunitarias.

Tipo	Nombre	Caracteristicas	Ejemplos
I	Reacciones inmediatas (mediadas por IgE)	Mediada por IgE que lleva a la liberación de histamina, leucotrienos, prostaglandinas y triptasa.	Anafilaxis Asma atópica Eczema atópico Alergia a los mediamentos Fiebre del heno
II	Reacciones citotóxicas	Mediada por anticuerpos, principalmente IgG e IgM, dirigida a la superficie celular o a los antígenos del tejido.	Anemia hemolítica autoinmune Síndrome de Goodpasture Enfermedad hemolítica del recién nacido Miastenia gravis Pénfigo
III	Reacciones del inmunocomplejo	Involucra complejos inmunes antígeno anticuerpos circulantes, se depositan en vénulas postcapilares con subsecuente fijación de complemento.	Poliarteritis nudosa Glomerulonefritis post-estreptococica Lupus eritematoso sistémico
IV	Reacciones tardias de hipersensibilidad (mediadas por células T)	Activación directa de células T sensibilizadas, por lo general células CD4+.	Enfermedad de Crohn Lepra Tuberculosis Sarcoidosis Esquistosomiasis

Fuente: Gell PGH, Coombs RRA, eds. *Clinical Aspects of Immunology*. Oxford, England: Blackwell; 1963.
Anand, M. Routes, J. Immediate hypersensitivity reactions. En: http://emedicine.medscape.com/article/136217-overview

9.2.3 Clasificación de la Reacción Adversa a Farmacos.

Tipo	Nombre	Caracteristicas
A	Farmacologica	Son acciones conocidas, guardan relación con la dosis, generalmente predecibles, relativamente frecuentes y rara vez fatales.
B	Idiosincrática	
	Idiosincrasia verdadera	Se produce por causas genéticas, cuando hay una divergencia respecto a lo que se considera normal por ser estadísticamente mayoritario en nuestra especie.
	Idiosincrasia adquirida o alergia.	Las reacciones no guardan relación con la dosis, son impredecibles e infrecuentes pero pueden poner en peligro la vida del paciente.

Fuente: Herrera Carranza, J. Montero Torrejon, JC. Atención Farmaceutica en Pediatría. Elsevier España 2007.

CAPITULO 10. REUMATOLOGIA
10.1.1 Criterios de Clasificación para el Diagnóstico de Lupus Eritematoso Sistémico (LES).

Erupción malar	Eritema fijo, plano o alto, sobre las eminencias malares, que no suele afectar los surcos nasogenianos.
Erupción discorde	Placas eritematosas altas, con descamación queratósica adherente y tapones foliculares; puede haber cicatrices atróficas en las lesiones más antiguas.
Fotosensibilidad	Erupción cutánea a causa de una reacción insólita a la luz solar, referida por el paciente u observada por el médico.
Úlceras bucales	Ulceración nasofaríngea, por lo común indolora, observada por un médico.
Artritis	Artritis no erosiva que afecta dos o más articulaciones periféricas, caracterizada por dolor a la palpación, tumefacción o derrame.
Serositis	Pleuritis o pericarditis documentada por electrocardiograma o frote o evidencia de derrame pericárdico.
Enfermedad renal	Proteinuria persistente mayor a 0,5g/día o 3+ o cilindros celulares.
Trastorno neurológico	Convulsiones o psicosis en ausencia de otra causa conocida.
Trastorno hematológico	Anemia hemolítica o leucopenia (< 4.000/mm3) o linfopenia: (< 1.500/mm3) o trombocitopenia (< 100.000/mm3) en ausencia de fármacos que produzcan esta alteración.
Trastorno inmunológico	Anti-DNA, anti-Sm, y/o Anticuerpos antifosofolipídicos (AFL).
Anticuerpo antinuclear	Un título anormal de ANA por inmunofluorescencia o análisis equivalente en cualquier momento y en ausencia de medicamentos relacionados con el síndrome de lupus de origen farmacológico.

Cualquier combinación de 4 o más de los 11 criterios, bien documentado durante cualquier intervalo de la historia del paciente, hace el diagnósticos de LES (especificidad y sensibilidad son del 95% y 75%, respectivamente).

Fuente: etri M. Review of classification criteria for systemic lupus erythematosus. Rheum Dis Clin North Am. 2005 May;31(2):245-54

10.1.2 Patrones de las artritis inflamatorias

Clasificación	Simetrica	Asimétrica	Columna vertebral	Monoarticular	Oligoartritis	Poliartritis
Bacteriana (no-GC)	-	++++	++	++++	+++	+
Gota	+	++++	+	+++	+++	+
Seudogota	++	+++	-	+++	++	++
AR	++++	-	+++;solo cervical	-	+	++ ++
Psoriásica	++	+++	+	++	+++	++
EII	++	+++	+	++	+++	++

-= extremadamaneteimprobable; +=puede ocurrir; ++=frecuente; +++= muy frecuente; ++++=de máxima frecuencia; GC: gonocócica

Fuente: Mandel B, Collier V, Bolster M. MKSAP 14: Reumatología. Intersistemas 2010

10.1.3 Criterios Revisados de la ARA para la Clasificación de la Artritis Reumatoide (AR).

El propósito de la clasificación, un paciente tiene AR si presenta al menos 4 de los siguientes 7 criterios. Los criterios del 1 al 4 deben estar presentes por al menos 6 semanas. Los pacientes con 2 diagnósticos clínicos no son excluidos. La denominación como clásico, definitivo, o probable AR no se realiza.

Rigidez matutina	Rigidez matutina en y alrededor de las articulaciones de al menos una hora de duración antes de su mejoría máxima.
Artritis de tres o más áreas articulares	Al menos tres de ellas tienen que presentar simultáneamente hinchazón de tejidos blandos o líquido sinovial (no sólo crecimiento óseo) observados por un médico; las 14 posibles áreas articulares son las interfalángicas proximales (IFP), metacarpofalángicas (MCF), muñecas, codos, rodillas, tobillos y metatarsofalángicas (MTF).
Artritis de las articulaciones de las manos	Manifestada por hinchazón en al menos una de las siguientes áreas articulares: muñeca, metacarpofalángicas (MCF) o interfalángicas proximales (IFP).
Artritis simétrica	Compromiso simultáneo de las mismas áreas articulares (como se exige en 2) en ambos lados del cuerpo (se acepta la afección bilateral e interfalángicas proximales (IFP),metacarpofalángicas (MCF) o metatarsofalángicas (MTF) aunque la simetría no sea absoluta).
Nódulos reumatoides	Nódulos subcutáneos, sobre prominencias óseas o en superficies extensoras o en regiones yuxtaarticulares, observados por un médico.
Factor reumatoide o sérico	Demostración de "factor reumatoide" sérico positivo por cualquier método.
Alteraciones radiográficas	Alteraciones típicas de artritis reumatoide en las radiografías posteroanteriores de las manos y de las muñecas, que pueden incluir erosiones o descalcificación ósea indiscutible localizada o más intensa junto a las articulaciones afectas (la presencia única de alteraciones artrósicas no sirve como criterio).

Fuente: Arnett FC, Edworthy SM, Bloch DA, McShane DJ, Fries JF, Cooper NS, Healey LA, Kaplan SR, Liang MH,Luthra HS, et al. The American Rheumatism Association 1987 revised criteria for the classification of rheumatoid arthritis. Arthritis Rheum. 1988 Mar;31(3):315-24.

10.1.4 Criterios de Jones (fiebre reumatica). (1 mayor y 2 menores, o 2 mayores.)

Criterios	
Manifestaciones Mayores	Carditis
	Poliartritis
	Corea (Sydenham)
	Nódulos subcutáneos
	Eritema marginado
Manifestaciones Menores Clínicas	Artralgias
	Fiebre
	Antecedentes de brote reumático
Laboratorio y Gabinete	Elevación de reactantes de fase aguda
	Prolongación del intervalo PR
	Evidencia de infección Estreptocócica (Grupo A):
	Antiestreptolisinas
	Exudado faríngeo

Fuente: Guidelines for the diagnosis of rheumatic fever. Jones Criteria, 1992 update. Special Writing Group of the Committee on Rheumatic Fever, Endocarditis, and Kawasaki Disease of the Council on Cardiovascular Disease in the Young of the American Heart Association. JAMA. 1992 Oct 21;268(15):2069-73.

CAPITULO 11. ESCALAS DE GRAVEDAD, VALORACION DEL ESTADO FISICO
11.1 ESCALAS DE GRAVEDAD
11.1.1 Sistema de puntuación UCI 24 horas (SACRAMENTO).

VARIABLE	VALOR	PUNTOS
GCS	13-15	0
	9-12	1
	6-8	2
	4-5	3
	3	4
paO2/FiO2	>325	0
	225-324	1
	175-224	2
	125-174	3
	<125	4
Equilibrio hídrico (litros)	<3	0
	>3	4

GCS: escala de los coma de Glasgow; **paO2/FiO2:** presión arterial de O2/fracción inspirada de O2.

Fuente: Vassar M, Wilkerson BH, Duran PJ, et al Comparison of APACHE II, TRISS and a proposed 24-hour point system for predicting outcome in ICU trauma patients. J Trauma 1992; 32: 490-500

11.1.2 Evaluación fisiológica aguda y crónica (APACHE II)

VARIABLES	RANGO ELEVADO				NORMAL		RANGO BAJO		
	+4	+3	+2	+1	0	+1	+2	+3	+4
Temperatura rectal (ºC)	>=41	39-40.9		38.5-38.9	36-39.4	34-35.9	32-33.9	30-31.9	<29.9
Presión arterial media (mm Hg)	>=160	130-159	110-129		70-109		50-69		=<49
Frecuencia cardiaca (lpm)	>180	140-179	110-139		70-109		50-69	40-54	=<39
Frecuencia respiratoria (rpm)	>=50	35-49		25-34	12-24	10-11	6-9		=<5
Oxigenación (Valorar A ó B)									
A.-Si Fi O2 >=0.5, DA-aO2,	>500	350-499	200-349		<200				
B.-Si Fi O2 <0.5, paO2 (mm Hg)					>70	61-70		55-60	<55
pH arterial	>=7.7	7.6-7.69		7.5-7.59	7.33-7.49		7.25-7.32	7.15-7.24	<7.15

Natremia (mEq/l)	>180	160-179	155-159	150-154	130-149		120-129	111-119	=<110
Kaliemia (mEq/l)	>=7	6-6.9		5.5-5.9	3.5-5.4	3-3.4	2.5-2.9		<2.5
Creatinina (mg/dl) (doble si FRA)	>=3.5	2-3.4	1.5-1.9		0.6-1.4		<0.6		
Hematocrito (%)	>=60		50-59.0	46-49.9	30-45.9		20-29.9		<20
Leucocitos (/mm3 x 1000)	>=40		20-39.9	15-19.9	3-14.9		1-2.9		<1
GCS (15 - puntuación del paciente)									
Si no GSA: HCO3 venoso	>=52	41-51.9		32-40.9	22-31.9		18-21.9	15-17.9	<15

A: APS total = Suma de las doce variables individuales

Años	Puntos
=<44	0
45-54	2
55-64	3
65-74	5
>=75	6

C.-Puntuación por enfermedad crónica

Si Hª de insuficiencia orgánica sistémica o está inmunocomprometido: a) postoperados. urgentes o no quirúrgicos: 5 b) cirugía electiva: 2. **Definiciones:** evidencia de insuficiencia orgánica o inmunocompromiso previa al ingreso según los siguientes criterios: **Hígado:** Cirrosis (con biopsia), HT portal comprobada, antecedentes de HDA por HTP o episodios previos de fallo hepático, coma o encefalopatía. **Cardiovascular:** Clase IV de la NYHA	**Respiratorio:**. restrictivo. obstructivo o vascular, obligua a restringir ejercicio (incapacidad para subir escaleras o hacer tareas domésticas), o hipoxia crónica probada, hipercapnia, policitemia 2aria, HT pulmonar severa (>40 mmHg), o dependencia respiratoria **Renal:** Hemodializados **Inmunocomprometidos:** que haya recibido terapia que suprima la resistencia a la infección (inmunosupresión, quimioterapia, radiación, esteroides crónicos o altas dosis recientes) o que padezca enfermedad. suficientemente avanzada para inmunodeprimir (Leucemia, linfoma, SIDA...)

APACHE II TOTAL = A + B +C.

Adaptado de Knaus WA, Draper EA, et al.: "APACHE-II: a severity of disease classification system".Critical Care Medicine 1985; 13:818-829.

11.1.3 Evaluacion fisiologica aguda y cronica (APACHE III)

				8 <39	5 40-49	FC 0 50-99	1 100-109	5 110-119	7 120-139	13 140-154	17 >=155
		23 <39	15 40-49	7 60-69	6 70-79	TAM 0 80-99	4 100-119	7 120-129	9 130-139	10 >=140	
20 =<32.9	16 33-33.4	13 33.5-33.9	8 34-34.9	2 35-35.9		T°C 0 36-39.9	4 >=40				
		17 =<5	8 6-11	7 12-13		FR 0 12-24	6 25-34	9 35-39	11 40-49	18 >=50	
			15 =<49	5 50-69	2 70-79	paO2 0 >=80					
						DA-aO2 0 >=80	7 100-249	9 250-349	11 350-499	14 >=500	
					3 =<40.9	Hto 0 41-49	3 >=50				
				19 <1.0	5 1.0-2.9	R. leuc. 0 3-19.9	1 20-24.9	5 >25			
					3 =<0.4	Cr 0 0.5-1.4	4 1.5-1.94	7 >1.95			
15 =<0,39	8 0,4-0,59	7 0,6-0,89	5 0,9-1,49	4 1,5-1,59		Diuresis 0 2-4	1 >=4				
						Urea 0 =<16.9	2 17-19	7 20-39	11 40-79	12 >=80	
				3 =<119	2 120-134	Sodio 0 135-145	4 >=155				
				11 =<1.9	6 2.0-2.4	Alb 0 2.5-4.4	4 >=4.5				
						Bilir 0 =<1.9	5 2.0-2.9	6 3.0-4.9	8 5.0-8.0	16 >=8	
			8 =<0.39	9 0.4-0.59		Glu 0 0.6-1.99	3 2-3.49	5 >=3.5			

FC: frecuencia cardíaca; TAM: presión arterial media; T°C: temperatura; FR: frecuencia respiratoria; paO2: presión arterial de O2; DA-aO2: gradiente alveolo-arterial de O2; Hto: hematocrito; R leuc.: recuento leucocitario; Cr: creatinina plasmática; alb: albúmina plasmática; Bilir: bilirrubina total; Glu: glucemia.

PUNTUACIÓN PARA LA EDAD Y EL ESTADO DE SALUD CRÓNICO (CHE) EN EL APACHE III

EDAD	PUNTUACIÓN
<45	0
45-59	5
60-64	11
65-69	13
70-74	16
75-84	17
>84	24
FACTORES DE COMORBILIDAD	
SIDA	23
Insuficiencia hepática	16
Linfoma	13
Metástasis	11
Leucemia/mieloma múltiple	10
Inmunosupresión	10
Cirrosis	4

La suma total de la puntuación de todas las variables valora el riesgo relativo de muerte, dentro de un grupo de pacientes con una patología concreta. La ecuación predictiva requiere la resolución de una ecuación que incluye las variables anteriores y la aplicación de una tabla de porcentajes de mortalidad de pacientes ingresados en UCI, con la ecuación se valora el riesgo de mortalidad hospitalaria individual.
Fuente: Knaus WA, Wagner DP, Draper EA, et al : "The APACHE III prognostic system risk prediction of hospital mortality for critically ill hospitalized adults" Chest 1991;100:1619

11.1.4 Sistema de puntuación de intervenciones terapéuticas (T.I.S.S).

4 PUNTOS

PCR o cardioversión en las últimas 48h
VM controlada con o sin PEEP
VM controlada y miorelajantes
Sengstaken Blakemore o Linton
Perfusión intraarterial continua
Swan Ganz

MP ventricular o auricular
Hemodialisis en paciente inestable
Diálisis peritoneal
Hipotermia inducida
Hemoderivados a presión
MAST
Monitorización de PIC (sensor)
Transfusión de plaquetas
Balón de Contrapulsación Aórtica
Cirugía Urgente en las últimas 24h
Hemorragia Digestiva
Endoscopia digestiva o respiratoria urgente
Perfusión de mas de un agente vasoactivo

3 PUNTOS

Nutrición Parenteral
MP en stand-by
Tubo torácico
IMV o CPAP
Soluciones con K+ por vía central
Intubación traqueal
Aspiración traqueal a ciegas
Balance metabólico complejo
GSA, coagulación o bq >4 veces/turno
Hemoderivados frecuentes (>5 U/24h)
Bolos de medicación iv no programados
Perfusión continua de un agente vasoactivo
Perfusión continua de antiarrítmicos
Cardioversión (no

Diuresis forzada por hipervolemia o edema cerebral
Tratamiento activo de desequilibrios metabólicos del pH
Pericardio o toracocentesis de emergencia
1as 48 horas de anticoagulación con H-Na IV
Flebotomías terapéuticas por sobracarga hídrica
Cobertura con mas de 2 antibióticos

1as 48h de tratamiento anticomicial o de encefaloptías metabólicas
Tracción ortopédica compleja

2 PUNTOS

Catéter de vena cava
2 vías periféricas
Hemodiálisis en paciente estable
Traqueostomía de menos de 48h
Ventilación espontánea por tráqueo o tubo en T
Nutrición Enteral
Fluidoterapia agresiva

Quimioterapia parenteral

Controles neurológicos horarios
Cambio frecuente de apósitos

Infusión de vasopresina

1 PUNTO

Monitorización ECG
Controles horarios de variables estándar
1 vía venosa periférica
Anticoagulación crónica
Balances de aportes/pérdidas/24h

Controles bq estándar
Medicación en bolos iv programada
Cambio de apósitos rutinario
Tracción ortopédica simple

Cuidados del traqueostoma

Medidas antiescaras

Sondaje urinario

Oxigenoterapia

Antibioticoterapia iv (1 ó 2 antibióticos)

desfibrilación)	
Manta hipotérmica	Fisioterapia respiratoria
Canulación arterial	Irrigaciones amplias, desbridamiento de heridas, fístulas o colostomía
Digitalización aguda (últimas 48h)	Descompresión gastrointestinal
Medida de GC por cualquier método	Nutrición periférica

PCR: parada cardio-respiratoria; **bq:** bioquímica; **VM:** ventilación mecánica; **PEEP:** presión positiva al final de la espiración; **MP:** marcapasos; **MAST:** pantalón militar antishock; **PIC:** presión intracraneal; **IMV:** ventilación mandatoria intermitente; **CPAP:** presión positiva continua en vías aéreas; **GSA:** gasometría arterial; **GC:** gasto cardíaco; **H-Na:** heparina sódica; **ECG:** electrocardiograma; **iv:** intravenosa.

Fuente: Keene AR, Cullen DJ. Therapeutic Intervention Scoring System de 1983. Critical Care Medicine 1983; 11:1.

CLASE	PUNTAJE	MORTALIDAD
I	0-9	0.0%
I	10-19	13.4%
III	20-29	44.0%
IV	>30	100%

FUENTE: Pérez Monroy A, Cabrales M, Rengifo Le, Aplicación del "TISS" en la unidad de cuidados máximos del Hospital San Juan de Dios. Rev Fac Med, UN Col 1995- Vol43, No2:(67-70).

11.2 VALORACION DEL ESTADO FISICO
11.2.1 Clases del estado físico de la American Society of Anesthesiologists (ASA).

CLASE	ESTADO FÍSICO
Clase 1	Sano
Clase 2	Enfermedad sistémica moderada
Clase 3	Enfermedad sistémica grave que limita su actividad, pero no es incapacitante
Clase 4	Enfermedad sistémica incapacitante, que supone una amenaza constante para su vida
Clase 5	Moribundo, probablemente no sobrevivirá 24 horas, con o sin intervención
Clase 6	Paciente con muerte cerebral declarada quien será donante de órganos.

Cuando la anestesia se efectúa de una manera urgente, se añade una E a la clase ASA.

Fuente: Tomado de: http://www.asahq.org/For-Members/Clinical-Information/ASA-Physical-Status-Classification-System.aspx.

11.2.2 Escala de sedación de Ramsay.

NIVEL	DESCRIPCIÓN
1	Ansioso y/o agitado.
2	Cooperador, orientado y tranquilo.
3	Responde a la llamada.
4	Dormido, con rápida respuesta a la luz o al sonido.
5	Respuesta lenta a la luz o al sonido.
6	No hay respuesta.

Fuente: Ramsay M, Savege T, Simpson BR, Goodwin R: Controlled sedation with alphaxolone-alphadolone. BMJ 1974;2 (920):656-659.

11.2.3 Escala visual-analógica (EVA).
Graduada numéricamente para valoración de la intensidad del dolor

No dolor --Insoportable
0 1 2 3 4 5 6 7 8 9 10

Fuente: González Barón S, Rodriguez López M. El dolor I: Fisiopatología. Tipos. Clínica. Sistemas de Medición en: Tratado de medicina paliativa y tratamiento de soporte en el enfermo con cáncer, ed. Panamericana Madrid, 1996

11.2.4 Escala de Norton de posibilidad de lesiones por presión.

Estado físico general		Estado mental	
Bueno	4	Alerta	4
Regular	3	Apático	3
Malo	2	Confuso	2
Muy malo	1	Estuporoso	1
Actividad		**Movilidad**	
Ambulante	4	Plena	4
Deambula con ayuda	3	Algo limitada	3
Silla de ruedas siempre	2	Muy limitada	2
Encamado	1	Nula	1
Incontinencia			
No presenta	4		
Ocasional	3		
Vesical	2		
Doble	1		
Puntuación entre 4 y 20. Riesgo de úlcera por decúbito con < 14 puntos. < 12 puntos implica alto riesgo			

Fuente: Norton D, Mclaren R, Exton Smith AN. An investigation of geriatric nursing problems in hospital Edimburgh: Churchill Livingstone, 1975

11.2.5 Factores estresantes para el personal de UCI.

Factores estresantes para los médicos	Factores estresantes para enfermería
Falta de sueño.	Exceso de trabajo (relación paciente/enfermero elevada)
Exceso de guardias.	Escaso tiempo para responder a las necesidades emocionales de pacientes y familiares.
Manejo del material de alta tecnología.	
Tratar con la muerte.	
Tratar con pacientes crónicos/críticos.	Tratar con la muerte.
Sentimiento de responsabilidad hacia los familiares de los pacientes.	Tratar con prolongaciones innecesarias de la vida.
Preparación ética limitada.	Manejo del material de alta tecnología.
Exposición a enfermedades contagiosas.	Horarios imprevisibles.
Protocolos de procedimientos complejos o invasivos.	Trabajo en ambientes agresivos (ruido, luces...).
Sobrecarga de información.	Conflictos administrativos.
Miedo a la mala praxis.	Sentimiento de impotencia/ inseguridad.

Fuente: Gonzales JJ, Stern TA. Recognition and management of staff stress in the ICU. Rippe JM, Irwin RS, Fink MP, Cerra FB (eds.): Intensive Care Medicine (3rd ed). Little, Brown: 2533-2539.

11.2.6 Indice de Katz de actividades de la vida diaria (AVD).

A	Independiente: alimentación, continencia, movilidad, uso de retrete, bañarse y vestirse.
B	Independiente: todas estas funciones excepto una.
C	Independiente: todas salvo bañarse solo y una más.
D	Independiente: todas salvo bañarse, vestirse y una más.
E	Independiente: todas salvo bañarse, vestirse, uso del retrete y una más.
F	Independiente: todas salvo bañarse, vestirse, uso del retrete, movilidad y una más.
G	Dependiente para las seis funciones básicas.
Otros	Dependientes dos o más funciones, pero no clasificable en los grupos C a F.

Términos empleados:

Independiente: sin supervisión, dirección o ayuda personal activa, con las excepciones que se listan a continuación. Un paciente que se niega a hacer una función, se considere incapaz de hacerla.

Bañarse: aunque necesite ayuda para lavarse una sola parte (espalda o extremidad incapacitada).

Vestirse: coge la ropa de los cajones, se la pone y se abrocha cremalleras (el nudo de zapatos no cuenta).

Usar el retrete: si llega solo, entra y sale de él, se arregla la ropa y se limpia (puede usar orinal de noche).

Movilidad: entra y sale solo de la cama, se sienta y levanta sin ayuda (con o sin soportes mecánicos).

Continencia: control completo de la micción y defecación.

Alimentación: lleva la comida del plato u otro recipiente a la boca (se excluye cortar la carne o untar mantequilla en el pan).

Fuente: San José Laporte A, Jacas Escarcellé C, Selva O'Callaghan A, Vilardell Tarrés M. Protocolo de valoración geriátrica. MEDICINE, 1999; 7 (124): 5829-5832.

11.2.7 Escala de graduación de la fuerza del Medical Research Council.

Grado 5	Fuerza normal
Grado 4	Movimiento activo contra la gravedad y contra resistencia
Grado 3	Movimiento activo contra la gravedad sin que el explorador ejerza resistencia
Grado 2	Movimiento activo sin gravedad y sin que el explorador ejerza resistencia
Grado 1	Esbozo de movimiento o inicio de contracción
Grado 0	Ausencia de contracción visible o palpable

Fuente: Martín Araguz A, Masjuán Vallejo J Exploración Neurológica. Adaptado de M.R.C. War Memorandum, H.M.S.O. London, 1943. Aids to the investigation of Peripheral Nerve Injuries

11.2.8 Escala degraduación de fuerza de Daniels modificada por ASIA.

Clasificacion	Definición.
0	Parálisis
1	Contraccion visible o palpable
2	Realiza arco de movimiento a favor de la gravedad
3	Realiza arco de movimiento en contra de la gravedad
4	Realiza arco de movimiento y vence resistencia moderada
5	Realiza arco de movimiento y vence resistencia completa.
NT	No testeable.

Fuente: International Standards for neurological classification of spinal cord injury (ISNCSCI).

11.2.9 Escala de discapacidad ASIA (por las iniciales de la American Spinal Injury Association).

Clasificacion	Definición.
A	Completa: no hay preservación de función sensitiva ni motora por debajo del nivel de la lesión, abarca a los segmentos sacros S4 y S5
B	Incompleta: hay preservación de función sensitiva, pero no motora, por debajo del nivel neurológico y se conserva cierta sensación en los segmentos sacros S4 y S5
C	Incompleta: hay preservación de la función motora por debajo del nivel neurológico, sin embargo, más de la mitad de los músculos claves por debajo del nivel neurológico tienen una fuerza muscular menor de 3 (esto quiere decir, que no son lo suficientemente fuertes para moverse contra la gravedad)
D	Incompleta: hay preservación de la función motora por debajo del nivel neurológico y, por lo menos, la mitad de los músculos claves por debajo del nivel neurológico tienen una fuerza muscular 3 o mayor (esto quiere decir, que las articulaciones pueden moverse contra la gravedad)
E	Normal: las funciones sensitivas y motoras son normales

Fuente: International Standards for neurological classification of spinal cord injury (ISNCSCI).

11.2.10 Indice de actividades instrumentales de la vida diaria de Lawton y Brody1.

	ACTIVIDADES DE PUNTUACION	
Capacidad de usar el teléfono	Lo usa con total independencia	1
	Marca unos cuantos números conocidos	1
	Contesta pero no marca	1
	No usa el teléfono en absoluto	0
Ir de compras	Hace todas las compras con independencia	1
	Compra con independecia pequeñas cosas	0
	Necesita compañía para hacer cualquier compra	0
Preparar la comida	Planea, prepara y sirve las comidas adecuadas	1
	Prepara las comidas si le dan los ingredientes	0
	Calienta, sirve y prepara comidas pero sin adecuarlas	0
Cuidar la casa	Lo hace sola/o o con ayuda ocasional	1
	Realiza tareas domésticas ligeras	1
	Como 2 pero sin mantener el orden y limpieza	0
	Necesita ayuda para las tareas o no las hace en absoluto	0
Lavar la ropa	Realiza completamente el lavado de su ropa personal	1
	Lava ropas pequeñas	1
	Necesita una persona que se ocupe de su colada	0
Medio de transporte	Viaja solo en transportes públicos o conduce	1
	Usa taxis, pero no otros transportes públicos	1
	Usa transportes públicos pero solo acompañado	1
	Solo va en taxi o coche si va con otros, o no viaja	0
Responsabilidad sobre la medicación	Toma solo la medicación, correctamente	1
	Toma la medicación si le preparan la dosis	0
	No puede responsabilizarse del tratamiento	0

Capacidad de utilizar el dinero	Independencia completa en asuntos económicos	1
	Necesita ayuda para el banco o uso de grandes sumas	1
	Incapaz de manejar dinero	0
	Puntuación global: (A+B+C+....+H) Máximo 8 puntos	

Fuente: San José Laporte A, Jacas Escarcellé C, Selva O'Callaghan A, Vilardell Tarrés M. Protocolo de valoración geriátrica. MEDICINE, 1999; 7 (124): 5829-5832.

11.2.11 Escala de incapacidad de la Cruz Roja.

ESCALA DE INCAPACIDAD

GRADOS DE INCAPACIDAD FÍSICA

Grado 0	Se vale por sí mismo, anda con normalidad.
Grado 1	Realiza suficientemente los actos de la vida diaria. Deambula con alguna dificultad. Continencia total.
Grado 2	Cierta dificultad en los actos diarios, que le obligan a valerse de ayuda. Deambula con bastón o algún otro apoyo. Continencia total o rara incontinencia.
Grado 3	Grave dificultad en bastantes actos de la vida diaria. Deambula difícilmente, ayudado al menos por una persona. Incontinencia ocasional.
Grado 4	Necesita ayuda para casi cualquier acto. Deambula con mucha dificultad, ayudado por al menos dos personas. Incontinencia habitual.
Grado 5	Inmovilidad en cama o sillón. Necesita cuidados constantes de enfermería. Incontinencia total.

GRADO DE INCAPACIDAD MENTAL

Grado 0	Absolutamente normal
Grado 1	Trastornos de la memoria, pero mantiene una conversación normal
Grado 2	Ciertas alteraciones de la memoria y a veces de la orientación. La conversación razonada es posible pero imperfecta. Trastornos de carácter. Algunas dificultades en el autocuidado. Incontinencia ocasional
Grado 3	Alteraciones graves de la memoria y orientación. Imposible mantener una conversación coherente. Trastornos evidentes del comportamiento. Graves dificultades para el autocuidado. Incontinencia frecuente
Grado 4	Desorientación completa. Claras alteraciones mentales etiquetadas ya de demencia. Incontinencia habitual
Grado 5	Demencia senil avanzada. Vida vegetativa con o sin episodios de agitación. Incontinencia total

Fuente: San José Laporte A, Jacas Escarcellé C, Selva O'Callaghan A, Vilardell Tarrés M Protocolo de valoración geriátrica. MEDICINE, 1999; 7 (124): 5829-5832.

11.2.12 Escala de Karnofsky.

Actividades	Puntuación	Equivalente físico
Normal, sin quejas, faltan indicios de enfermedad	100	Capaz de trabajo y actividad normales, sin necesidad de cuidados especiales
Llevar a cabo una actividad normal con signos o síntomas leves	90	
Actividad normal con esfuerzo. Algunos signos o síntomas morbosos	80	
Capaz de cuidarse, incapaz de actividad normal o trabajo activo	70	No apto para el trabajo. Capaz de vivir en la casa, satisfacer la mayoría de sus necesidades. Necesita una ayuda de importancia variable
Requiere atención ocasional, pero es capaz de satisfacer la mayoría de sus necesidades	60	
Necesita ayuda importante y asistencia médica frecuente	50	
Incapaz, necesita ayuda y asistencia especiales	40	Incapaz de satisfacer sus necesidades, necesita asistencia equivalente a la de un hospital. La enfermedad puede agravarse rápidamente.
Totalmente incapaz, necesita hospitalización y tratamiento de soporte activo	30	
Gravemente enfermo. Tratamiento activo necesario	20	
Moribundo, irreversible	10	
Muerto.	0	Muerto

Fuente: Karnofsky DA, Abelmann WH, Graver LF, et al. The use of nitrogen mustards in the palliative treatment of carcinom." CANCER 1948; 1: 634-56

11.2.13 Indice de Barthel.

Parámetro	Situación del paciente	Puntuación
Comer	- Totalmente independiente	10
	- Necesita ayuda para cortar carne, el pan, etc.	5
	- Dependiente	0
Lavarse	- Independiente: entra y sale solo del baño	5
	- Dependiente	0
Vestirse	- Independiente: capaz de ponerse y de quitarse la ropa, abotonarse, atarse los zapatos	10
	- Necesita ayuda	5
	- Dependiente	0
Arreglarse	- Independiente para lavarse la cara, las manos, peinarse, afeitarse, maquillarse, etc.	5
	- Dependiente	0
Deposiciones (valórese la semana previa)	- Continencia normal	10
	- Ocasionalmente algún episodio de incontinencia, o necesita ayuda para administrarse supositorios o lavativas	5
	- Incontinencia	0
Micción (valórese la semana previa)	- Continencia normal, o es capaz de cuidarse de la sonda si tiene una puesta	10
	- Un episodio diario como máximo de incontinencia, o necesita ayuda para cuidar de la sonda	5
	- Incontinencia	0
Usar el retrete	- Independiente para ir al cuarto de aseo, quitarse y ponerse la ropa...	10
	- Necesita ayuda para ir al retrete, pero se limpia solo	5
	- Dependiente	0
Trasladarse	- Independiente para ir del sillón a la cama	15
	- Mínima ayuda física o supervisión para hacerlo	10
	- Necesita gran ayuda, pero es capaz de mantenerse sentado solo	5
	- Dependiente	0
Deambular	- Independiente, camina solo 50 metros	15
	- Necesita ayuda física o supervisión para caminar 50 metros	10
	- Independiente en silla de ruedas sin ayuda	5
	- Dependiente	0
Escalones	- Independiente para bajar y subir	10

	escaleras - Necesita ayuda física o supervisión para hacerlo	5
	- Dependiente	0

Máxima puntuación: 100 puntos (90 si va en silla de ruedas).
< 20   Dependencia total.
20 a 35   Grave
40 a 55   Moderado
>60   Leve
100   Independiente.

Fuente: Cid, Ruzafa, y otros. Valoración de la discapacidad física: el índice de Barthel. Revista Española de Salud Pública. Feb 2007

CAPITULO 12. TOXICOLOGIA.
12.1 INTOXICACIONES.
12.1.1 Clasificación de los principales síndromes tóxicos.

Síndromes	Manifestaciones	Tóxicos
Anticolinérgico	Sequedad de piel y mucosas, midriasis, taquicardia, hipertermia, distensión abdominal, retención urinaria, alucinaciones, coma	Atropina, alcaloides belladona, antihistamínicos, antidepresivos tricíclicos, fenotiazinas, antiparkinsonianos
Colinérgico	Sialorrea, broncorrea, diaforesis, broncoespasmo, debilidad muscular	Organofosforados, carbamatos, amanita muscaria
Hemoglobinopatía	Disnea, cianosis, cefalea, confusión, letargia	CO, metahemoglobinemia, sulfohemoglobinemia
Narcótico	Depresión SNC, apnea/bradipnea, miosis, hipotensión	Heroína, morfina, codeína
Simpaticomimético	Excitación, HTA, arritmias, hipertermia, convulsiones	Anfetaminas, cocaína, cafeína

Fuente: Palomar M, Nogué S. Manejo general de las intoxicaciones agudas. En: Montejo JC, García de Lorenzo A, Ortiz Leyba C, Planas M: Manual de Medicina Intensiva. Mosby 1996:389-394.

12.1.2 Grados de severidad de la intoxicación por salicilatos.

Grado	pH plasmático	pH urinario	Alteraciones metabólicas
Ligero	>7,4	>6	Alcalosis respiratoria.
Moderado	< = 7,4	<6	Alcalosis respiratoria y acidosis metabólica.
Severo	<7,4	<6	Acidosis metabólica sin o con acidosis respiratoria.

Fuente: Done AK. Salicylate intoxication: Significance of measurements of salicylates in blood in cases of acute ingestion. Pediatrics 1960; 26: 800.

12.1.4 Antídotos más frecuentes en intoxicaciones.

Antídoto	Tóxico
4-aminopiridina.	Antagonista del calcio.
Anticuerpos anticolchicina.	Colchicina.
Anticuerpos antidigital.	Digoxina, digitoxina y lanatósido C.
Atropina.	Insecticidas (organofosforados, carbamatos y sustancias colinérgicas).
Azul de metileno.	Sustancias metahemoglobinizantes (Cianuro).
Azul de Prusia.	Talio.
Deferoxamina.	Hierro.
Dimercaprol (BAL).	Arsénico, níquel, oro, bismuto, mercurio, plomo, antimonio.
D-penicilamina.	Arsénico, cobre, oro, mercurio, zinc, plomo.
EDTA cálcico-disódico.	Plomo, cadmio, cobalto y zinc.
EDTA dicobáltico.	Ácido cianhídrico, sales de cianuro, ácido

Etanol.	sulfídrico.
Fisostigmina o eserina.	Metanol, etilenglicol.
Flumazenil.	Sustancias anticolinérgicas.
Folinato cálcico.	Benzodiazepinas.
	Metotrexate y otros antagonistas del ácido folínico.
Fomepizol o 4-metilpirazol.	Metanol, etilenglicol.
Glucagón.	Betabloqueadores y antagonistas del calcio.
Gluconato cálcico.	Ácido oxálico y antagonistas del calcio.
Glucosa.	Hipoglicemiantes orales e insulina, coma de origen desconocido.
N-acetilcisteína.	Paracetamol, tetracloruro de carbono.
Naloxona.	Opiáceos, coma de origen desconocido.
Neostigmina.	Sustancias anticolinérgicas.
Obidoxima.	Insecticidas organofosforados.
Oxígeno.	Monóxido de carbono y otros gases.
Pralidoxima.	Insecticidas organofosforados.
Protamina.	Heparina.
Succímero (DMSA).	Plomo.
Tierra de Fuller.	Paraquat y diquat.
Vitamina B6	Isoniacida.
Vitamina B12	Cianuro.
Vitamina K y plasma.	Anticoagulantes.

12.2 ENVENENAMIENTOS.

12.2.1 Clasificación de la gravedad de los envenenamientos según Russell.

Grado	
0	Sin envenenamiento ni signos locales ni sistemicos.
1	Envenenemiento mínimo. Inflamacion local sin reaccion sistémica.
2	Envenenamiento moderado. Inflamacion progresiva, sintomatologia sistémica y alteraciones hematológicas.
3	Envenenamiento grave. Reaccion local intensa, sindromes sistémicos graves y alteraciones hematologicas.

Fuente: Garcia de Castro S; Vela Fernandez, X. El manejo de las mordeduras de serpiente en Sudamérica. Emergencias 2006; 17:267-273.

12.2.2 Clasificación de Wood-Parrish para accidente ofídico.

Se considera una clasificación obsoleta, la cual tuvo modificaciones por diversos autores, contiene los mismos grados y datos clínicos que los criterios de Christopher y Rodning cambiando únicamente las dosis de antiveneno por lo que se considera más actual.

Fuente: Martínez Alvarez R. Mordedura de Nauyaca (Bothrops asper) en niños. Bol Med Hosp Infant Mex 2004;vol.61(1):106-108.

12.2.3 Criterios de Christopher y Rodning.

Grado	Signos y sintomas	Dosis inicial de antiveneno
0	No envenenamiento; heridas por colmillos presentes; no signos locales o sistémicos.	0 frascos.
I	Envenenamiento ligero; heridas por colmillos presentes; dolor y edema local; no signos sistemicos.	3 a 5 fcos.
II	Envenenamiento moderado; heridas por colmillos presentes; dolor severo; edema de 15 a30 cm; algunas anormalidades sistemicas o hallazgos de laboratorio.	6 a 10 fcos.
III	Envenenamiento severo; heridas por colmillos presentes; dolor severo; edema de 30 cm o mas; petequias; reaccion sistemica severa; sangrado y/o coagulación intravascular diseminada; hallazgos de laboratorio con severas anormalidades.	15 o mas fcos.
IV	Signos marcados de envenenamiento multiple; signos y síntomas anormales en todas sus categorías. Terapia intensiva.	25 o mas fcos.

Fuente: Luna-Bauza, Manuel; et al. Mordeduras por serpiente, panorama epidemiologico de la zona de Cordova, Veracruz. Rev. Fac. Med. UNAM. Vol. 47 num. 4 Julio-Agosto 2004.

12.2.4 Gravedad del envenenamiento.

Grado 1 Diaforesis, rubor, hiperreflexia, midriasis, temblor e irritabilidad.
Grado 2 Confusión, fiebre, hiperactividad, hipertensión, taquicardia y taquipnea.
Grado 3 Delirio, manía, hiperpirexia, taquiarritmias.
Grado 4 Coma, convulsiones, colapso cardiovascular.

DEPRESOR
Grado 1 Letárgico pero despertable, contesta preguntas y obedece órdenes.
Grado 2 Comatoso, con retirada al dolor, reflejos intactos.
Grado 3 Coma sin respuesta al dolor, reflejos y respiración deprimidos.
Grado 4 Como el Grado 3 pero con depresión cardiovascular asociada.

Fuente: Linden CH. General considerations in the evaluation and treatment of poisoning. En: Rippe JM, Irwin RS, Fink MP, Cerra FB (eds.): Intensive Care Medicine (3rd ed). Little, Brown. 1996: 1455-1478.

CAPITULO 13. PUBLICACIONES, MEDICINA BASADA EN EVIDENCIA, ESTADISTICA

13.1 PUBLICACIONES

13.1.1 Clasificación de las recomendaciones de la ACC/AHA practice guidelines.

Clase I: Existe acuerdo general de que se trata de una medida UTIL, BENEFICIOSA Y EFECTIVA
Clase II: Diversas opiniones (controversia) en relación a una medida.
II a.- La mayoría, de acuerdo con los datos disponibles, piensa que puede ser útil y eficaz
II b.- Gran número de opiniones en contra de que la medida sea útil
Clase III: Existe un acuerdo general de que la medida no es útil o efectiva y puede resultar dañina.
Nivel de evidencia A: Existen múltiples ensayos clínicos aleatorizados que lo apoyan
Nivel de evidencia B: Existe al menos un estudio aleatorizado que lo avala o bien se basa en estudios no aleatorizados
Nivel de evidencia C: Consenso de expertos

Fuente: ACC/AHA Practice guidelines (varias citas). Tomada de ACC/AHA Guidelines for Coronary angiography: executive summary and recommendations. Circulation, 1999; 99: 2345-2357

13.2 MEDICINA BASADA EN EVIDENCIAS

13.2.1 Criterios de Horwitz Feinstein para la evaluación metodológica de los estudios caso-control.

1. ¿Especificación y definición precisa de exposición y caso?
2. ¿Recogida "a ciegas" (no sesgada) de datos?
3. ¿Equivalencia anamnésica entre casos y controles?
4. ¿Mismos criterios de exclusión aplicados a casos y controles?
5. ¿Igual examen diagnóstico?
6. ¿Similar vigilancia diagnóstica?
7. ¿Características demográficas y probabilidad de selección parecidas?
8. ¿Igual susceptibilidad clínica (magnitud de la exposición) en casos y en controles?
9. ¿Control sobre la presencia de "sesgo protóptico" (enfermedad no reconocida o en fase subclínica antes de la exposición al agente de estudio)?
10. ¿"Controles poblacionales" para evitar la aparición de sesgo de Berkson?

Fuente: Horwitz RI, Feinstein AR. Methodologic standars and contradictory results in case control research. Am J Med 1979; 66: 556-564.

13.2.2 Guías de los usuarios de un artículo sobre el pronóstico.

1. ¿Son válidos los resultados del estudio?
   1.1. Criterios primarios:
      1.1.1. ¿Fue una muestra representativa y bien definida de pacientes en un momento similar en el curso de la enfermedad?
      1.1.2. ¿Fue el seguimiento lo suficientemente prolongado y completo?
   1.2. Criterios secundarios:
      1.2.1. ¿Se utilizan criterios objetivos y no sesgados de resultados?
      1.2.2. ¿Se llevó a cabo un ajuste para los factores pronósticos importantes?
2. ¿Cuáles son los resultados?
   2.1. ¿Cuán amplia es la probabilidad del (los) acontecimiento(s) en un

período de tiempo especificado?
   2.2. ¿Cuán precisas son las estimaciones de la probabilidad?
  3. ¿Me ayudan los resultados en la asistencia a los pacientes?
    3.1. ¿Fueron los pacientes del estudio similares a los mios?
    3.2. ¿Conducen directamente los resultados a seleccionar o a evitar el tratamiento?
    3.3. ¿Son útiles los resultados para tranquilizar o aconsejar a los pacientes?

Fuente: Laupacis A, Wells G, Richardson WS, Tugwell P, por el Evidence Based Medicine Working Group. Guías para usuarios de la literatura médica.V Cómo utilizar un artículo sobre el pronóstico. JAMA 1994; 272: 234-237.

13.2.3 Criterios para la valoración de un artículo sobre tratamiento.

1. ¿Son válidos los resultados del estudio?
   1.1. Criterios primarios:
    1.1.1. ¿Se ha realizado de manera aleatoria la asignación de los tratamientos a los pacientes?
    1.1.2. ¿Se han tenido en cuenta adecuadamente todos los pacientes incluidos en el ensayo y se los ha considerado a la conclusión del mismo?
    1.1.3. ¿Se ha realizado seguimiento completo?
    1.1.4. Se han analizado los pacientes en los grupos a los que fueron asignados aleatoriamente?
   1.2. Criterios secundarios:
    1.2.1. ¿Se ha mantenido un diseño "ciego" respecto al tratamiento aplicado, en cuanto a los pacientes, los clínicos y el personal del estudio?
    1.2.2. ¿Eran similares los grupos al inicio del estudio?
    1.2.3. Aparte de la intervención experimental ¿se ha tratado a los grupos de la misma forma?
2. ¿Cuáles son los resultados del estudio?
   2.1. ¿Cuál ha sido la magnitud del efecto del tratamiento?
   2.2. ¿Con qué precisión se ha estimado el efecto del mismo?
3. ¿Me ayudan los resultados en la asistencia a los pacientes?
   3.1. ¿Pueden aplicarse los resultados a la asistencia de mi paciente?
   3.2. ¿Se han considerado todos los resultados clínicamente importantes?
   3.3. ¿Compensan los probables beneficios del tratamiento los posibles efectos nocivos y costes del mismo?

Fuente: Guyatt GH, Sackett DL, Cook DJ, por el Evidence Based Medicine Working Group. Guías para usuarios de la literatura médica.II Cómo utilizar un artículo sobre tratamiento o prevención. JAMA 1993; 270: 2598-2601.

13.3 ESTADISTICA
13.3.1 Términos de uso habitual en epidemiología y proceso de toma de decisiones.

Resultado de la prueba	Presente	Ausente
Positivo	a = positivo verdadero	b = positivo falso
Negativo	c = negativo falso	d = negativo verdadero

	ESTADO DE LA ENFERMEDAD	
Prevalencia (probabilidad previa)	=(a+c)/(a+b+c+d)	= todos los pacientes con la enfermedad/todos los pacientes investigados
Sensibilidad	=a/(a+c)	= resultados positivos verdaderos/todos los pacientes con la enfermedad
Especificidad	=d/(b+d)	= resultados negativos verdaderos/todos los pacientes sin enfermedad
Tasa de negativos falsos	=c/(a+c)	= resultados negativos falsos/todos los pacientes con la enfermedad
Tasa de positivos falsos	=b/(b+d)	= resultados positivos falsos/todos los pacientes sin la enfermedad
Valor predictivo positivo	=a/(a+b)	= resultados positivos verdaderos/todos los pacientes con resultados positivos
Valor predictivo negativo	=d/(c+d)	= resultados negativos verdaderos/todos los pacientes con resultados negativos
Exactitud global	=(a+d)/(a+b+c+d)	= resultados positivos verdaderos + negativos verdaderos/total de prubas efectuadas

Fuente: Goldman L. Aspectos cuantitativos del juicio clínico. En: Harrison: Principios de Medicina Interna. McGraw-Hill-Interamericana de España S.A., 14º Edition. 1998: 10-16

CAPITULO 14. VALORES NORMALES DE LABORATORIO
Fuente: American College of Phisicians y la Sociedad de Medicina Interna de Buenos Aires.

14.1 QUÍMICA DE LA SANGRE, PLASMA Y SUERO
Acetoacetato, en plasma- Menos de 3 mg/dL (0,3 mmol/L)
Acido ascórbico (vitaminaC), en sangre-0,4-1,5mg/dL (23-86 µmol/L) leucocitario –16,5±5,1mg/dL de leucocitos
Acido delta aminolevulínico, en suero –Menos de 20 µg/dL (1,5µmol/L)
Acido láctico, en sangre venosa- 6-16 mg/dL (0,67-1,8 mmol/L)
Acido úrico, en suero –2,5-8 mg/dL (0,15-0,48 mmol/L)
Aglutinación de anticuerpos antinucleares, menos de 1:80 título
Alanina aminotransferasa, (ALT, SGPT) –0,35 U/L (0-0,58µkat/L).
Alfa fetoproteína, en suero- 0-20ng/mL (0-20 µg/L)
Amilasa, en suero – 0-130 U/L (0-2,17 µkat/L)
Amoníaco, en suero – 0-80 µg/dL (0-46,9 µmol/L)
Amonio, en sangre – 40-70 mg/dL (23,5-41,1 µmol/L)
Análisis arteriales, en sangre (aire ambiente)
    Po2- 70-100 mm Hg
    Pco2 – 35-45 mm Hg
    pH – 7,38-7,44
    (H+)- 40nmol/L
Antiestreptolisina (0 título), menos de 150 unidades Todd
Antígeno carcinoembrionario, menos de 2 ng/mL(2 µg/L)
Aspartato aminotransferasa, (AST, SGOT) – 0-35 U/L(0-0,58µkat/L)
Bicarbonato, en suero 23-28 meq/L (23-28 mmol/L)
Bilirrubina, en suero:
Total: 0,3-1 mg/dL (5,1-17 µmol/L).
Directa: 0,1-0,3 mg/dL (1,7-5,1 µmol/L).
Calcio, en suero 9-10,5 mg/dL (2,25 –2,62 mmol/L)
Capacidad de unión de hierro, en suero 250-460 µg/dL (45-72 µmol/L)
Caroteno, en suero 75-300 µg/dL (1,4-5,6 µmol/L)
Ceruloplasmina, en suero 25-43 mg/dL (250-430 mg/L)
Cloruro, en suero 98-106 meq/L (98-106 mmol/L)
Cobre, en suero 70-155 µg/dL (11-24,3 µmol/L)
Colesterol, en plasma: 150-199 mg/dL (3,88-5,15 mmol/L), ideal; 200-239 mg/dL (5,17-6,18 mmol/L), límite alto;240 mg/dL (6,2 mmol/L) y más, alto.
Colesterol, lipoproteína de alta densidad (HDL), en plasma:
    Mayor o igual a 40 mg/dL (1,03 mmol/L), ideal.
    Entre 35-39 mg/dL (0,90.1,0 mmol/L), límite.
    Menos de 35 mg/dL ;(0,90 mmmol/L), alto.
Colesterol, lipoproteína de baja densidad (LDL), en plasma:
    Menos o igual a 130 mg/dL (3,36 mmol/L), ideal.
    Entre 131-159 mg/dL (3,36-4,11mmol/L), límite.
    Mayor a 160 mg/dL;(4,14 mmol/L), alto.
Complemento, en suero
C3-55-120 mg/dL (0,55-1,2 g/L)
CH50-37-55 CH50 U/mL
Contenido de dióxido de carbono, en suero –23-28 meq/L(23-28mmol/L)
Creatinina, en suero –0,7-1,5 mg/dL (61,9-133 µmol/L)
Creatin-kinasa, en suero –30-170 U/L
Etanol, en sangre Menos de 0,005%(nivel de coma, más de 0,5%)
Factor reumatoideo, menos de 40 UI/mL
Fibrinógeno, en plasma- 200-400 mg/dL (2-4 g/L)

Folato, en suero – 2-10 ng/mL
Folato, eritrocitario – 134-855 ng/mL
Fosfatasa (ácida), en suero – 0,5-5,5 U/L
Fosfatasa (alcalina), en suero –36-92 U/L
Fósforo (inorgánico), en suero – 3-4,5 mg/dL (0,97-1,45 mmol/L)
Glucosa, en plasma:
En ayunas, 70-105 mg/dL (3,9-5,8 mmol/L).
2 horas posprandial más de 140 mg/dL (7,8 mmol/L), anormal.
Hierro, en suero –60-160 µg/dL (11-29 µmol/L) más alto en el varón.
Lactatodeshidrogenasa, en suero 60-100 U/L
Lipasa, en suero- Menos de 95 U/L
Magnesio, en suero - 1,5-2,4 mg/dL (0,62-0,99 mmol/L)
Manganeso, en suero- 0, 15 µg/mL
Nitrógeno ureico, en suero - 8-20 mg/dL (2,9-7,1 mmol/L)
Osmolaridad, en plasma-275-295 mosm/kg H20
Plomo, en sangre - Menos de 40 µg/dL (1,9 µmol/L)
Potasio, en suero - 3,5-5 meq/L,(3,5-5 mmol/L)
Proteína, en suero
Albúmina, 3,5-5,5 g/dL (35-55 g/L)
Globulina, 2,0-3,5 g/dL (20-35 g/L)
Alfa1- 0,2-0,4 g/dL (2-4 g/L)
Alfa2- 0,5-0,9 g/dL (5-9 g/L)
Beta-0,6-1,1 g/dL (6-11 g/L)
Gamma - 0,7-1,7 g/dL (7-17 g/L)
Sodio, en suero - 136-145 meq/L (136-145 mmol/L)
Triglicéridos
Menos de 250 mg/dL (2,82 mmol/L), ideal.
Entre 250-500 mg/dL (2,82-5,65 mmol/L), límite.
Más de 500 mgldL (5,65 mmol/L), elevado.
Tripsinógeno, en suero - 10-85 ng/mL
Vitamina B12, en suero - 200-800 pg/mL (148-590 pmol/L)

14.2 INMUNOGLOBINAS
IgG 640-1430 mg/dL (6,4-14,3 g/L)
IgG1 280-1020 mg/dL (2,8-10,2 g/L)
IgG2 60-790 mg/dL (0,6-7,9 g/L)
IgG3 14-240 mg/dL (0,1-2,4 g/L)
IgG4 11-330 mg/dL (0,1-3,3 g/L)
IgA 70-300 mg/dL (0,7-3,0 g/L)
IgM 20-140 mg/dL (0,2-1,4 g/L)
IgD Menos de 8 mg/dL (80 mg/L)
IgE 0,01-0,04 mg/dL (0,1-0,4 mg/L)

14.3 LÍQUIDO CEFALORRAQUÍDEO
Glucosa, 40-80 mg/dL (2,5-4,4 mmol/L). Más de 30% de concentración simultánea en plasma en hipercalcemia.
Presión, (inicial)-70-200 cm H20.
Proteína, 15-60 mg/dL (150-600 mg/L).
Recuento de células, 0-5 células/µL (0-5 x 106 células/L).

14.4 ENDOCRINOLOGÍA
Ácido vanilmandélico, en orina-Menos de 8 mg/24 h (40,4 µmol/d)
Actividad de la renina (radioinmunoensayo de angiotensina-1)
Plasma periférico:

Dieta normal:
posición supina, 0,3-1,9 ng/mL por h (0,3-1,9 µg/L por h).
posición vertical 0,2-3,6 ng/mL por h (0,2-3,6 µg/L por h).
Dieta hiposódica:
posición supina, 0,9-4,5 ng/mL por h (0,9-4,5 µg/L por h).
posición vertical, 4,1-9,1 ng/mL por h (4,1-9,1 µg/L por h).
Dieta hiposódica + diurética: 6,3-13,5 ng/mL por h (6,3-13,5 µg/L por h)
Adrenocorticotropina, (ACTH): 9-52 pg/rnL (7-27 pmol/L)
Aldosterona, en orina- 5-19 µg/24 h (13 9-52,7 nmol/24h)
Aldosterona, en suero - (ingesta normal de sodio):
Posición Supina-2-5 ng/dL (60-140 pmol/L).
De pie - 7-20 ng/dL (194-555 pmol/L).
Catecolaminas-Epinefrina (posición supina), menos de 75 ng/L (340 pmol/l.).
norepinefrina (posición supina): 50-440 ng/L (3002600 pmol/L).
Catecolaminas, 24 horas, orina-Menos de 100 µgd (591 nmol/d)
Cetoesteroides, en orina:
En el varón: 8-22 mg/24 h (28-77 µmol/d).
En la mujer: hasta 15 µg/24 h.
Concentración de esperma, 20-150 millones/mL.
Cortisol, en suero:
8.00hs: 8-20 µg/dL (138-662 nmol/L).
5.00 hs: 3-13 µg/dL (83-359 nmol/L).
1 hora después de la cosintropina; 18.
generalmente 8 o más con la prueba de supresión nocturna basal: menos de
0,14 µmol/L (15 µg/dL) (138 nmol/L).
Cortisol libre de orina, menos de 90 µg/dL.
Desoxicortisol, en suero:
Basal: menos de 1 µg/dL (30 nmol/L).
Después de metirapona: más de 7 µg/dL (210 nmol/L).
Estradiol, en suero:
En el varón: 10-30 pg/mL (37-110 pmol/L).
En la mujer:
día 1-10, 184-370 pmol/L.
día 11-20, 4-740 pmol/L-.
día 21-30, 259-550 pmol/L.
Estriol, en orina: más de 12 mg/24h (42 µmol/d).
Hidroxicorticosteroides, en orina (Porter-Silber).
En el varón: 310 mg/24 h (8,3-28 µmol/d).
En la mujer: 2-8 mg/24 h (5,5-22.1 µmol/d).
Hormona de crecimiento, en plasma. Después de glucosa oral, menos de 2
ng/mL (2 µg/L), respuesta a un estímulo provocador: más de 7 ng/mL- (7µg/L).
Hormona foliculoestimulante, en suero:
En el varón (adulto) 3-15 mUI/mL (5-15 U/L).
En la mujer:
fase folicular o lútea 5-20 mUI/mL (5-20 U/L).
Pico en la mitad del ciclo 30-50 mUI/mL (30-50 U/L);
Posmenupaúsica, más de 35 mUI/mL (50 U/L).
Hormona luteinizante, en suero.
En el varón: 3-15 mUI/mL, (5-15UI/L).
En la mujer:
fase folicular o lútea, 5-22 mUI/mL, (5-22 UI/L) .
valor máximo en la mitad del ciclo, 30-250 mUI/mL (30-250 UI/L) .
posmenopáusica más de 30 mUI/mL, (30 UI/L).
Hormona paratiroide, en suero - 10-65 pgl/mL (el rango normal varía según el
laboratorio)

Insulina, en suero (en ayunas)- 5-20 mU/L
Metanefrina, en orina- Menos de 1,2 mg/24 h
Progesterona,
Lútea -3-30 ng/m
Folicular- menos de 1 ng/mL
Prolactina, en suero-En el varón: menos de 15 ng/mL (690 pmol/L); en la mujer: menos de 20 ng/mL (920 pmol/L)
Prueba de sudoración para medir sodio y cloruro, menos de 60 meq/L (69 mmol/L)
Pruebas de la función tiroides (los rangos normales varían)
Captación tiroidea de yodo (131I) - 10% a 30% de la dosis administrada a las 24 horas.
Hormona estimuladora de la tiroides (TSH) - 0,5-4,5 μU/mL
Tiroxina (T4), suero
Total - 5-121μg/dL (64-154 nmol/L)
Libre - 0,9-2,4 ng/dL (12-31 pmol/L)
Índice de T4 libre -4-11
Triiodotironina, en resina (T3) - captación de 25%-35%
Triiodotironina, en suero (T3) - 70-195 ng/dL (1,2-2,7 nmol/L)
Sulfato de dehidroepiandrosterona, en plasma.
En el varón: 1300 5500 ng/mL (3,4-14,3 μmol/L).
En la mujer: 600-3300 ng/mL (1,6-8,8 μmol/L).
Testosterona, en suero:
En el varón adulto: 400-1000 ng/dL (10-35 nmol/L).
En el varón: más de 100 ng/L (3,5 nmol/L).
En la mujer: menos de 100 ng/dL (3,5 nmol/L).
Vitamina D
1,25 Dihidroxi, en suero - 25-65 pg/mL (60-156 pmol/L)
25Hidroxi, en suero - 15-80 ng/mL (12,5-200 nmol/L)

14.5 GASTROENTEROLOGÍA
Absorción de D-xilosa, (después de ingerir 25 g de D-xilosa)
Excreción en orina: 5-8 g a las 5 h (33-53 mmol).
En suero D-xilosa: mayor a 20 mgIdL a las 2h.
Función pancreática de la secretina-colecistoquinina, más de 80meq/L de HCO3 en por lo menos 1 muestra tomada durante 1 hora.
Gastrina, en suero-0-180 pg/mL (0-180 ng/L).
Grasa en materia fecal, menos de 5 g/d en una dieta basada en 100gramos de grasa.
Lipasa, líquido ascítico-Menos de 200 U/L.
Nitrógeno en materia fecal, menos de 2g/d.
Peso de la materia fecal, menos de 200 g/d.
Prueba de tolerancia a la lactosa, aumento de la glucosa en plasma: mayor a 15 mg/dL (0,83 mmol/L).
Secreción gástrica,
Secreción basal:
En el varón: 4,0 ±0 2 meq de HCl/h (4,0 : 0,2 mmo/lh).
En la mujer: 2,1 f 0,2 meq de HCl/h (2,1t 0,2 mmo/lh).
Secreción máxima de ácido:
En el varón: 37,4 ± 0 8 meq de HCl/h (37,4 ± 0,8 mmol/lh).
En la mujer: 24,9 ± 1.0 HCl/h (24,9 ± 1,0 mmol/h).
Urobilinógeno fecal, 40-280 mg/24 h(67-472 μmol/d).

14.6 HEMATOLOGÍA

Concentración de hemoglobina corpuscular media (MCHC), 32-36 g/dL (320-360 g/L)
Expectativa de vida de las plaquetas (51Cr) 8-12 días.
Factores de coagulación, en plasma:
Factor (fibrinógeno) - 200-400 mg/dL (2-4 g/L).
Factor II (protrombina) - 60%-130% del valor normal.
Factor V (giobulina aceleradora) - 60%-130% del valor normal.
Factor VII (proconvertina) - 60%-130% del valor normal.
Factor VIII (factor antihemofílico) - 50%-200% del valor normal.
Factor IX (componente de tromboplastina en plasma) - 60%-130% del valor normal.
Factor X (factor de Stuart) - 60%-130% del valor normal.
Factor XI (antecedente de tromboplastina en plasma) - 60%-130% del valor normal.
Factor XII (factor de Hageman) - 60%-130% del valor normal.
Ferritina, 15-200 µg/mL.
Fosfatasa alcalina leucocitaria, 15-40 mg de fósforo liberado/h cada 1010 células; puntaje= 13-130/100 neutrófilos polimorfonucleares y formas en banda.
Fragilidad osmótica de los eritrocitos,
Aumenta en caso de que la hemólisis ocurra en más de 0,5% de NaCl.
Disminuye en caso de que la hemólisis sea incompleta en 0,3% de NaCl.
Glucosa, 6-fosfato deshidrogenasa - 5-15 U.
Haptoglobina en suero capacidad de unión de la hemoglobina. 5,0-220 mg/ldL (0,5-2,2 g/1)
Hematocrito
En el varón: 39%-49%.
En la mujer: 33%-43%.
Hemoglobina corpuscular media (MCH), 28-32 pg.
Hemoglobina, en plasma 0,5-5 mg/dL (0,08-0 8 µmol/L).
Hemoglobina, en sangre:
En el varón: 13,6-17,2 g/dL (136-172g/L).
En la mujer: 11,2-15,3 g/dL (112-153 g/L).
Índice de supervivencia de los eritrocitos, (51Cr)-T ½=28 días.
Linfocitos
Recuento de células CD4+- 640-1175/µL.
Recuento de células CD8+ - 335-875/µL.
Proporción de CD4: CD8 - 1,0-4,0.
Productos derivados de la fibrina, menos de 10 µg/mL (10 mg/L).
Prueba de Schilling administración oral de vitamina B12 marcada con cobalamina radiactiva; 8,5%-28% excretado por la orina cada 2448 hrs.
Recuento de reticulocitos, 0,5%-1,5% de eritrocitos; total: 23.00090.000 células/µ1,
Recuento eritrocitario, 4,2-5,9 millones de células/µL (4,2-5,9 x1012 células/L)
Recuento leucocitario
No negros: 4000-10.000/µL (4,0-10 x 109/L).
Negros: 2800-10.000/µL (2,8-10 x 109/L).
Recuento plaquetario, 140.000-430.000/µL (140-430 x 109/L).
Tiempo de coagulación (Lee-White)- 5-15 min.
Tiempo de la protrombina El rango es la media ± la desviación estándar de 20 a 30 muestras de plasma de voluntarios normales.
Tiempo de sangría, menos de 10 min.
Tiempo parcial de tromboplastina activada, menos de 40s.
Velocidad de eritrosedimentación, eritrocito (Westergren):
En el varón: 0-15 mm/h.

En la mujer: 0-20 mm/h.
Volumen corpuscular medio (MCV),80-100 fL.
Volumen, en sangre
Plasma
En el varón: 44mL/kg de peso corporal.
En la mujer: 43 mL/kg de peso corporal.
Eritrocitos
En el varón: 25-35 mL/kg de peso corporal.
En la mujer. 20-30 mL/kg de peso corporal.

14.7 PULMONARES
Volumen expiratorio forzado en 1 segundo (VEF1), mayor al 80% del valor teórico.
Capacidad vital forzada (CVF), mayor al 80% del valor teórico.
VEF1/CVF, mayor al 75%.

14.8 URINARIOS
Ácido 5 hidroxindolacético (5-HIAA), 2-9 mg/24 h (10,5-47,1 µmolld).
Ácido úrico, 250-750 mg/24 h (1,48-4,43 mmol/d) varía según la ingesta.
Amilasa, 6,5–48,1 U/h.
Aminoácidos, 200-400 mg/24 h.
Calcio, 100-300 mg/d (2,5-7,49 mmol/d) en dietas libres
Cloruro, 80-250 meq/d (80-250 mmol/d) (varía según la ingesta)
Cobre, 0-100 -µg/24 h (0-1,6 µmol/d)
Coproporfirina, 50-250 µg/24 h (76-382 (mmol/d)
Creatina,
En el varón: 4,40 mg/24 h (0-0,3 (mmol/d).
En la mujer: 0100 mg/24 h (0-0,76 (mmol/d).
Creatinina, 15-25 mg/kg por 24 h(0,13-0,22mmol/kg por d)
Depuración de creatinina 90-140 mL/lmin.
Fosfato, reabsorción tubular 79%-94% (0,79-0,94) de carga filtrada.
Osmolaridad, 38-1400 mosm/kg H20.
Potasio, 25-100 meq/24 h (25-100 mmol/d) varía según la ingesta.
Proteína, menos de 100 mg/24 h.
Sodio, 100-260 meq/24 h (100-260 mmol/d) varia según la ingesta.
Urobilinógeno, 0,05-2,5 mg/24 h (0,09-4,23 µmol/d).

14.9 VALORES VARIOS
Presion venosa central.
    En auricula derecha: 0 a 5 cmH2O
    En auricula   izquierda: 6 a 12 cmH2O.

CAPITULO 15. FORMULAS

Fuente: American College of Phisicians y la Sociedad de Medicina Interna de Buenos Aires.

15.1 HEMODINAMICO

Gasto cardiaco	FC x VS	4-8 l/min
VS (volumen sistólico)	GC/FC x 1.000	40-70 ml/lat/m2
PAM (presión arterial media)	2PAD+PAS/3	80-100 mmHg
IC (índice cardíaco)	GC/ISC	2,4-4 l/min/m2
ISC (índice superficie corporal)	T(m) + peso (kg) – 60/100	
RVS (resistencia vascular sistémica)	PAM–PVC/GC	700-1.600 dinas.seg/cm5
IRVS	(PAM–PAD) x 80/IC	1600-2.400 dinas.seg/cm5/m2
RVP (resistencia vascular pulmonar)	(PAP–PCP)/GC	20-120 dinas.seg/cm5
VTDVD (volumen telediastólico)	VS/FEVD	80-150 ml/m2

15.2 RESPIRATORIO

PAO2 (presión alveolar de oxígeno)	((FiO2 x 713) – (PaCO2 x 1.2)	La PAO2 debe ser calculada.
PaO2 ajustada por edad	PaO2= 80 – [(edad – 20)/4]	La PaO2 es medida por la GA
CaO2 (contenido de O2 en sangre arterial)	(1,34 x Hb x SaO2) + (0,003 x PaO2)	20 ml/100 ml
CvO2 (contenido de O2 en sangre venosa)	(1,34 x Hb x SvO2) + (0,003 x PvO2)	16 ml/100 ml
CcO2 (contenido de O2 en sangre capilar)	(1,34 x Hb x SaO2) + (0,003 x PAO2)	22 ml/100 ml
Shunt pulmonar (%)	CcO2 – CaO2 / CcO2 – CvO2	5 %
DO2 (transporte O2 en sangre)	IC x CaO2	520-570 ml/min/m2
VO2 (consumo de O2)	IC x 13,4 x Hb x (SaO2–SavO2)	110-160 ml/min/m2
O2ER (cociente de extracción de O2)	VO2/DO2 x 100	20-30 %
(A–a)O2 (diferencia o gradiente alveoloarterial de O2)	PAO2 –PaO2	< 20 mmHg Un resultado superior supone alteración en la V/Q.
paO2/FiO2 x100 (índice de Kirby)		> 300 mmHg

PaO2/pAO2 (índice de Gilbert)		Relación constante, a cualquier FiO2, asumiendo igualdad de
(A – a) O2 y estabilidad hemodinámica pulmonar	PiO2 – (PaO2-PaCO2/8)	
Pb (presión barométrica)		760 mmHg
P H2O (presión vapor/agua)		47 mmHg
R (cociente respiratorio)		0,8 mmHg
Complianza estática	Volumen tidal/P. meseta–PEEP	50-85 ml/cm2 H2O
Presión estimada filtración capilar pulmonar	0,6 x albúmina (g/l)	No existe valor normal, es sólo orientativo y de utilidad terapéutica

15.3 VARIOS

15.3.1 Formulas diversas.

ACT (Agua corporal total)	0.6 x peso corporal (kg)	
Aclaramiento (clearance) de cretinina (valor calculado)	Vol. orina en el período (ml) x creatinina urinaria de la muestra del período (mmol/l)/creatinina en plasma (mmol/l) x tiempo en minutos del período	Si el período es de 24 h, el tiempo son 1.440 min. 90-120 ml/min Valores < 50 ml/min se interpretan como de insuficiencia renal y valores < 30 ml/min son indicación de depuración extrarenal
Aclaramiento de creatinina estimado (formula de Cockroft-Gault)	Mujeres: (140 – edad) x peso en kg/(72 x creatinina plasma (mg/dl)) x 0,85 Hombres: (140 – edad) x peso en kg/(72 x creatinina plasma (mg/dl))	
Anion gap	(Na++K+)–(Cl- + HCO-3)	12-16 mEq
Anion gap	Na- (HCO3 + Cl)	Acidosis con AG alto se observan en acidosis lactica, cetoacidosis y toxinas. Acidosis con Ag normal se observa en pérdidas gastrointestinales.
Anion gap corregido con albumina	AG + (4- (albumina x 2.5))	En el individuo normal el Ag esta determinado principalmente por la presentación de albumina que esta cargada negativamente.
Balance nitrogenado	[prot. totales/6,25]– [urea orina + 4]	
Calcio corregido	Ca++ sérico + (4- albúmina) x 0,8	Normal 2.1-2.5 mmol/L o 8.5-10.5 mg/dL
Déficit de agua	ACT x [(Na actual/Na deseado)-1]	El 50% se administra en 12-24 hrs, el 50% restante en las siguientes 24 hrs.
Déficit HCO-3	EB x 0,3 x Kg de peso	El resultado es igual a la cantidad en mililitros de bicarbonato sódico (dilución 1 mEq/ml),se administra el 50% en 30 minutos con nuevo calculo al finalizar.

Déficit Na	0,6 x kg x (Na deseado − Na real)	
Fracción excretada de sodio o excreción fraccional de sodio (FE Na)	FE Na = (Na en orina x creatinina en plasma/sodio en plasma x creatinina en orina) x 100	Útil en el diagnóstico diferencial entre azoemia prerrenal (< 1%) y necrosis tubular aguda (>1%).
Fracción excretada de urea o excrección fraccional de urea (FE urea)	FE urea= (urea en orina x creatinina en plasma/urea en plasma x creatinina en orina) x 100	> 50%
Gradiente Albúmina Suero Ascitis (GASA)	Albumina plasmática − Albúmina del liquido ascítico.	Valor >1.1=ascitis por Hipertension portal Valor <1.1 ascitis por No hipertensión portal
HOMA IR, Indice (Homeostasis Model Assessment)	insulina (µU/ml) × [glucosa (mmol/l)/22.5]	≥ a 3 significa insulinorresistencia. Convertir µU/ml a mmol/l: Multiplical x 18 Convertir mmol/l a µU/ml: dividir entre 18
IMC	Peso en Kg/Talla (m^2)	Tambien llamado Indice de Quetelet
Osmolaridad sérica	2 Na + (glucosa/18) + (BUN/2,8)	285-295 Osm/kg H2O
Índice de insuficiencia renal	Sodio en orina/(creatinina en orina/creatinina en plasma)	< 1 en la insuficiencia renal parenquimatosa o renal
Kirby, indice de	PaO2/FiO2 x 100	
Neutrofilos, conteo absoluto de	CAN= WBC * (polis + bandas) /100	Neutropenia si <1500 c/mm3 Severa si es <500 c/mm3.
Osmolaridad sérica	2 Na + (glucosa/18) + (BUN/2,8)	285-295 Osm/kg H2O
Reticulocitos	(Hto de reticulocitos x Hto del paciente) / 45	< 3% la MO no produce eritrocitos, carencia de hierro o hematinicos, METs medulares o neoplasias MO (arregenerativa) > 3% existe producción eritrocitaria medular, causas genericas, hemorragicas y hemolisis (regenerativas)
Sodio Corregido (glucosa)	Na corr= Na + (glucosa-5) /3.5	Hiperglucemia causa pseudohiponatremia.

15.3.2 Equivalencia de esteroides.

Prednisona	1 mg	Dexametasona	0.16 mg
		Hidrocortisona	4 mg
		Metilprednisolona	0.8 mg
		Prednisolona	0.8 mg
		Betametasona	0.13 mg
Dexametasona	1 mg	Prednisona	6.25 mg
		Hidrocortisona	25 mg
		Metilprednisolona	5 mg
		Prednisolona	5 mg
		Betametasona	0.83 mg
Hidrocortisona	1 mg	Prednisona	0.25 mg
		Dexametasona	0.04 mg
		Metilprednisolona	0.2 mg
		Prednisolona	0.2 mg
		Betametasona	0.03 mg

15.4 ESQUEMAS DIVERSOS.

15.4.1 Anatomia cardiaca radiográfica.

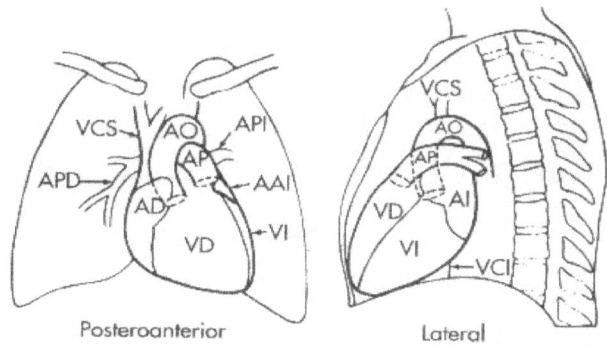

VCS: Vena cava superior. VCI: vena cava inferior. AO: Aorta. AP: Arteria pulmonar. APD: Arteria pulmonar derecha, API: Arteria pulmonar izquierda. AD: aurícula derecha. AI: aurícula izquierda. VD: ventrículo derecho. VI: ventrículo izquierdo.

CAPITULO 16. GLOSARIO

Abducción: acto de separar una parte del eje del cuerpo.
Abasia: Incapacidad para caminar.
Acolia:heces de color amarillo u ocre por ausencia o disminución del contenido de pigmento biliar (estercobilinógeno).
Acúfeno o tinnitus: sensación auditiva anormal que, en general, es percibida solamente por el sujeto.
Adenopatía: ganglio linfático alterado.
Adiadococinesia: falta de coordinación al efectuar movimientos repetitivos rápidos (ej.: tocarse el muslo con una mano con la palma hacia abajo y luego con la palma hacia arriba en forma alternada, o mover las manos como "colocando un foco").
Aducción: movimiento que acerca un miembro al plano medio (es opuesto a la abducción).
Adventicio: algo que ocurre ocasionalmente, o en forma accidental o que es inhabitual.
Afaquia: ausencia del cristalino.
Afasia: es un defecto del lenguaje debido a una lesión encefálica; el paciente puede tener una dificultad para comprender preguntas o texto escrito (*afasia sensorial*) o para expresarse en forma verbal o escrita (*afasia motora*).
Afasia anómica:Es la afasia más leve y frecuente. Puede ocurrir por lesiones en muy diversas localizaciones o ser el déficit residual de la evolución de una afasia de otro tipo tras un proceso de rehabilitación. La afasia anómica se caracteriza por una importante dificultad en la denominación, junto a una expresión fluida, una comprensión relativamente preservada y una capacidad para la repetición casi normal.
Afasia cortical: se dan por una lesión perisilviana (alrededor de la cisura de Silvio). Son las más comunes y se diferencian de las transcorticales en que en las corticales la repetición está alterada en grado variable.
Afasia de Broca (motora):Se produce por lesión de la circunvolución frontal inferior (área de Broca) izquierda y áreas adyacentes. Se caracteriza por la casi imposibilidad para articular y el empleo de frases cortas (habla telegráfica), que son producidas con gran esfuerzo y aprosodia.
Afasia de conducción:Se produce por una lesión del fascículo arqueado, que conecta el área de Broca y de Wernicke. Su principal característica es una incapacidad para la repetición.
Afasia global:Se utiliza dicho término para denominar el tipo de afasia en el que tanto la comprensión como la expresión están alteradas, compartiéndose por tanto rasgos de la afasia de Broca y de la afasia de Wernicke. Se produce generalmente por la interrupción temporal del riego sanguíneo en la arteria cerebral media.
Afasia transcortical motora:Aparece por lesiones en la sustancia blanca inmediatamente anterior al asta frontal del ventrículo lateral izquierdo, o por lesiones corticales y de sustancia blanca en las regiones prefrontales y premotoras que rodean el opérculo frontal.
El paciente con afasia transcortical motora sufre una reducción importante del habla espontánea: es dificultosa, escasa, disprosódica y generalmente compuesta de frases cortas. Esto contrasta con su repetición, ya que pueden llegar a repetir frases bastante largas. Sería, por tanto, similar a la afasia de Broca, aunque más leve y con la repetición conservada.
Afasia Transcortical sensorial:En la afasia transcortical sensorial el output verbal es fluido (frecuentemente parafásico y de contenido irrelevante) y la comprensión es muy limitada, pero la repetición, al igual que en el resto de afasias transcorticales, está conservada. Sería, por tanto, similar a una afasia de

Wernicke, pero de carácter más leve y con la repetición conservada. La lectura y escritura están alteradas.
Afasia transcortical mixta: El habla espontánea es pobre, aunque cuando alguien le habla puede responder con una verbalización fluida corta; sin embargo, la respuesta es casi una repetición directa de las palabras del otro (ecolalia); sin que exista comprensión. La denominación, lectura y escritura están alteradas. Sería similar a una afasia global, pero con la repetición conservada.
Afasia de Wernicke (sensorial): Se produce por lesión de áreas temporoparietales (área de Wernicke). Se caracteriza por un déficit en la comprensión y el habla fluida, que está completamente desprovista de sentido. Los individuos con este tipo de afasia pueden presentar logorrea, neologismos y parafasias.
Afonía: es una pérdida o disminución de la voz.
Aftas bucales: lesiones ulceradas que afectan la mucosa de la boca, de forma ovalada y rodeadas por eritema; son muy dolorosas.
Agarofobia: es una sensación de angustia de estar en lugares en que podría ser difícil o muy embarazoso escapar o en los que sería difícil recibir ayuda en el caso que se presentaran síntomas súbitos.
Agrafia: es la pérdida de la destreza en la escritura debido a causas traumáticas, independientemente de cualquier perturbación motora.
Alexia: es la pérdida de la capacidad de leer, cuando ya fue adquirida previamente.
Alopecía: pérdida de cabello, difuso o en áreas.
Alucinación: error sensorial en el cual el sujeto percibe sin que exista un objeto o estímulo real.
Amaurosis: ceguera, especialmente la que ocurre sin lesión aparente del ojo, por enfermedad de la retina, nervio óptico, cerebro.
Ambliopía: visión reducida, sin lesión aparente del ojo.
Amenorrea: ausencia de reglas durante un período mayor de 90 días.
Analgesia: es la ausencia de la sensibilidad al dolor; es equivalente a *anodinia*.
Aneurisma: dilatación de una arteria o parte de ella, con compromiso de las 3 túnicas.
Anasarca: termino que describe el edema generalizado que puede ser debido a exceso de liquidos intravenosos, enfermedades como insuficiencia cardiaca, cirrosis hepática, insuficiencia renal, etc.
Antígeno: Es cualquier sustancia capaz de inducir una respuesta inmune específica.
Anuria: termino que describe la nula excreción de orina o menor de 50 ml en 24 horas.
Anforofonía: Resonancia aumentada con timbre metálico.
Angina: inflamación de las amígdalas y partes adyacentes (también se usa el término para referirse al dolor torácico de origen coronario).
Ángulo esternal o ángulo de Louis: prominencia en la superficie del tórax debida a la articulación del manubrio con el cuerpo del esternón. Sirve de punto de referencia para ubicar la segunda costilla.
Anhidrosis: falta de transpiración.
Anisocoria: pupilas de diferente tamaño.
Anomia: se refiere al desorden neuropsicológico caracterizado por la dificultad para recordar los nombres de las cosas.
Anorexia: falta de apetito.
Anuria: excreción de menos de 100 ml de orina en 24 horas.
Apnea: detención del flujo aéreo respiratorio por falta de estímulo central u obstrucción de la vía aérea central.
Apraxia: dificultad para ejecutar movimientos diestros, secuenciales y complejos, tales como caminar.

Aprosodia: se refiere a un trastorno neurológico caracterizado por la incapacidad de una persona para transmitir o interpretar correctamente la prosodia (Es decir, ritmo, tono, estrés, entonación, etc.). Estas deficiencias neurológicas estan asociadas a daños en las areas de producción del lenguaje hemisferio cerebral no dominante.
Ascitis: acumulación anormal de líquido libre en la cavidad peritoneal; puede corresponder a un transudado (si no es inflamatorio), o a un exudado (si es inflamatorio). Se llama *hemoperitoneo* si se acumula sangre; *biliperitoneo* si corresponde a bilis y *ascitis quilosa* si se acumula linfa.
Ashman, Fenómeno de: na aberrancia en la conducción (la capacidad de transmitir un impulso eléctrico a las células adyacentes) que consiste en la súbita prolongación de la duración de un periodo refractario de los tejidos especializados de conducción después de diástoles largas (extrasístoles supraventriculares), predisponiendo al bloqueo del siguiente ciclo corto.
Astenia: estado en el cual el paciente se siente decaído, con falta de fuerzas.
Astenocoria: reflejo pupilar a la luz, débil y lento que se observa en el hipoadrenalismo
Asterixis: temblor producido por la imposibilidad de mantener prolongadamente la mano en extensión forzada y se produce una oscilación irregular. También se le conoce como *flapping*.
Astasia: Incapacidad para mantener la posición vertical.
Astereognosia: Incapacidad para reconocer objetos.
Astigmatismo: defecto de la curvatura de los medios refringentes del ojo que impide la convergencia en un solo foco de los rayos luminosos de diferentes meridianos.
Ataxia: alteración en la coordinación de los movimientos.
Ataxia óptica: incapacidad de dirigir los movimientos hacia un objeto que se ve con claridad.
Atetosis: trastorno caracterizado por movimientos continuos, involuntarios, lentos y extravagantes, principalmente de manos y dedos, frecuentemente de tipo reptante, que se observan por lo común en lesiones del cuerpo estriado.
Balanitis: inflamación del glande.
Balanopostitis: inflamación del glande y del prepucio.
Bazuqueo: ruido producido por la agitación del estómago cuando está lleno de líquido. Cuando el mismo fenómeno ocurre por acumulación de líquido en las asas intestinales se llama *sucusión intestinal* (muchas personas usan en forma indistinta el término *bazuqueo*).
Blefaritis: es una inflamación aguda o crónica de los párpados. Se puede deber a infecciones, alergias o enfermedades dermatológicas.
Bocio: aumento de volumen de la glándula tiroides.
Borborigmo: ruido intestinal producido por la mezcla de gases y líquidos.
Broncofonía: auscultación nítida de la voz en la superficie del tórax, como si se estuviera auscultando sobre la traquea o grandes bronquios. Se presenta en condensaciones pulmonares con bronquios grandes permeables.
Broncorrea: eliminación de gran cantidad de expectoración.
Bronquiectasias: dilataciones irreversibles de los bronquios.
Bruxismo: tendencia de algunas personas de hacer rechinar los dientes.
Bulimia: hambre insaciable o apetito muy aumentado.
Capacidad vital: Cantidad total de aire que puede ser expulsada en una espiracion prolongada (10-15 ml/kg como mínimo).
Catarata: opacidad del cristalino.
Cefalea: dolor de cabeza.
Celulitis: inflamación del tejido celular subcutáneo.
Chalazión: es una inflamación crónica de una glándula meibomiana de los párpados.

Cianosis: coloración azul-violácea de la piel y mucosas por aumento de la hemoglobina reducida en la sangre capilar.
Cifosis: curvatura anormal hacia adelante de la columna vertebral dorsal; el paciente se tiende a gibar.
Claudicación intermitente: es una condición que se manifiesta con dolor o pesadez en una extremidad en relación a un ejercicio y que se alivia con el reposo. Habitualmente refleja una insuficiencia arterial crónica.
Clonus o clono: son contracciones rítmicas e involuntarias que ocurren en estados de hiperreflexia por daño de la vía piramidal, cuando se mantiene traccionado el grupo muscular afectado (ej., *clonus aquiliano*).
Colecistitis: inflamación de la vesícula biliar.
Coluria: orina de color café debido a la presencia de bilirrubina conjugada; cuando la orina se agita, la espuma que se forma es amarilla (esto la diferencia de otros tipos de orina cuya espuma es blanca).
Coma: estado de pérdida completa de la conciencia, de la motilidad voluntaria y de la sensibilidad, conservándose sólo las funciones vegetativas (respiración y circulación). El paciente no responde ante estímulos externos, incluso capaces de producir dolor. Ver *conciencia, estados de alteración de*.
Compulsión: comportamiento o acto mental repetitivo que la persona se siente impulsada a ejecutar, incluso contra su juicio o voluntad, como una forma de paliar la angustia o de prevenir alguna eventualidad futura.
Conciencia, estados de alteración de la: Son estados de alteración en los que de menor a mayor profundidad se encuentran la 1. Letargia, 2. Obnubilación, 3. Estupor y, 4. Coma.
Condritis: inflamación del cartílago.
Confabulación:es una condición en la que el paciente inventa hechos para compensar defectos de memoria, y de los cuales posteriormente ni siquiera se acuerda.
Confusión: corresponde a una alteración psiquiátrica, generalmente de tipo agudo, asociada a cuadros infecciosos, tóxicos o metabólicos, en el que el paciente no es capaz de enjuiciar en forma correcta su situación y presenta desorientación en el tiempo y en el espacio, no reconoce a las personas y objetos familiares, no se concentra y falla su memoria.
Conjuntivitis: inflamación de las conjuntivas.
Constipación (*estitiquez, estreñimiento*): hábito de evacuación intestinal que ocurre distanciado (cada 2 o más días).
Corea: movimientos bruscos, breves, rápidos, irregulares y desordenados, que afectan uno o varios segmentos del cuerpo, sin ritmo ni propagación determinada, que habitualmente se localizan en la cara, lengua y parte distal de las extremidades. El *corea de Sydenham* se acompaña de signos de fiebre reumática.
Cornaje o estridor: es un ruido de alta frecuencia que se debe a una obstrucción de la vía aérea superior, a nivel de la laringe o la tráquea, y que se escucha desde la distancia. Se ha comparado con el ruido de un cuerno dentro del cual se sopla.
Costras: lesiones secundarias producto de la desecación de un exudado o de sangre en la superficie de la piel.
Crepitaciones: son ruidos discontinuos, cortos, numerosos, de poca intensidad, que ocurren generalmente durante la inspiración y que son similares al ruido que se produce al frotar el pelo entre los dedos cerca de una oreja. Tienen relación con la apertura, durante la inspiración, de pequeñas vías aéreas que estaban colapsadas.
Cuadriparesia o cuadriplejía: debilidad o parálisis de las cuadro extremidades, respectivamente.

Curva de Damoiseau: curva parabólica de convexidad superior que forma el límite superior de los derrames pleurales.
Débito cardíaco: volumen de sangre impulsada por el corazón (se expresa en litros/minuto).
Débito sistólico: volumen de sangre expulsada por los ventrículos en cada sístole (se expresa en ml).
Delirio: el paciente impresiona desconectado de la realidad, con ideas incoherentes, ilusiones y alucinaciones, sin advertir su error.
Dermatoma: Area de piel inervada por axones sensitivos de una determinada raíz espinal.
Dextrocardia: cuando el corazón se ubica en el tórax hacia la derecha.
Diaforesis: transpiración profusa.
Diagnóstico: es la identificación de un cuadro clínico fundándose en los síntomas, signos o manifestaciones de éste.
Diarrea: evacuación de deposiciones con contenido líquido aumentado y de consistencia disminuida, generalmente con mayor frecuencia que lo normal.
Diplopía: visión doble de los objetos, habitualmente por falta de alineación de los ejes de los globos oculares. Generalmente es binocular.
Disartria: es un trastorno de la articulación del lenguaje.
Discoria: pupilas de forma alterada (no son redondas).
Discromías: alteración estable del color de la piel en una zona determinada.
Disdiadococinesias: Es la incapacidad para efectuar movimientos alternados en forma regular y rapida.
Disentería: es una deposición diarreica acompañada de mucosidades y sangre; se asocia a inflamación importante del colon y el recto.
Disestesia: es la producción de una sensación displacentera y en ocasiones dolorosa por un estímulo que no debiera serlo, como rozar con un algodón.
Disfagia: dificultad para deglutir. Puede sentirse como un problema a nivel alto, en la orofaringe, o a nivel retroesternal, al no descender el bolo alimenticio.
Disfonía: es equivalente a ronquera.
Dismenorrea: menstruaciones dolorosas.
Dismetría: alteración de la coordinación de los movimientos, que se ve en lesiones del cerebelo, que se caracteriza por una apreciación incorrecta de la distancia en los movimientos (se efectúan oscilaciones y ajustes en la trayectoria pudiendo al final chocar con el objetivo o pasar de largo).
Disnea paroxística nocturna: disnea que despierta al paciente en la noche y lo obliga a sentarse o ponerse de pie.
Disnea: sensación de falta de aire; dificultad en la respiración.
Dispepsia: se refiere a síntomas digestivos inespecíficos que guardan relación con la ingesta de alimentos (ej., meteorismo, eructación, plenitud epigástrica, etc.).
Disquinesias (o *discinesia*): son movimientos repetitivos, bizarros, algo rítmicos, que frecuentemente afectan la cara, boca, mandíbula, lengua, produciendo gestos, movimientos de labios, protrusión de la lengua, apertura y cierre de ojos, desviaciones de la mandíbula. Las más frecuentes son las *discinesias orofaciales* que también se llaman *discinesias tardías*.
Distonías: son contracciones musculares que pueden ser permanentes o desencadenarse al efectuar determinados movimientos (ej.: tortícolis espasmódica, calambre del escribiente, distonías de torsión, etc.)
Disuria: dificultad para orinar (*disuria de esfuerzo*) o dolor al orinar (*disuria dolorosa*).
Ectropión: eversión del párpado, especialmente el inferior; las lágrimas no logran drenar por el canalículo y el ojo lagrimea constantemente (*epífora*).
Edema: acumulación excesiva de líquido seroalbuminoso en el tejido celular, debida a diversas causas (ej.: aumento de la presión hidrostática, disminución

de la presión oncótica o del drenaje linfático, aumento de la permeabilidad de las paredes de los capilares).
Efélides: corresponde a las pecas.
Egofonía: "voz de cabra"; es una variedad de broncofonía caracterizada por su semejanza con el balido de una cabra. Sinónimo: *pectoriloquia caprina*.
Empiema: exudado purulento en la cavidad pleural.
Enfermedad: es una alteración o desviación del estado fisiológico en una o varias partes del cuerpo, que en general se debe a una etiología específica, y que se manifiesta por síntomas y signos característicos, cuya evolución es más o menos previsible (p. ej., enfermedad reumática).
Enoftalmos o enoftalmía: globo ocular más hundido en la cavidad de la órbita.
Entropión: condición en la que los párpados están vertidos hacia adentro y las pestañas irritan la córnea y la conjuntiva.
Enuresis: micción nocturna, involuntaria, después de los 3 años de edad.
Epicanto: es un pliegue vertical en el ángulo interno del ojo. Se ve en algunas razas asiáticas y en personas con síndrome de Down (mongolismo).
Epididimitis: es una inflamación del epidídimo.
Epiescleritis: es una inflamación de la epiesclera que es una capa de tejido que se ubica entre la conjuntiva bulbar y la esclera; se debe habitualmente a una causa autoinmune.
Epífora: lagrimeo constante de un ojo.
Epistaxis: hemorragia de las fosas nasales.
Eritema: es un enrojecimiento de la piel, en forma de manchas o en forma difusa, que se debe a vasodilatación de pequeños vasos sanguíneos y que desaparece momentáneamente al ejercer presión.
Erupción o exantema: corresponde a la aparición relativamente simultánea de lesiones (ej., máculas, vesículas o pápulas), en la piel o en las mucosas.
Escama: laminilla formada por células epidérmicas que se desprenden espontáneamente de la piel.
Escara: placa de tejido necrosado que se presenta como una costra negra o pardusca y que alcanza hasta planos profundos de la dermis.
Escotoma: es una pérdida de la visión en un área limitada del campo visual.
Esmegma: material blanquecino y maloliente que se puede acumular en el surco balanoprepucial en hombres con fimosis o que no se efectúan un buen aseo.
Esotropía o esoforia: es un estrabismo convergente; el ojo desviado mira hacia el lado nasal, mientras el otro ojo está enfocando hacia adelante.
Espermatocele: formación quística en el epidídimo que contiene espermatozoides.
Esplenomegalia: bazo de gran tamaño.
Esteatorrea: deposiciones con exceso de grasa o aceites; habitualmente son de aspecto brilloso y dejan en el agua del escusado gotas de grasa.
Estenosis: estrechez patológica de un conducto.
Estereognosis: es la capacidad para identificar un objeto por el tacto, teniendo los ojos cerrados (ej.: un lápiz, una llave, y hasta el lado de una moneda, como "cara" o "sello"). Cuando esta habilidad se pierde se habla de *astereognosis* (o *astereognosia*).
Estertor traqueal: ruido húmedo que se escucha a distancia en pacientes con secreciones en la vía respiratoria alta.
Estomatitis angular o queilitis angular: inflamación de la comisura bucal con formación de grietas, que habitualmente se conoce como "*boquera*".
Estomatitis: inflamación de la mucosa de la boca.
Estrabismo: falta de alineación de los ejes visuales de los ojos, de modo que no pueden dirigirse simultáneamente a un mismo punto.

Estupor| despertar sólo se consigue con estímulos nociceptivos, algo que no se logra con el coma.
Eventración abdominal: es la protrusión de tejidos u órganos intraabdominales a través de zonas débiles de la musculatura abdominal de una cicatriz quirúrgica, pero que quedan contenidas por la piel. Dan origen a *hernias incisionales*.
Evisceración abdominal: salida de asas intestinales fuera del abdomen por dehiscencia de la sutura de una laparotomía o a través de una herida traumática.
Excoriaciones: son erosiones lineales derivadas del rascado.
Exoftalmos o **exoftalmía**: protrusión del globo ocular.
Exotropía: es un estrabismo divergente; el ojo desviado mira hacia el lado temporal, mientras el otro ojo está enfocando hacia adelante.
Expectoración hemoptoica: esputo sanguinolento.
Expectoración: secreciones provenientes del árbol traqueo-bronquial.
Fasciculaciones: movimientos irregulares y finos de pequeños grupos de fibras musculares secundarios a fenómenos de denervación.
Fenómeno de Alba: Aumento de la glucemia a partir en general de las 5 de la madrugaa por incremento en la secreción de hormona del crecimiento que existe a lo largo de la noche.
Fenómeno Somogy: Hiperglucemia no mayor de 250 mg/dL secundaria a liberación de glucosa de lugares de deposito a consecuencia de cursar con hipoglucemia, se comprueba tomando glicemias entre las 2 y 4 am.
Fétor: corresponde al aliento (aire espirado que sale de los pulmones); puede tener un olor especial (ej., fétor urémico, fétor hepático).
Fimosis: prepucio estrecho que no permite descubrir el glande.
Fisura: corresponde a un surco, una grieta o una hendidura.
Flebitis: inflamación de una vena.
Flogosis: Aumento de la temperatura y enrojecimiento que caracterizan a la inflamación.
Fobia: es un temor enfermizo, obsesionante y angustioso, que sobreviene en algunas personas. Por ejemplo: claustrofobia (temor a permanecer en espacios cerrados).
Fotofobia: molestia o intolerancia anormal a la luz.
Fotosensibilidad: reacción cutánea anormal que resulta de la exposición al sol (ej., eritema persistente, edema, urticaria).
Frémito: vibración que es perceptible con la palpación (ej.: por frotes pericárdicos o pleurales).
Frotes pleurales: son ruidos discontinuos, que se producen por el frote de las superficies pleurales inflamadas, cubiertas de exudado. El sonido sería parecido al roce de dos cueros.
Galactorrea: secreción abundante o excesiva de leche.
Gangrena húmeda: es una combinación de muerte de tejidos mal perfundidos e infección polimicrobiana, con participación de gérmenes anaerobios, que lleva a la producción de un exudado de pésimo olor. Es lo que ocurre en el pie diabético.

Gangrena seca: muerte de tejidos caracterizada por el endurecimiento y desecación de los tejidos, debida a oclusión arterial. Lleva a una *momificación*.
Gangrena. Necrosis o muerte de tejido.
Ginecomastia: volumen excesivo de las mamas en el hombre.
Gingivitis: una inflamación de las encías.
Glaucoma: condición en la que presión del ojo está elevada. Puede llevar a la atrofia de la papila óptica y a la ceguera.
Glositis: inflamación de la lengua.
Gorgoteo: ruido de un líquido mezclado con gas en el interior de una cavidad.

Grafestesia: es la capacidad de reconocer, estando con los ojos cerrados, un número que el examinador escribe con un objeto de punta roma en la palma de la mano u otra parte del cuerpo.
Haptoglobina: proteína de síntesis hepática que tiene como misión capturar la Hb libre en el plasma con el fin de formar un complejo haptoglobina-hemoglobina que es aclarado en el hígado y reutilizados todos sus elementos. El descenso de la concentración de esta proteína es indicativo, en ausencia de enfermedad hepática, de un estado hemolítico; por contra, la elevación de la misma es indicativa de un cuadro sistémico, no olvidemos que la haptoglobina es una proteína reactiva.
Hemartrosis: acumulación de sangre extravasada en la cavidad de una articulación.
Hematemesis: vómito de sangre.
Hematoquecia: sangramiento digestivo bajo, con eliminación de deposiciones sanguinolentas o de sangre fresca.
Hematuria: orina con sangre.
Hemianopsia: ceguera de la mitad del campo visual de uno o ambos ojos.
Hemiparesia o hemiplejía: debilidad o parálisis de ambas extremidades de un lado del cuerpo, respectivamente.
Hemoptisis: expectoración de sangre roja, exteriorizada por accesos de tos.
Hidrartrosis: acumulación de líquido seroso en la cavidad de una articulación.
Hidrocele: acumulación de líquido en la túnica vaginal alrededor del testículo.
Hidronefrosis: dilatación de la pelvis y cálices renales por obstrucción del uréter.

Hifema: sangre en la cámara anterior.
Hiperalgesia: es un aumento de la sensibilidad al dolor; es equivalente a una *hiperestesia* dolorosa.
Hipermenorrea: menstruación abundante en cantidad.
Hipermetropía: dificultad para ver con claridad los objetos situados cerca de los ojos. Los rayos luminosos procedentes de objetos situados a distancia forman el foco más allá de la retina.
Hiperpnea: respiración profunda y rápida.
Hiperqueratosis: engrosamiento de la capa córnea de la piel.
Hipertrofia: desarrollo exagerado de una parte de un órgano sin alterar su estructura (ej.: hipertrofia del ventrículo izquierdo; hipertrofia muscular).
Hipoalgesia: es una disminución de la sensibilidad al dolor; es equivalente a una *hipoestesia* dolorosa.
Hipocratismo digital: abultamiento de las falanges distales de las manos o los pies; sinónimos: *acropaquia*; dedos en palillo de tambor.
Hipomenorrea: menstruación escasa en cantidad, pero que se presenta en intervalos normales.
Hipopión: pus en la cámara anterior (los leucocitos pueden decantar y dar un nivel).
Hipospadias: condición en la que el meato uretral desemboca más abajo de lo normal, en una posición ventral del pene.
Hirsutismo: aumento exagerado del pelo corporal de la mujer en áreas donde normalmente no ocurre.
Ictericia: coloración amarilla de las escleras, piel y mucosas, por acumulación de bilirrubina.
Ileo: obstrucción o parálisis intestinal.
Ilusión: es una interpretación errónea de un estímulo sensorial (visual, auditivo, táctil).
Indice de Broca: útil para determinar el peso mediante la formula (Estatura en cm − 100) ± 10% en hombres y ± 15% en mujeres.

Indice de Quetelet. útil para determinar el Indice de Masa Corporal de acuerdo a la formula IMC=Peso en Kg/Talla al cuadrado.
Inflamación: estado morboso caracterizado por *rubor* (hiperemia), *tumor* (aumento de volumen), *calor* (aumento de la temperatura local) y *dolor*; a estos signos se puede agregar *trastorno funcional*.
Isquemia: estado asociado a una circulación arterial deficiente de un tejido.
Koebner, fenómeno de: a la aparición de lesiones típicas de psoriasis en lugares que han sufrido algún tipo de traumatismo; por ejemplo: sobre cicatrices de operaciones, rasguños, erupciones y quemaduras.
El fenómeno de Koebner se encuentra en otras muchas enfermedades cutáneas, tales como el liquen plano, liquen nítido, dermatitis eczematoide infecciosa y eczema numular.
Lagoftalmo o **lagoftalmía**: estado en el cual los párpados no pueden cerrarse completamente.
Letargia: que se define como la dificultad para mantener de forma espontánea un nivel de vigilia adecuado y estable, se asocia con episodios de agitación.
Leucemoide, reacción: Consiste en un incremento en la cifra de leucocitos por arriba de 50,000 leucocitos por mm^3.
Leucoplaquia o **leucoplasia**: son lesiones blanquecinas, planas, ligeramente elevadas, de aspecto áspero, que aparecen en mucosas (de la boca, del glande, de la vagina); pueden ser precancerosas.
Leucorrea: descarga vaginal blanquecina.
Lientería: deposiciones con alimentos no digeridos, como arroz, carne, trozos de tallarines; no implica la presencia de hollejos.
Limbo corneal: zona circular correspondiente al borde de la córnea.
Lipotimia: es equivalente al desmayo común.
Liquenificación: engrosamiento de la piel, que se asocia habitualmente a prurito y rascado, en que se acentúa el cuadriculado cutáneo normal y hay cambios de coloración (hiper o hipocromía).
Lívedo reticularis: aspecto marmóreo, violáceo y reticulado de la piel debido a mala irrigación cutánea.
Lucidez: corresponde al estado de conciencia de una persona normal que es capaz de mantener una conversación y dar respuestas atingentes a las preguntas simples que se le formulan.
Macrosomía: desarrollo exagerado del cuerpo.
Mácula: es una mancha en la piel que habitualmente es plana.
Mastalgia: corresponde a un dolor en las mamas.
Melanoplaquias o **melanoplasias**: zonas de hiperpigmentación que se ven en la mucosa bucal en algunas enfermedades endocrinológicas (ej.: insuficiencia suprarrenal primaria o enfermedad de Addison).
Melena: deposición negra como el alquitrán, de consistencia pastosa y olor más fuerte o penetrante que lo habitual, que refleja una sangramiento digestivo alto, por encima del ángulo de Treitz.
Menarquia: corresponde a la primera menstruación espontánea en la vida de la una mujer.
Menopausia: es la última menstruación espontánea en la vida de una mujer.
Menorragia: menstruación muy abundante y duradera.
Marcadores tumorales:

Tipo	Marcador	Tumor relacionado
Anticuerpos	Anti-Hu	Pulmón.
	Anti-Yo	Pulmón, ovario, mama.
	Anti-Ma	Testículo.
	Anti-Ri	Mamá, ginecológico, pulmón.
	Anti-Tr	Linfoma de Hodkin.

	Anti-VGCC	Pulmón.
	Anti-CrMP5 (anti-CV2)	Pulmón, Timoma.
	Antianfifisina rígido	Mama, ovario.
	Anti-ANNA-3	Pulmón, esófago.
Antígenos oncofetales	Antígeno carcinoembrionario (CEA)	CA colorrectal.
	Alfafetoproteina (AFP)	Ca hepatocelular.
	Gonadotropina coriónica humana (HCG)	Tumores trofoblasticos del embarazo.
Glucoproteinas	Antigeno específico de la próstata (PSA)	Ca de prostata.
	CA-125	Ca de ovario.
	CA 15-3	Ca de mama.
	CA 19.9	Ca colorrectal y pancreas.
	CA 72.4	Ca ovarico y de páncreas.
Enzimas	Lactato deshidrogenasa (LDH)	.
	Enolasa neuroespecifica (NSE)	Ca de pulmon de cel pequeñas, neuroblastoma y tumores carcinoides, .
	Fosfatasa alcalina	
Hormonas	Serotonina	.
	Catecolaminas	.
	Calcitonina	Ca medular de tiroides.
	ACTH	.
	ADH	.
Proteinas sericas	Tiroglobulina	Ca de tiroides (papilar y folicular).
	Ferritina	.
	Inmunoglobulinas	Mieloma multiple,
	Beta-2-microglobulina	leucemia linfocítica cronica.
Otros	Cobre, zinc, hidroxiprolina	Enfermedad de Hodgkin

Meteorismo: distensión del abdomen por gases contenidos en el tubo digestivo.
Metrorragia: hemorragia genital en la mujer que es independiente del ciclo sexual ovárico.
Midriasis: pupilas dilatadas.
Miopatía: enfermedad del músculo esquelético.
Miopía: cortedad de la vista; defecto visual debido a la mayor refracción del ojo, en el que los rayos luminosos procedentes de objetos situados a distancia forman el foco antes de llegar a la retina.
Miosis: pupilas chicas.
Miotoma: Conjunto de fibras musculares inervadas por axones motores de una determinada raíz espinal.
Monoparesia o monoplejía: debilidad o parálisis de una extremidad, respectivamente.
Muguet: desarrollo en la mucosa bucal de puntos o placas blanquecinas debido a la infección por el hongo *Candida albicans*.
Murmullo pulmonar: es un ruido de baja frecuencia e intensidad y corresponde al sonido que logra llegar a la pared torácica, generado en los bronquios

mayores, después del filtro que ejerce el pulmón. Se ausculta durante toda la inspiración y la primera mitad de la espiración.
Náuseas: deseos de vomitar; asco.
Neologismos: palabras inventadas o distorsionadas, o palabras a las que se le da un nuevo significado.
Neumoperitoneo: aire o gas en la cavidad peritoneal.
Neumotórax: acumulación de gas o aire en la cavidad pleural.
Neutropenia: Se refiere a la disminución absoluta de los neutrófilos en la sangre periférica por debajo de 1.500 mm3; puede ser leve (> de 1000), moderada (500-1000) o severa (< de 500).
Nicturia: emisión de orina más abundante o frecuente por la noche que durante el día.
Nistagmo: sacudidas repetidas e involuntarias de los ojos, con una fase lenta en una dirección y otra rápida, en la dirección opuesta.
Nódulo: lesión solevantada, circunscrita, habitualmente sobre 1 cm de diámetro.
Obnubilación: estado en el cual el paciente se encuentra desorientado en el tiempo (no sabe la fecha) o en el espacio (no reconoce el lugar donde se encuentra); está indiferente al medio ambiente (reacciona escasamente frente a ruidos intensos o situaciones inesperadas y está indiferente a su enfermedad). Es capaz de responder preguntas simples.
Obsesión: idea, afecto, imagen o deseo que aparece en forma reiterada y persistente y que la persona no puede alejar voluntariamente de su conciencia. Tiene un carácter compulsivo.
Occipucio: porción posterior e inferior de la cabeza, en el hueso occipital.
Odinofagia: dolor al tragar.
Oligomenorrea: menstruaciones que aparecen cada 36 a 90 días.
Oliguria: diuresis de menos de 400 ml y de más de 100 ml de orina en 24 horas.
Onfalitis: es una inflamación del ombligo.
Orquitis: inflamación aguda y dolorosa del testículo.
Ortopnea: disnea intensa que le impide al paciente estar acostado con la cabecera baja y le obliga a estar sentado o, por lo menos, semisentado.
Orzuelo: inflamación del folículo de una pestaña, habitualmente por infección estafilocócica. Se forma un pequeño forúnculo en el borde del párpado.
Otalgia: dolor de oídos.
Pápula: lesión solevantada, circunscrita, de menos de 1 cm. de diámetro. Puede deberse a cambios de la epidermis o de la dermis.
Paracentesis: corresponde a una punción (ej., parecentesis de líquido ascítico).
Parafasia: defecto afásico en el que sustituye una palabra por otra (ej., "Yo escribo con una puma.").
Parafimosis: condición en la que el prepucio es estrecho y después de deslizarse hacia atrás para dejar el glande descubierto, no puede deslizarse nuevamente hacia adelante y lo comprime.
Paraparesia o **paraplejía**: debilidad o parálisis de ambas extremidades inferiores, respectivamente.
Paresia: disminución de fuerzas.
Parestesias: sensación de "hormigueo" o "adormecimiento".
Pectoriloquia áfona: resonancia de la voz a nivel de la superficie del tórax en que es posible distinguir palabras cuchicheadas o susurradas (derrames, condensaciones).
Pectoriloquia: resonancia de la voz a nivel de la superficie del tórax; "pecho que habla" (cavidades).
Péptido C: o péptidos conector, es una cadena de aminoácidos que conecta las cadenas A y B de laproinsulina y es metabolicamente inactivo. Durante la conversión de proinsulina a insulina es escindido, se libera junto a la insulina a la

circulación portal en concentraciones equimoleculares, la vida media es mas larga, es un mejor funcionamiento de las células beta del páncreas.
Peritonitis: inflamación del peritoneo.
Petequias: pequeñas manchas en la piel formada por la efusión de sangre, que no desaparece con la presión del dedo.
Pirosis: sensación de ardor o acidez en el epigastrio o la región retroesternal.
Plejía: falta completa de fuerzas; parálisis.
Pleuresía: inflamación de las pleuras.
Poliaquiuria: micciones repetidas con volúmenes urinarios pequeños.
Polidipsia: sed excesiva.
Polifagia: aumento anormal del apetito.
Polimenorrea: menstruaciones que aparecen con intervalos menores de 21 días.

Polipnea o taquipnea: respiración rápida, poco profunda.
Poliuria: diuresis mayor a 2.500 ml de orina en 24 horas.
Poscarga de los ventrículos: resistencia que tienen los ventrículos para vaciarse.
Precarga de los ventrículos: presión con la que se llenan los ventrículos.
Presbiopía o presbicia: hipermetropía adquirida con la edad; de cerca se ve mal y de lejos, mejor. Se debe a una disminución del poder de acomodación por debilidad del músculo ciliar y menor elasticidad del cristalino.
Presión arterial diferencial o presión del pulso: diferencia entre la presión arterial sistólica y la diastólica.
Prosopagnosia: Incapacidad para reconocer caras.
Proteinuria: presencia de proteínas en la orina.
Pseudohiponatremia: Se da por presencia de sustancia con capacidad osmótica como la glucosa en donde por cada 100 mg/dL desciende el sodio 1.6 mmol/L, o sustancias sin capacidad osmotica como los trigliceridos en donde por cada 1 g/dL desciende 1.6 mmol/L.
Psicosis: es una desorganización profunda del juicio crítico y de la relación con la realidad, asociado a trastornos de la personalidad, del pensamiento, ideas delirantes y frecuentemente alucinaciones (ej.: la persona siente voces que le ordenan efectuar determinadas misiones). Es posible que a partir de una conducta errática o inapropiada se pueda detectar una psicosis de base.
Pterigión (o *pterigio*): engrosamiento de la conjuntiva de forma triangular con la base dirigida hacia el ángulo interno del ojo y el vértice hacia la córnea, a la que puede invadir y dificultar la visión.
Ptosis: corresponde a un descenso (ej., ptosis renal, en relación a un riñón que está en una posición más baja).
Pujo: contracciones voluntarias o involuntarias a nivel abdominal bajo en relación a irritación vesical (*pujo vesical* en una cistitis), rectal (*pujo rectal* en una rectitis) o en el período expulsivo del parto.
Pulso alternante (Traube): Consiste en la sucesión regular de una onda fuerte y otra más débil, esta ultima esta más cercana a pulsación que la sigue que a la que antecede. Se examina junto a la toma de presión arterial, comprimiendo la humeral mientras se palpa la radial hasta el valor sistólico máximo, palpándose solo las pulsaciones fuertes y a medida que se descomprime son palpables las más débiles. Se produce en casos de insuficiencia cardiaca grave, hipertensión severa, crisis de taquicardia paroxística o cardiopatía isquémica.
Pulso bigeminado: Se palpan secuencias de dos latidos, el primero normal y el segundo de menor amplitud (habitualmente el segundo latido corresponde a una extrasístole).
Pulso celer: Es un pulso amplio, de ascenso y descenso rápido. Se encuentra principalmente en insuficiencias de la válvula aórtica, de magnitud importante. Una maniobra que sirve para reconocer esta condición es levantar el antebrazo

del paciente sobre el nivel del corazón, palpando el antebrazo, cerca de la muñeca con todos los dedos de la mano: el pulso se hace mas notorio (pulso en "martillo de agua").
Pulso de Corrigan: Un pulso en la carótida con una expansión o ascenso rápido y seguido por un colapso abrupto.
Pulso dícroto: Se caracteriza por una péquela onda en la fase descendente. Se ha descrito en cuadros de fiebre tifoidea, pero, en la práctica clínica, es casi imposible de palpar.
Pulso filiforme: Es un pulso rápido, débil, de poca amplitud. Se encuentra en pacientes con hiotensión arterial, deshidratados o en colapso circulatorio (shock).
Pulso paradójico: puede referirse (1) al pulso venoso, en cuyo caso se aprecia una mayor ingurgitación de la vena yugular externa con la inspiración, o (2) al pulso arterial, cuando durante la inspiración, el pulso periférico se palpa más débil (con el esfigmomanómetro se registra que la presión sistólica baja más de 10 mm de Hg durante la inspiración, o más de un 10%).
Pulso parvus et tardus: Lo de "parvus" se refiere a que es de poca amplitud, y "tardus", que el ascenso es lento. Se encuentra en estenosis aórticas muy cerradas (es una condición bastante dificl de captar).
Puntada de costado: dolor punzante, localizado en la parrilla costal, que aumenta con la inspiración y se acompaña de tos. Se origina de la pleura inflamada.
Pupila de Argyll-Robertson, o signo de Argyll-Robertson: se pierde el reflejo fotomotor, pero no el de acomodación; se encuentra en sífilis del sistema nervioso central (neurosífilis).
Pústulas: vesículas de contenido purulento.
Quincke, edema de: epónimo de angioedema o edema angioneurótico (termino antiguo).
Queilitis: inflamación de los labios.
Queloide: tipo de cicatriz hipertrófica.
Quemosis: edema de la conjuntiva ocular.
Queratitis: inflamación de la córnea.
Queratoconjuntivitis: inflamación de la córnea y la conjuntiva. En la queratoconjuntivitis sicca existe falta de lágrimas y el ojo se irrita (se presenta en la enfermedad de Sjögren).
Rectorragia, hematoquecia o colorragia: defecación con sangre fresca.
Regurgitación: retorno espontáneo de contenido gástrico hacia la boca o faringe, no precedido ni acompañado de náuseas.
Reflejo de Busqueda: Es un reflejo atávico, se busca igual al de succión, pero la respuesta es el movimiento cefálico hacia el lado que se está estimulando.
Reflejo de Myerson o glabelar: Es un reflejo atávico, se explora con el martillo de reflejos. El explorador se coloca en la parte posterior del paciente sentado o en la parte superior del paciente acostado y golpea suave y repetidamente la region frontal justo arriba de los ojos. La persistencia del parpadeo se considera patológico.
Reflejo de Palmomentoniano de Marinesco-Radovici: Es un reflejo atávico. Contracción del mentón ipsilateral a la estimulación plantar.
Reflejo de Prensión forzada (grasp réflex): Es un reflejo atávico, se estimula la palma de las manos, el paciente la cierra y cuesta trabaj abrirla. Un fenómeno similar puede ocurrir en los pies (reflejo plantar tónico).
Reflejo de Succion: Es un reflejo atávico, se estimula las regiones proximales a los labios. La respuesta es el movimiento de succión.
Reflejo de Succion: Es un reflejo atávico, se estimula.
Reflejos de Tallo Cerebral: Ver 6.1.3

Regla de los cubos: Se utiliza para contar con el volumen aproximado de un neumotórax.

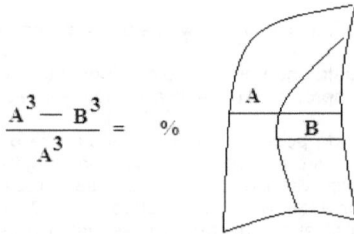

$$\frac{A^3 - B^3}{A^3} = \%$$

Respiración Apneusica: lesión protuberancial inferior.

Respiracion Atáxica: Daño bulbar.

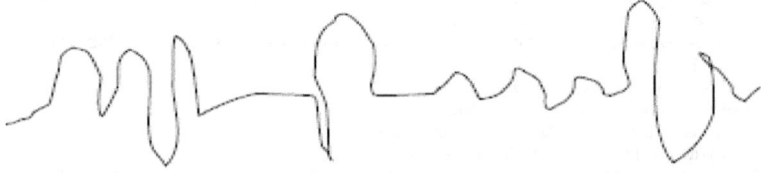

Respiración de Biot: respiración anormal caracterizada por una respiración irregular con períodos de apnea.

Respiración de Cheyne-Stokes: alteración del ritmo respiratorio en que se alternan períodos de apnea con períodos en que la ventilación aumenta paulatinamente a un máximo para luego decrecer y terminar en una nueva apnea. (Lesión bihemisférica leve, diescefalica estructural o metabólica)

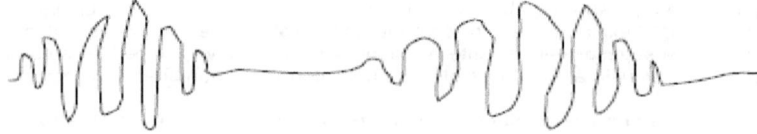

Respiración de Kussmaul: respiración rítmica, muy profunda con una frecuencia normal o reducida asociada a una severa cetoacidosis diabética o a un coma renal. (Lesiones mesencefálicos-protuberanciales, acidosis metabólica.)

Respiración paradójica: es un tipo de respiración que se ve en cuadros de insuficiencia respiratoria en que el abdomen se deprime en cada inspiración debido a que el diafragma no es está contrayendo.
Respiración de Seitz: variedad de soplo bronquial que consiste en un ruido inspiratorio que comienza como soplo y termina como cavernoso o anfórico.
Reticulocitos: Glóbulos rojos inmaduros, representan el 1% del conteo de glóbulos rojos pero pueden exceder el 4% cuando compensan la anemia.
Rinitis: inflamación de la mucosa de las fosas nasales.
Rinorrea: salida de abundantes mocos o secreción acuosa por la nariz.
Roncha: zona de edema de la piel, de extensión variable, de bordes netos, habitualmente muy pruriginosa, tal como se ve en las urticarias.
Roncus: son ruidos continuos, de baja frecuencia, como ronquidos. Se producen cuando existe obstrucción de las vías aéreas.
Sarcopenia: Es un síndrome caracterizado por unaperdida gradual y generalizada de la masa muscular esquelética y la fuerza con riesgo de presentar resultados adversos como discapacidad física, calidad de vida deficiente y mortalidad.El diagnóstico se basa en la confirmación del criterio 1 más (el criterio 2 o el criterio 3):1. Masa muscular baja, 2. Menor fuerza muscular, 3. Menor rendimiento físico
Sialorrea: salivación abundante.
Sibilancias: son ruidos continuos, de alta frecuencia, como silbidos, generalmente múltiples. Se producen cuando existe obstrucción de las vías aéreas. Son frecuentes de escuchar en pacientes asmáticos descompensados.
Signo: manifestación objetiva de una enfermedad que puede ser constatada en el examen físico (p. ej., esplenomegalia, soplo de insuficiencia mitral).
Signo de Aaron: sensación de dolor en el epigastrio o región precordial por presión en el punto de Mac Burney en el apendicitis
Signo de Abadie: espasmos de músculo elevador del párpado superior con retracción de la pestaña superior, de tal manera que la esclerótica es visible debajo de la córnea. Suele acompañar el bocio exoftálmico. Se observa en la enfermedad de Basedow.
Signo de Abadie: pérdida de la sensación dolorosa normalmente producida al presionar fuertemente el tendón de Aquiles. Suele darse en la ataxia locomotriz progresiva o tabes dorsalis.
Signo de Abrahams: sonido mate obtenido por percusión sobre la apófisis acromion en los primeros períodos de tuberculosis del vértice del pulmón.
Signo de Ahlfeld I: un signo presuntivo de embarazo: contracciones irregulares del útero después del tercer mes de embarazo.
Signo de Ahlfeld II: un signo de pérdida de la placenta. Después del parto, aparece el cordón umbilical en la cavidad vulvar. Cuando más sale de la vulva, más avanza la placenta hacia abajo.
Signo de Akerlund: signo radiológico de úlcera gastrointestinal, consistente en la posición asimétrica del píloro por retracción bulbar.
Signo de Albarran: un signo de cáncer en la pelvis del riñón. También hemorragia que sobreviene durante un cateterismo uretral, cuando el líquido inyectado distiende la pelvis renal.
Signo de Aldamiz-Echevarría: en el neumotórax espontáneo, la percusión de una costilla cerca de la campana del estetoscopio aplicado produce un sonido parecido que se produce al golpear una vasija metálica.

Signo de Allis: un signo clínico de fractura de cuello de fémur en el cual el trocánter sube hacia arriba y relaja la fascia lata de tal manera que un dedo penetra profundamente entre el trocanter mayor y la cresta ilíaca.
Signo de Amoss: en la flexión dolorosa del raquis el paciente debe sentarse en la cama estando en posición supina tiene que apoyarse con las manos aplicadas de plano sobre la misma.
Signo de Amussat: desgarro de la túnica interna de la carótida primitiva por debajo de su bifurcación que se observa en la autopsia de algunos ahorcados.
Signo de Arce: signo radiológico observado por comparación de las imágenes radiográficas antes y después de un neumotórax en los tumores de pulmón. Se observa un doble desplazamiento horizontal y vertical hacia el ilio. Si las sombras no se mueven, el tumor es extrapulmonar.
Signo de Anderson: estando el paciente en posición genupectoral, presionando el cuello uterino, la pared vaginal y el ano, se pueden distinguir el prolapso simple, la existencia de un enterocele o cistocele y las adherencias permanentes.
Signo de Andre-Thomas: en las afecciones cerebelosas, rebote del brazo sobre la cabeza cuando estando el primero encima de la segunda, se le dice al enfermo que lo deje caer súbitamente sobre la cabeza.
Signo de Angelescu: imposibilidad de doblar la columna vertebral en decúbito supino en la tuberculosis vértebral.
Signo de Arnoss: en los enfermos con meningitis leve, el paciente con los brazos cruzados sobre el pecho, no puede incorporarse de la cama.
Signo de Arnoux: ritmo peculiar del latido cardíaco fetal durante el embarazo gemelar, semejante al del trote de los caballos.
Signo de Arroyo: debilidad del reflejo pupilar. Astenocoria que se observa en el hipoadrenalismo.
Signo de Auenbrugger: abultamiento en el epigastrio debido a la extensión de un derrame pericardíco.
Signo de Auefrecht: sonido respiratorio débil percibido en la fosa yugular, signo de estenosis traqueal
Signo de Auspitz: hemorragias puntuales después de la eliminación de placas de psoriasis.
Signo de Aviragnet: cerco blanco alrededor de las manchas eruptivas de la roseóla.
Signo de Baastrup: compresión mutua de los procesos espinales de las vértebras lumbares adyacentes observada en algunos tipos de enfermedades degenerativas (se observan puentes radiológicos).
Signo de Babes: sensibilidad en la región de la arteria esplénica y rigidez muscular, signo de aneurisma de aorta abdominal.
Signo de Babinski: corresponde a una extensión dorsal del ortejo mayor, que puede asociarse a una separación en abanico de los demás dedos del pie, cuando se estimula el borde externo de la planta desde abajo hacia arriba. Es característico de lesión de la vía piramidal.
Signo de Babinski II: pérdida o reducción del reflejo del tendón de Aquiles en la ciática.
Signo de Bacelli: pectiroloquia áfona, signo de derramamiento pleurítico.
Signo de Baeyer: un fenómeno observado en la tabes dorsalis. Si la piel se desplaza firmemente hacia arriba o hacia abajo unos pocos centímetros con el extremo de un dedo, el paciente con los ojos cerrados, duda sobre la dirección en la que la piel se ha movido.
Signo de Baillarger: desigualdad de las pupilas en la demencia paralítica.
Signo de Ballance: una triada de signos clínicos de ruptura del bazo en un trauma abdominal consistentes en: 1. Localización del trauma en el abdomen

superior. 2. Demostración de hemorragias internas. 3. localización de la lesión en el flanco izquierdo al cambiar de posición.
Signo de Bamberger: matidez en el ángulo de la escápula que desaparece cuando el paciente se inclina hacia adelante; Signo de derrame pleural.
Signo de Barany: en los trastornos del equilibrio del aparato vestibular, la dirección de la caída es influída por el cambio de posición de la cabeza del paciente.
Signo de Bard: en el nistagmo orgánico, las oscilaciones del ojo aumentan cuando el paciente sigue con la vista un dedo que se mueve alternativamente de un lado a otro, pero en el nistagmo congénito estas oscilaciones desaparecen en estas condiciones.
Signo de Bard-Pic: dilatación de la vesícula biliar debida a la compresión del coledoco por tumores del hígado o de la cabeza del páncreas.
Signo de Barraquer-Bordas: una vez colocadas ambas manos frente a frente por sus palmas sin que entren en contacto los dedos, el experimentador intenta vence la extensión-abducción de ambos pulgares. El signo es positivo cuando ello se consigue, habitualmente en un solo lado, lo que traduce un déficit piramidal.
Signo de Barraquer-Bordas II: Signo de la aproximación de los dedos anular y meñique: Se pide al enfermo que aproxime al máximo los dedos anular e índice, hasta entrar en contacto entre sí, incluso a sobreponerse a nivel de sus últimas falanges, habitualmente por la cara palmar o anterior del dedo medio sobre el índice, o también, si se quiere, por el dorso o encima de aquél (caso en que la aproximación es menor). Se valora sobre todo la asimetría del acto, ya que muchas personas normalmente no logran que aquellos dedos entren en contacto. Es un signo de debilidad de los interóseos que tiene valor principalmente (pero no exclusivamente) en las parálisis unilaterales ligeras del nervio cubital
Signo de Barré: en las lesiones de las vías piramidales el paciente no puede mantener las piernas flexionadas en posición vertical estando en decúbito prono.
Signo de Barré II: Signo de la mano. Se pide al enfermo que sitúe sus manos una frente a la otra, por las superficies palmares, sin que lleguen a tocarse, y se le invita entonces a que haga el máximo esfuerzo de separación de los dedos entre sí. Colocados los meñiques uno ante el otro, el pulgar queda menos separado, menos elevado, en el lado donde existe un déficit motor piramidal (si no existe otra causa, obvia, que dé razón de ello).
Signo de Baruch: persistencia de la temperatura rectal de un enfermo sometido por 15 min a un baño a 24º ; signo de fiebre tifoidea.
Signo de Bassler: dolor súbito de gran intensidad, provocado al oprimir con el pulgar un punto de la fosa ilíaca derecha contra el psoas ilíaco. Para ello se hunde el pulgar, a la vez que se desplaza hacia la derecha. Denota apendicopatía crónica
Signo de Bastedo: producción de dolor en la fosa ilíaca derecha por la insuflación del colon con aire por medio de una sonda rectal; signo de apendicitis crónica o latente.
Signo de Battle: decoloración en la línea de la arteria auricular posterior, cuya equimosis aparece primero cerca de la punta de la apófisis mastoides en las fracturas de la base del cráneo.
Signo de Baumes: dolor retrosternal en la angina de pecho.
Signo de Beccaria: sensación de pulsación dolorosa en el occipucio en el embarazo.
Signo de Bechterev: anestesia del hueco poplíteo en la tabes dorsal.
Signo de Beck-Crowe: dilatación de las venas retinianas en la trombosis del seno cavernoso.

Signo de Becker: pulsación de las arterias de la retina se observa en insuficiencia aortica y también en el bocio exoftálmico
Signo de Beevor: signo de parálisis funcional que consiste en la imposibilidad para el paciente de impedir la acción de los músculos antagonistas.
Signo de Behier-Hardy: afonía en el comienzo de la gangrena pulmonar
Signo de Benassi: en los restos óseos del cráneo se aprecia como un anillo de ahumado alrededor del orificio producido por la entrada de un proyectil de arma de fuego, en los casos en que el disparo se hizo con el cañón en contacto con la piel de la bóveda craneal.
Signo de Benzadon: retracción del pezón cuando se exprime entre los dedos al mismo tiempo que se rechaza hacia atrás en el tumor de la mama.
Signo de Berger: pupila elíptica o irregular en los primeros períodos de la tabes dorsal, demencia paralítica y otras parálisis.
Signo de Bernhardt: parestesias y dolor en la cara anterior y lateral del muslo, observados en los desplazamientos del nervio cutáneo externo.
Signo de Bespalov: Enrojecimiento del tímpano y catarro nasofaríngeo en los primeros períodos del sarampión.
Signo de Bessau: debilidad muscular al poner al niño de pie, al andar o si tomar las cosas. Se observa en la poliomielitis.
Signo de Bethea: la disminución unilateral de expansión torácica en los movimientos respiratorios se aprecia exactamente aplicando las puntas de los dedos en las costillas correspondientes a la porción superior de las axilas, estando el examinador detrás del paciente.
Signo de Bezold: hinchazón inflamatoria por debajo del ápice de la apófisis mastoides que es una prueba de mastoiditis
Signo de Biederman: color rojo oscuro que se observa en lugar del rosado normal de los pilares anteriores de las fauces en algunos pacientes sifilíticos no tratados.
Signo de Bieg: signo de una afección de los huesillos del oído, martillo o yunque cuando el enfermo oye únicamente mediante el empleo de una trompetilla acústica unida con un catéter a la trompa de Eustaquio.
Signo de Biermer-Gerardt: Cambio del sonido de percusión según la posición del enfermo en el hidroneumotórax.
Signo de Bieracki: analgesia del nervio cubital en la demencia paralítica y en la tabes dorsal.
Signo de Binda: girando rápida y pasivamente la cabeza a un lado, se levanta el hombro del lado opuesto; signo precoz en la meningitis.
Signo de Bird: área definida de matidez sin ningún sonido respiratorio en los quistes hidatídicos del pulmón.
Signo de Bittorf: en el cólico nefrítico la presión del testículo o del ovario despierta un dolor que se irradia hacia el riñón.
Signo de Bjerrum: escotoma semilunar cerca del punto ciego en los primeros períodos del glaucoma.
Signo de Blumberg: dolor o sensibilidad de rebote. La descompresión brusca de la región cecal es mucho más dolorosa que la compresión misma, en caso de apendicitis con peritonitis activa.
Signo de Blumer: eminencia horizontal que se proyecta en el recto como resultado de la infiltración de la bolsa de Douglas con material inflamatorio o neoplásico.
Signo de Boas: presencia de ácido láctico en el jugo gástrico en ciertos casos de cáncer del estómago.
Signo de boca de mina de Rofmann: orificio de entrada por proyectil de arma de fuego, de forma estrellada y con los bordes despegados del hueso subyacente, que es patognomónico de los disparos sobre la bóveda craneal con el arma apoyada sobre la piel.

Signo de Boeri: sensibilidad a la presión del borde superior del músculo trapecio del lado afecto, en la tuberculosis pulmonar.

Signo de Boisson: cambio de coloración en las uñas de los palúdicos, que anuncia la inminencia de un acceso.

Signo de Bonnet: dolor por la aducción del muslo en la ciática

Signo de Bonhoeffer: una reacción exógena con pérdida del tono muscular que se observa en la corea. Un complejo conjunto de síntomas debidos a una intoxicación metabólica, infecciosa, traumática o tóxica que lesiona directa o indirectamente el sistema nervioso central.

Signo de Bordier-Fränkel: rotación del ojo hacia fuera y arriba en la parálisis facial periférica.

Signo de Borsieri: en los primeros períodos de la escarlatina, una línea trazada con la uña en la piel deja una raya blanca que rápidamente se vuelve roja.

Signo de Bosco: contorsión homolateral del tórax en los tumores broncopulmonares malignos.

Signo de Boston: en el bocio exoftálmico, cuando se dirige hacia abajo el globo ocular hay una detención en el descenso del párpado, espasmo, y luego continúa el descenso.

Signo de Bouchard: se añaden unas gotas de solución de Fehling a la orina sospechosa de contener pus de origen renal y se agita la mezcla y luego se calienta; si hay pus, se producen finas burbujas que empujan hacia arriba el coágulo formado.

Signo de Bouillaud: retintín peculiar que se percibe en la región de la punta en la hipertrofia del corazón.

Signo de Bouveret: distensión del ciego y fosa ilíaca derecha en la obstrucción del intestino grueso

Signo de Bozzolo: pulsaciones de los vasos de la membrana mucosa nasal observadas ocasionalmente en el aneurisma de la aorta torácica

Signo de Bragard: con la rodilla en extensión, se flexiona la extremidad inferior sobre la pelvis hasta producir dolor; si al flexionar el pie en estas circunstancias aumenta el dolor, indica una ciática.

Signo de Branham: la oclusión con el dedo de una comunicación arteriovenosa produce lentitud del pulso, aumento de la presión diastólica y desaparición del soplo cardíaco.

Signo de Braun-Ferwald: aumento asimétrico del útero, con surco longitudinal que lo divide en dos mitades desiguales; signo de embarazo.

Signo de Braxton-Hicks: contracción intermitente del útero después del tercer mes del embarazo; puede ser producida también por un tumor uterino.

Signo de Brenner: ruido metálico de roce detrás de la XII costilla, en la posición sentada, observado en la perforación del estómago y producido por la acumulación de burbujas de aire entre el estómago y el diafragma.

Signo de Brickner: disminución de los movimientos asociados oculoauriculares en las lesiones del nervio facial.

Signo de Brisaud-Marie: hemiespasmo glosolabial histérico.

Signo de Brittain: en la apendicitis gangrenosa, la palpación del cuadrante abdominal inferior derecho produce la retracción del testículo del mismo lado.

Signo de Broabent: retracción observada en la espalda, cerca de la XI o XII costillas, en el lado izquierdo por la tracción del diafragma debida a adherencias pericardíacas.

Signo de Broabent II: en el aneurisma de la aurícula izquierda se nota en la pared lateroposterior del tórax una pulsación sincrónica con la sístole ventricular.

Signo de Brodie: mancha negra en el glande; signo de infiltración urinaria en el cuerpo esponjoso.

Signo de Brown: sonido de crujido fino percibido auscultando y apretando súbitamente con el estetoscopio la fosa ilíaca, observado en la perforación intestinal en la fiebre tifoidea.
Signo de Brown II: signo denominado de gravitación, indicador de la operación inmediata en las afecciones inflamatorias locales del abdomen. Se limita exactamente el área de sensibilidad en la parte baja del abdomen y se pone al enfermo sobre el lado sano. Si en el espacio de 15 a 30 min el área de sensibilidad se ha extendido unos centímetros, o si el dolor y la rigidez son más notables, está indicada la operación inmediata.
Signo de Brudzinski: si se dobla la cabeza del paciente en la meningitis, se produce un movimiento de flexión de los muslos y piernas. En la meningitis, la flexión pasiva del miembro de un lado provoca un movimiento similar del miembro opuesto. También llamado reflejo contralateral.
Signo de Brunati: aparición de opacidades en la córnea en la neumonía o fiebre tifoidea; señal de muerte inminente
Signo de Bruns: cefalalgia, vértigo y vómitos intennitentes producidos en los movimientos imprevistos de la cabeza; señala la cisticercosis del IV ventrículo
Signo de Bryant: descenso del pliegue axilar en la luxación del hombro.
Signo de Bryson: expansión torácica disminuida, observada algunas veces en el bocio exoftálmico.
Signo de Budin: en la mastitis se obtiene por compresión de la mama una mezcla de pus y leche; el pus se evidencia recogiendo la mezcla con un tapón de algodón que absorbe la leche y deja el pus en la superficie.
Signo de Bumbe: dilatación de la pupila consecutiva a un estímulo psíquico; no se observa en la demencia precoz.
Signo de Burton: línea azul en la unión de los dientes con las encías en la intoxicación por plomo
Signo de Cacciaputi: Signo que permite explorar la movilidad involuntaria estríada: en un hemipléjico orgánico se levanta el miembro inferior sano en extensión, y así se le sostiene al mismo tiempo que se invita al paciente a que lo baje; al intentar hacerlo sin lograrlo, pues a ello se opone el examinador, el miembro paralizado se extiende y se levanta hasta la altura del otro.
Signo del camalote: al drenar un quiste hiatídico pulmonar a un bronquio queda una imagen hidroaérea, la parte superior de la membrana hidatídica aparece como flotando sobre la superficie líquida, dando la imagen prominente del camalote en el agua.
Signo de Canaris: dolor esternal a la presión en la enfermedad de Gaucher, endocarditis maligna subaguda y tripanosomiasis.
Signo de Cantelli: disociación de los movimientos de la cabeza y de los ojos; al levantar la cabeza bajan los ojos y viceversa.
Signo de Cardarelli: Movimientos laterales de la tráquea en el aneurisma aórtico.
Signo de Carnett: la sensibilidad a la presión de la pared abdominal con relajación muscular puede ser de origen parietal o visceral. Si el paciente mantiene voluntariamente tensos los músculos del abdomen, los dedos que palpan no pueden establecer con tacto con las vísceras subyacentes y, por tanto, toda sensibilidad producida por palpación será parietal. La presión dolorosa con músculos relajados e indolora con músculos tensos es de origen subparietal.
Signo de Cassan: ruido de puchero hendido que se percibe por la percusión del cráneo en los tumores cerebelosos y en otros procesos expansivos, especialmente en niños.
Signo de Cattaneo: la percusión fuerte sobre las apófisis espinosas dorsales, seguida de la aparición de manchas rojas es indicio de adenopatía traqueobronquial.

Signo de Cazin: dolor provocado por la presión del fondo de la cavidad cotiloidea; signo de coxalgia.
Signo de Cejka: la invariabilidad de la matidez cardíaca en las diferentes fases de la respiración es indicio de adherencias pericardíacas
Signo de Chaddock: es una simple variante de la maniobra para producir el signo de Babinski, consistente en el pellizcamiento de la piel situada bajo el maléolo externo.
Signo del chalán: cojera ligera al principio de la coxalgia, más perceptible por el oído que por la vista.
Signo del charco: sirve para detectar cuando hay unos 300-400mls de liquido de ascitis. se coloca a paciente a gatas y se percute en region periumbilical alrrededor (se espera 1 minuto para que se aloje el liquido), si hay liquido da matidez la percusion, luego en decubito dorsal y se vuelve a percutir (hay timpanismo otra vez).
Signo de Charcot: elevación de la ceja en la parálisis facial periférica y descenso de la misma parte en la contracción facial.
Signo de Charcot-Marie: temblor corto y rápido, síntoma del bocio exoftálmico.
Signo de Charcot-Vigouroux: disminución de la resistencia eléctrica de la piel en el bocio exoftálmico
Signo de Chase: dolor en la región cecal, provocado por el paso rápido y profundo de la mano de izquierda a derecha, a lo largo del colon transverso, mientras se ejerce una presión profunda sobre el colon descendente con la otra mano. Es un signo de apendicitis.
Signo de Chassaignac: salida de pus por el pezón en la mastitis supurativa
Signo de Chaussier: dolor en el epigastrio en la albuminuria gravídica que precede a la eclampsia.
Signo de Chrobak: hundimiento de una sonda en un tejido necrótico, en particular el obervado en carcinoma de cérvix
Signo de Chutro: desviación del ombligo hacia la derecha en caso de apendicitis aguda.
Signo de Chvostek: espasmo súbito golpeando ligeramente las mejillas; observado en la tetania postoperatoria.
Signo de Cirera-Voltá: La palación de los nódulos de paniculitis deja un enrojecimiento cutáneo que señala los límites del nódulo subyacente.
Signo de Clark: desaparición de la matidez del hígado por la distensión timpánica del abdomen
Signo de Claybrook: transmisión de los sonidos respiratorios y cardiacos al abdomen por la presencia de líquido exudado o sangre; signo de rotura de una víscera abdominal.
Signo de Cleeman: el arrugamiento de la piel inmediatamente por encima de la rótula indica la fractura del fémur con fragmentos cabalgantes
Signo de Cloquet: una aguja limpia clavada en el músculo bíceps se oxida pronto si no se ha extinguido completamente la vida.
Signo de Codman: en la rotura del tendón del supraespinoso el brazo puede ser llevado pasivamente en abducción sin dolor, pero cuando no se sostiene el brazo y el deltoides se contrae súbitamente aparece de nuevo el dolor.
Signo de Cole: deformidad del contorno duodenal en la radiografía; signo de úlcera duodenal
Signo de Comby: Estomatitis con manchas blanquecinas observada en varias enfermedades agudas, pero en especial en el sarampión.
Signo de Comolli: en las fracturas de la escápula, poco después del accidente, aparece una tumefacción triangular en esta región, que reproduce la forma del hueso.
Signo de Coopernail: Equimosis del perineo y escroto o labios; signo de fractura de la pelvis

Signo de Cope: Sensibilidad en el apéndice al estirar el músculo psoas por extensión del miembro inferior
Signo de Cornell: Dolor a la presión del nervio frénico en el paludismo.
Signo de Corrigan: línea de color púrpura en la unión de dientes con las encías en la intoxicación crónica por el cobre.
Signo de Courtois: En el coma resultado de una lesión cerebral, la flexión de la cabeza sobre el pecho, estando el paciente en posición supina produce la flexión automática de la pierna del lado de la lesión.
Signo de Courvoisier: La mucha disensión de la vesícula biliar por obstrucción del colédoco junto con ictericia indica más bien tumor que un cálculo
Signo de Crichton-Browne: Temblor de los ángulos externos de los párpados y de las comisuras labiales en los primeros períodos de la demencia paralítica
Signo de Crowe: Repleción bilateral de los vasos retinales por la compresión de la vena yugular del lado sano en la trombosis unilateral del seno; normalmente para producir el mismo resultado hay que comprimir ambas yugulares.
Signo de Cruveilhier: la compresión de una safena varicosa en la ingle cuando el paciente tose produce una sensación de temblor como si entrara un chorro de agua.
Signo de Cullen: coloración azulada que puede aparecer en la región periumbilical en hemorragias peritoneales (ej.: en embarazo tubario roto, en pancreatitis agudas necrohemorrágicas).
Signo de Cutler: la transiluminación mamaria muestra una sombra circunscrita en caso de un tumor y una sombra difusa en caso de mastitis.
Signo de la Charretera: típica de la luxación anterior, la más frecuente, desaparece la redondez del hombro por desplazamiento de la cabeza humeral y se hace prominente la punta del acromion.
Signo de Dalrymple: ensanchamiento del tejido palpebral o espasmo del párpado observado en la tirotoxicosis (Enfermedad de Basedow), que origina una anchura anormal de la fisura palpebral.
Signo de Dandy: signo para el diagnóstico diferencial en la isquialgia. Breves golpes con el martillo de reflejos o el canto de la mano a nivel de las raíces L4 y S1, producen un estallido de dolor isquiático que irradia hacia el pie.
Signo de Dandy: signo clínico y diagnóstico diferencial para la neuritis del N. ischiasdiscus en la hernia del núcleo pulposo en la parte inferior de la columna vertebral. El dolor isquiático se intensifica al toser o estornudar. Al mismo tiempo, en el lado afectado hay una pérdida o debilitación del reflejo del tendón de Aquiles asi como debilidad y atrofia muscular
Signo de Darier: formación de una urticaria localizada al frotar o masajear la piel debido a la degranulación de mastocitos que se observa en algunas patologías de la piel como la urticaria pigmentosa.
Signo de Dejerine: agravamiento de los síntomas de radiculitis por la tos, estornudos y esfuerzos en la defecación.
Signo de Dejerine-Lichtneim: un fenómeno observado en la afasia motora subcortical. El paciente es incapaz de hablar pero puede indicar con los dedos el número de sílabas de que consta la palabra en la que está pensando.
Signo de De La Camp: matidez relativa y sensibilidad a los lados de las vértebras D5 y DVI en la tuberculosis de los ganglios bronquiales.
Signo de De Toni: enantema en la mucosa del párpado inferior que aparece en el sarampión.
Signo de Demarquey: fijación o falta de elevación de la faringe durante la fonación y deglución. Es un signo de afectación sifilítica de la tráquea.
Signo de Donelly: en la apendicitis retrocecal se provoca un dolor por la presión sobre y por debajo del punto de McBurney estando la pierna derecha en extensión y aducción.

Signo de Dorendorf: plenitud del hueco supraclavicular en un lado en el aneurisma del arco aórtico.
Signo de Drummond: soplo tenue que se apercibe en el aneurisma de aorta aplicando el oido cerca de la boca abierta del enfermo cuando este respira.
Signo de Dubard: en la apendicitis se produce dolor por la compresión en el cuello del neumogástrico derecho.
Signo de Duchenne: hundimiento del epigastrio en la inspiración en los casos de parálisis del diafragma o en casos de hidropericardias.
Signo de Duckworth: Detención aparente de la respiración varias horas antes de los latidos cardíacos en ciertas afecciones cerebrales.
Signo de Dugas: imposibilidad de colocar la mano sobre el hombro del otro lado con el codo aplicado al pecho en la luxación del hombro.
Signo de Duguet: ulceración en los pilares anteriores del velo del paladar en la fiebre tifoidea.
Signo de Dupuytren: sensación de crujido al presionar un hueso sarcomatoso.
Signo de Duroziez: es un soplo aórtico que suena como pistolazos sobre la arteria femoral cuando ésta se comprime con el estetoscopio, tanto en sístole como en diástole.
Signo de Dutemps-Cestan: en la parálisis facial periférica completa, cuando el paciente mira hacia adelante e intenta cerrar los ojos, el párpado superior del lado paralizado asciende ligeramente por la acción del elevador del párpado
Signo de Delta vacio: un área de hipointensidad en las TC postcontraste observado la trombosis dural debida a la fijación del yodo en el trombo. Las resonancias muestran un cuadro similar, pero la señal de la sangre coagulada depende de la edad del trombo.
Signo de Ebstein: El ángulo cardiohepático se hace obtuso en los grandes derrames pericárdicos
Signo de Egas-Moniz: Flexión plantar forzada en el tobillo que resulta en un dorsiflexión de los dedos de los pies en una lesión piramidal.
Signo de Eischhorst: cambio de la sonoridad a la percusión en las cavernas pulmonares según estén llenas o vacías.
Signo del embudo: en la poliarritis crónica se afectan primero las articulaciones metacarpofalángicas de los dedos índice y medio, por lo que el individuo al cerrar la mano forma una suerte de embudo.
Signo del estornudo: paroxismos neurálgicos por la influencia del estornudo en las afecciones meningorradiculares.
Signo de Erb: aumento de la irritabilidad eléctrica de los nervios motores en la tetania.
Signo de Erb II: pérdida del reflejo de la rodilla como signo temprano de la tabes dorsalis
Signo de Erb III: ausencia de dilatación de la pupila por irritación de la piel en la tabes dorsalis
Signo de Erb-Westphal: la más importante anomalía de los reflejos observados en la tabes dorsales debido a una sífilis del sistema nervioso central
Signo de Erichsen: provocación de dolor en las afecciones sacroiliacas por la compresión fuerte de ambos coxales uno contra otro.
Signo de Erni: excitación de la tos por la percusión directa del vértice pulmonar, en el que se conoce o supone la existencia de una caverna, para que por medio de aquélla se vacíe la cavidad y aparezca el timpanismo cavitario.
Signo de Escherich: en la tetania, la percusión de la superficie interna de los labios o de la lengua produce la constricción de los labios, la lengua o los músculos maseteros
Signo de Ewart: prominencia anormal del borde superior de la costilla en ciertos casos de derrame pericardíaco

Signo de Ewart II: soplo tubárico y matidez a la percusión en el ángulo inferior de la escápula izquierda en el derrame pericardíaco
Signo de Ewing: hipersensibilidad en la ángulo superior interno de la órbita, signo de la obstrucción de la salida del seno frontal
Signo de Ewing II: Dolor en el ángulo superior interno de la órbita en la obstrucción del seno frontal.
Signo de Faber: Dolor artrítico de la cadera al realizar movimientos de flexión, aducción, extensión y rotación.
Signo de Faget: disminución del número de pulsaciones mientras la fiebre permanece alta o asciende observado en la fiebre amarilla
Signo de Fajersztajn: en la ciática es posible la flexión de la cadera si la pierna está flexionada, pero no si esta se mantiene rígida; la flexión del músculo sano con la pierna extendida produce dolor en el lado afecto
Signo de Federici: Al auscultar el abdomen, los sonidos cardíacos pueden ser oídos coln gas en la cavidad peritoneal cuando se ha producido una perforación de la cavidad intestinal
Signo de Feer: aparición de un surco transversal en las uñas que desaparece al ir estas creciendo en los pacientes con escarlatina
Signo de Févre: un signo roentgenológico de invaginación intestinal en los niños que obliga a una intervención inmediata
Signo de Filatov: Contraste entre la palidez de las alas de la nariz, labios y barbilla y el intenso enrojecimiento de las mejillas en la escarlatina
Signo de Filipovic: decoloración amarilla de las partes prominentes de las palmas de las manos y plantas de los pies en la fiebre tifoidea.
Signo de Finkelstein: es constante en la tendosinovitis estilorradial. Se produce cuando el enfermo flexiona el pulgar y lo pone en oposición, ya la vez lleva la mano bruscamente a la posición de aducción, en este momento se produce un fuerte dolor en la cara externa de la estiloides radial, por aumento de tensión y roce de los tendones dentro de la corredera.
Signo de Finochietto: utilizado para diagnosticar un fecaloma. Auscultando con un estetoscopio aplicado sobre el hipogastrio, cuando se ejerce una compresión ligera y existe un fecaloma, al retirar lentamente la compresión la mucosa intestinal se despega del fecaloma, produciendo una crepitación.
Signo de Finsterer: una ralentización paroxística del pulso observada en las hemorragias intraperitoneales severas
Signo de Fischer: un diagnóstico auscultatorio en la tuberculosis infantil. Jadeo persistente ocasionado por la presión sobre la braquiocefálica desde los ganglios lifáticos cuando el manubrio del esternón es llevado hacia atrás.
Signo de Flora: signo de neurastenia que consiste en la falta de reacción tetánica a la estimulación farádica prolongada de los músculos que se suponen afectos.
Signo de Fodéré: edema de los párpados inferiores en la retención clorurada (riñón escleroso).
Signo de Fournier: limitación marcada característica de una lesión cutánea sifilítica.
Signo de Forscheimer: erupción rojiza en el paladar blando en la rubeóla.
Signo de Fox: Un signo en la pancreatitis hemorrágica: equimosis del ligamento inguinal debido a la salida de sangre en el retroperitonéo y a la acumulación de sangre en el ligamento inguinal.
Signo de Franck: Surco diagonal en el lóbulo de la oreja que se ha relacionado con pacientes con enfermedad de arteria coronaria.
Signo de Fränkel: disminución de la tonicidad de los músculos de la cadera en la ataxia locomotriz
Signo de Fräntzel: el soplo de la estenosis mitral es más fuerte al principio y al final de la diástole

Signo de Fredéricq: línea roja de las encías en el borde dentario en la tuberculosis pulmonar
Signo de Friedreich: colpaso súbito de las venas cervicales que han previamente distendidas en cada diástole. Es causado por un pericardio adherente
Signo de Friedreich: un descenso en el tono de la percusión denota que ocurren sobre un área de cavitación durante la inspiración. Se debe a la diferencia de la tensión de la pared de la cavidad en la inspiración y en la expiración.
Signo de Froment: si el paciente sostiene un hoja de papel entre el índice y el pulgar y el pulgar flexiona, es una indicación de una parálisis del nervio ulnar cubital.
Signo de Frostberg: signo radiológico que aparece en los tumores del páncreas extendidos al duodeno: la ampolla de Vater al retraerse umbilica el duodeno.
Signo de Fürbringer: en los casos de absceso subfrénico, los movimientos respiratorios se transmiten a una aguja introducida en el mismo.
Signo de la fóvea: un signo característico de los edemas: al ejercer presión sobre la zona edematosa se observa una huella persistente que borra los salientes anatómicos. Es especialmente intenso en los tejidos que presentan una cierta laxitud como escroto, vulva, párpados, etc
Signo de Galeazzi: en la luxación congénita de la cadera, la curvatura del raquis estando el paciente de pie es producida por el acortamiento de la pierna
Signo de Garel: falta de percepción luminosa en el lado afecto en las afecciones del antro de Highmore por la transiluminación eléctrica
Signo de Gauss: movilidad anormal del útero en el primer mes del embarazo
Signo de Gaylis: aumento de la temperatura local de la rodilla en contraste con la frialdad del pie en la oclusión de la arteria poplítea
Signo de Gendrin: en el derrame pericardíaco, percepción del choque de la ponta por encima del límite inferior de la matidez cardíaca.
Signo de Gerhardt: fenómeno percutorio en las grandes cavernas longitudinales u ovales de los pulmones que contienen fluidos. Cuando el paciente cambia de posición, se produce un cambio en la nota de la percusión. Bazo pulsátil en la Insuficiencia aórtica.
Signo de Gerhardt II: falta de movimientos laríngeos en la disnea debida a un aneurisma de la aorta.
Signo de Gerhardt III: percepción de un soplo vascular por la auscultación detrás de la apófisis mastoides en los casos de aneurisma de la arteria basilar.
Signo de Gersuny: en los tumores fecales, si el dedo puede comprimir la masa de suerte que la mucosa intestinal se pegue a aquélla, y luego se retira el dedo gradualmente, es posible percibir el despegamiento de la mucosa de la masa fecal.
Signo de Gherini: relajación de la fascia lata, entre la espina iliaca anterior y superior y el trocánter mayor, en la fractura del cuello del fémur, y que contrasta con la tirantez del lado sano
Signo de Gifford: dificultad en evertir los párpados superiores observada en los pacientes con hipertiroidismo o enfermedad de Basedow
Signo de de Gilbert: opsiuria, mayor excreción de orina en ayunas en la cirrosis hepática.
Signo de Glasgow: Sonido sistólico en la arteria humeral en el aneurisma latente de la aorta
Signo de Gobiet: dilatación aguda del colon transverso en las pancreatitis aguda, junto a la dilatación del estómago, provoca una distensión del epigastrio.
Signo de Goggia: en estado de salud, la contracción fibrilar producida por el pellizcamiento del bíceps braquial se extiende a todo el músculo; en las enfermedades de- bilitantes, como en la fiebre tifoidea; la contracción es local.

Signo de Golden: palidez del cuello uterino considerada como signo de embarazo tubárico.
Signo de Goldstein: en el cretinismo o mongolismo, el espacio entre el dedo gordo y los demás dedos del pie es mayor.
Signo de Goldthwaite: estando el paciente en decúbito supino, el examinador, con una mano aplicada a la porción inferior del raquis, levanta con la otra la pierna extendida. Si se siente dolor antes de moverse la columna lumbar se trata de un esguince de la articulación sacroilíaca
Signo de Golonbov: sensibilidad a la percusión de la tibia, observada en la clorosis.
Signo de Goodell: si el cuello uterino tiene la blandura de los labios, hay embarazo, si tiene la dureza de la nariz, no hay embarazo
Signo de Gordon: la presión profunda ejercida sobre los músculos de la pantorrilla determina una extensión del dedo gordo cuando hay lesión del haz piramidal
Signo de Gorlin: capacidad de tocarse el extremo de la nariz con la lengua. Es un signo de la hiperextensibiidad de la lengua. Es un signo del sindrome de Ehlers-Danlos, aunque un 10% de los sujetos normales son capaces de realizar esta maniobra
Signo de Gosselin: una pulverización de éter sobre un tumor endurece el lipoma, pero no varía la consistencia de un absceso.
Signo de Gould: inclinación de la cabeza al andar, para ver el terreno que se pisa, en las lesiones destructivas de la porción periférica de la retina, con lo que se lleva la imagen a la parte normal de la misma.
Signo de Gowers: signo en la isquialgia: la dorsiflexión pasiva del pie produce dolor a lo largo del recorrido del nervio ciático cuando este es comprimido.
Signo de Gowers II: un signo clínico de distrofia muscular de la infancia, caracterizado porque los niños usan sus brazos para empujarse hacia arriba al levantarse poniendo las manos sobre los muslos. El paciente es incapaz de levantarse desde el estado de sentado si los brazos están estirados
Signo de Graefe: incapacidad del párpado superior para seguir el movimiento del ojo cuando el paciente cambia el ángulo de visión, mirando hacia arriba o hacia abajo. El párpado se mueve más tarde y los hace a saltos. Se observa en el bocio exoftálmico. Se debe a una regeneración aberrante del III par después de una lesión.
Signo de Granher: igualdad de tono entre los ruidos inspiratorio y espiratorio; signo de obstrucción a la espiración.
Signo de Granher II: debilitación del murmullo vesicular en los vértices, rudeza inspiratoria y expiración sibilante prolongada en la tuberculosis pulmonar.
Signo de Granger: en la radiografía del cráneo de un niño de dos años o menos, la visibilidad de la pared anterior del seno lateral indica la destrucción extensa de la apófisis mastoides.
Signo de Grasset-Gaussel: fenómeno conocido como de oposición complementaria en las lesiones piramidales unilaterales. Si el paciente intenta levantar su pierna paralizada, ocurre que ejerce presión con la otra pierna sobre el suelo.
Signo de Greene: desplazamiento hacia fuera del borde cardíaco libre por los movimientos respiratorios en el derrame pleurtico, observable por la percusión.
Signo de Grey-Turner: decoloración o manchas de equimosis en el flanco izquierdo, signo de pancreatitis hemorrágica.
Signo de Griesinger: hinchazón, y dolor a la presión sobre el proceso mastoideo debido a una trombosis del seno transverso.
Signo de Griesinger-Kussmaul: aumento paradójico de la presión venosa en la yugular al inspirar en la pericarditis constrictiva o en la enfermedad pulmonar crónica obstructiva

Signo de Gringault: provocación de estrabismo al flexionar la cabeza sobre el tronco en la meningitis.
Signo de Grisolle: si al estirar la piel, asiento de una pápula, ésta se hace impalpable, se trata de sarampión; si, por el contrario, continúa la pápula siendo palpable, se trata de viruela
Signo de Grocco: dilatación aguda del corazón producida por el esfuerzo muscular al principio del bocio exoftálmico.
Signo de Grossman: dilatación del corazón como signo de tuberculosis pulmonar incipiente
Signo de Gubler: tumefacción de la muñeca en la intoxicación por el plomo.
Signo de Gudden-Wanner: acortamiento de la velocidad de conducción del sonido en el hueso al golpear con un diapasón sobre cicatrices craneales
Signo de Guéneau De Mussy: dolor agudo a la descompresión abdominal en la peritonitis generalizada.
Signo de Guillain: reflejo mediopúbico observado en el meningismo. Un golpe sobre la sínfisis púbica produce la contracción de los músculos abdominales y de los aductores de las piernas.
Signo de Gunn: cuando una arteria rígida de la retina pasa sobre una vena, es indistinguible en la periferia a partir de este punto.
Signo de Günzberg: zona de resonancia entre la vejiga biliar y el píloro, con borborigmos localizados; observado en la úlcera del duodeno.
Signo de Guttmann: ruido de zumbido percibido sobre la glándula tiroides en el bocio exoftálmico.
Signo de Guye: atención nula o deficiente en los niños afectos de vegetaciones adenoideas.
Signo de Guyon: peloteo y palpación del riñón flotante.
Signo de Haenel: analgesia del globo ocular a la presión en la tabes dorsal.
Signo de Halban: aumento del pelo o vello de la cara en el embarazo.
Signo de Hall: choque diastólico traqueal percibido algunas veces en el aneurisma de la aorta.
Signo de Halsted: manchas equimóticas diseminadas en el abdomen, principalmente en la zona periumbilical, observadas en el curso de la pancreatitis aguda.
Signo de Hamburger: ruido de gluglú por auscultación de la región paravertebral en la compresión del esófago por un tumor del mediastino.
Signo de Hamman: sonido peculiar de burbujeo y crujido en el precordio, sincrónico con el corazón, en el enfisema espontáneo del mediastino.
Signo de Hampton: lesión en la base de un pulmón debida a un área de infarto hemorrágico pulmonar que se observa en las radiografías de algunos pacientes con embolia pulmonar.
Signo de Hassin: protrusión y desplazamiento hacia atrás de la oreja en las lesiones del simpático cervical.
Signo de Hatchcock: sensibilidad al pasar el dedo por el ángulo del maxilar o en su proximidad en la parotiditis.
Signo de Haudek: sombra radiográfica sobresaliente en el caso de úlcera gástrica penetrante, debida a la penetración del bismuto en nichos patológicos de la pared estomacal; se denomina también nicho de Haudek.
Signo de Hayem-Sonneburg: leucocitosis sanguínea observada en la apendicitis con peritonitis localizada.
Signo de Hegar: reblandecimiento del segmento inferior del útero, observado en el embarazo.
Signo de Heilbronner: en la parálisis orgánica, la falta de tono muscular hace que sea el muslo del lado afecto más ancho y plano que el sano, cuando está descansando sobre un plano duro.

Signo de Heim-Kreysig: depresión de los espacios intercostales durante la sístole cardiaca en la pericarditis adhesiva.
Signo de Helbing: curvatura hacia dentro del tendón de Aquiles, visto por detrás, en el pie plano.
Signo de Hellat: en la supuración mastoidea, un diapasón colocado sobre el área afecta se oye por un tiempo más breve que colocado en otra parte.
Signo de Hennebert: en la laberintitis de la sífilis congénita, la compresión del aire en el conducto auditivo externo produce un nistagmo rotatorio hacia el lado afecto y el enrarecimiento un nistagmo hacia el lado opuesto.
Signo de Henriquez-Arellano: convulsión espasmódica de los labios, signo de coma urémico terminal.
Signo de Herman: extensión del dedo gordo del pie en la flexión pasiva de la cabeza.
Signo de Herning-Lammel: arritmia respiratoria.
Signo de Hertoghe: desdoblamiento de la parte externa de las cejas en el hipotiroidismo. Alopecia en la parte externa de las cejas como consecuencia del rascado en la dermatitis atópica.
Signo de Hertzel: en un sujeto normal, la detención circulatoria en ambas piernas y en un brazo eleva la presión sanguínea en el otro unos 5 mm Hg; pero en la arteriosclerosis la elevación es de 60 mm Hg.
Signo de Heryng: sombra infraorbitaria producida el líquido o por una membrana hipertrofiada, hiperplásica o neoplásica en el antro, observable por la transiluminación eléctrica de la cavidad bucal.
Signo de Hesse: Diferencia de la temperatura de ambos lados en los procesos peritoneales supurados.
Signo de Heuck-Gottron: estasis vasculares, atrofias cutáneas puntiformes, y necrosis hemorrágica de la ranura ungueal, en las colagenosis.
Signo de Higomenakis: tumefacción del tercio interno de la clavícula derecha en la sífilis congénita.
Signo de Hill: La presión arterial de los miembros inferiores es > 20 mmHg que la de los miembros superiores. La medición se hace con el paciente en decúbito.
Signo de Hirschber: rotación interna y aducción del pie por fricción de la cara interna del mismo en la hemiplejía orgánica.
Signo de Hoagland: edema del párpado superior. Se observa en el 10% de los casos de mononucleosis infecciosa.
Signo de Hochsinger: indicanuria en la tuberculosis de la infancia. En la tetania, la presión en el lado interno del bíceps produce el cierre en la mano.
Signo de Hoffmann: aumento de la excitabilidad mecánica de los nervios sensoriales en la tetania.
Signo de Hofmann: un signo característico de las contusiones tangenciales en la bóveda craneal; por ejemplo, con un martillo. Es una fractura triangular o cuadrangular, con uno de los lados unido a la porción ósea vecina, pero presentando a este nivel una serie de fisuras escalonadas.
Signo de Holzinger: reflejo hipotenar provocado por la compresión del hueso pisiforme, observado en las hemiplejías.
Signo de Homan: dolor en la pantorrilla por dorsiflexión del pie en la trombosis de las venas de la pierna.
Signo de Hoover: en la parálisis, si se indica al sujeto acostado en la cama que apriete ésta con la pierna sana, se observa un movimiento de elevación en la otra pierna, fenómeno que falta en el histerismo o en la simulación.
Signo de Hope: doble latido cardiaco en el aneurisma de la aorta.
Signo de Horn: en la apendicitis aguda se produce dolor por tracción del cordón espermático derecho.
Signo de Horsley: si en la hemiplejía hay diferencia entre la temperatura de ambas axilas, la más elevada corresponde al lado paralizado.

Signo de Hosslin: si se opone una resistencia a los movimientos de un grupo muscular parético y luego cesa aquélla repentinamente, el miembro vuelve a la posición que antes tenía en la paresia verdadera, pero en el histerismo o simulación queda en posición contraria, por la contracción de los músculos antagonistas

Signo de Hutchard: resonancia paradójica a la percusión en el edema pulmonar.

Signo de Hutchinson: afectación de la punta de la nariz por una lesión en un herpes zoster.

Signo de Hueter: falta de transición de las vibraciones óseas en los casos de fractura con sustancia fibrosa entre los fragmentos

Signo de Human: descenso de la barbilla y la laringe durante la inspiración en el tercer período de la anestesia.

Signo de Hunter: areola secundaria alrededor del pezón de la grávida.

Signo de Huntingdon: Estando el paciente acostado sobre una mesa con las piernas colgando, se le dice que tosa. Si al toser se produce la flexión del muslo y extensión de la pierna del miembro paralizado, existe una lesión en la vía paliospinal.

Signo del Halo: masa redondeada u oval con un halo radiolúcido de aire en luna creciente sobre su parte superior, característico de la aspergilosis.

Signo de Icard: se introduce en las fosas nasales del cadáver un papel humedecido con una solución de acetato de plomo; el papel se ennegrece por el ácido sulfhídrico que emana del pulmón en descomposición.

Signo de Iliescu: la compresión del nervio frénico en el cuello produce dolor en la apendicitis.

Signo de Itard-Cholewa: anestesia de la membrana timpánica en la otosclerosis.

Signo de Jaccoud: movimiento de reptación de la región precordial en la sínfisis cardíaca

Signo de Jaccoud: prominencia de la aorta en la escotadura supraesternal en la leucemia

Signo de Jackson: prolongación espiratoria en la porción del pulmón afecta de tuberculosis. Discrepancia entre el número de pulsaciones arteriales y el de latidos cardíacos en la insuficiencia del miocardio.

Signo de Jacob: En la apendicitis aguda la fosa ilíaca izquierda no es dolorosa a la presión profunda de la mano, pero si al retirar bruscamente ésta se produce un dolor intenso, es indicio de flogosis peritoneal.

Signo de Jacquemier: coloración violeta de la mucosa vaginal debajo del orificio uretral, observada a partir de la cuarta semana del embarazo.

Signo de Jacquet: en la alopecia areata, las placas se pellizcan fácilmente con los dedos (signo del pliegue).

Signo de Jellinek: pigmentación pardusca observada en muchos casos de hipertiroidismo.

Signo de Jendrassik: parálisis de uno o varios músculos extra oculares.

Signo de Jobert: presencia de gas en la cara superior del hígado en la perforación gástrica libre, con desaparición de la matidez hepática.

Signo de Joffroy: un signo del bocio exoftálmico. Consiste en la ausencia de contracciones faciales o de arrugar la frente cuando el paciente mira hacia adelante con la cabeza doblada hacia abajo

Signo de Joffroy II: incapacidad para hacer un simple suma aritmética, un signo temprano en los lunáticos con desórdenes del sistema nervioso central producidos por la sífilis.

Signo de Joffroy III: interrupción del tic en la corea eléctrica al hacer presión sobre el nervio facial.

Signo de Johnson: alteraciones del color del cuello del útero y reblandecimiento del mismo en los primeros tiempos del embarazo.
Signo de Joisenne: en el embarazo el pulso no se acelera por el cambio de posicion horizontal a la de pie.
Signo de Josserand: sonido metálico fuerte percibido en el área pulmonar en la pericarditis aguda.
Signo de Jousset: dolor a la presión del V espacio intercostal en la línea parasternal en la neuralgia del frénico.
Signo de Jürgensen: crepitación de los tubérculos pleurales en la tisis neumónica aguda.
Signo de Kahn: bradicardia en la apendicitis aguda gangrenosa.
Signo de Kanavel: en la infección de la vaina tendinosa hay un punto de máximo dolor en la palma de la mano a 2 cm por debajo de la base del meñique.
Signo de Kantor: estrechamiento de la luz en la junción ileocecal observada por rayos X en la ileitis de Crohn, la tuberculosis ileal, endometriosis, actinomicosis o quistes enterogénicos
Signo de Kashida: en la tetania, la aplicación de calor o frío produce espasmo muscular e hiperestesia.
Signo de Keen: aumento del diámetro de la pierna en los maléolos en la fractura de Pott.
Signo de Kehr: dolor intenso en el hombro izquierdo en algunos casos de rotura del bazo.
Signo de Kehrer: la presión sobre el punto de emergencia del nervio occipital mayor produce dolor intenso que el paciente evita inclinando la cabeza hacia atrás ya un lado; signo de tumor cerebral.
Signo de Kelloch: aumento de la vibración de las costillas por la percusión fuerte con la mano derecha, estando aplicada firmemente la izquierda en el tórax, debajo del pezón; signo de derrame pleural.
Signo de Kelly: si se comprime el uréter con pinzas de forcipresión, se contrae como un gusano.
Signo de Kerandel: hiperestesia retardada en la tripanosomiasis africana, en la que el dolor es sentido a los minutos después de una presión o un golpe ligero.
Signo de Kergaradec: soplo uterino.
Signo de Kerning: Signo debido a la hipertonía muscular provocada por la meningitis, que se hace evidente por el dolor o resistencia a la extensión completa de las rodillas estando los muslos en ángulo recto con el cuerpo.
Signo de Kerr: alteración de la contextura de la piel por debajo del nivel somático en las lesiones de la medula espinal.
Signo de Kirmisson: línea transversal equimótica en el pliegue del codo en la fractura del extremo inferior del húmero, con desplazamiento del fragmento superior hacia delante.
Signo de Klippel-Weil: Flexión y aducción del pulgar al extender rápidamente por el examinador los dedos flexionados del paciente; indicio de lesión de la vía piramidal.
Signo de Kluge: coloración azul de la mucosa vaginal en el embarazo.
Signo de Kocher: en el hipertiroidismo, al ordenar al paciente que mire hacia arriba, los globos oculares siguen con retraso la elevación de los párpados, por asincronismo oculopalpebral.
Signo de Koplik-Filatov: aparición en la mucosa de las mejillas de pequeñas manchas rojas, centradas por un puntito blanquecino, en el periodo prodrómico del sarampión.
Signo de Korányi: en el derrame pleural hay hipofonesis del segmento dorsal por la percusión directa de las apófisis de las vértebrasdorsales
Signo de Krause: la tensión intraocular se halla aumentada en la intoxicación por la atropina y disminuida en el coma diabético.

Signo de Krisowski: líneas cicatrizales que irradian desde la boca en la sífilis hereditaria.
Signo de Kuelmass: intertrigo retroauricular, signo de alergia latente en los niños.
Signo de Kussmaul: repleción de las venas yugulares en la inspiración, observada en la mediastinopericarditis y en los tumores mediastínicos.
Signo de Küstner: tumor quístico en la línea media anterior del útero, en los dermoides del ovario. Si un tumor ovárico es del lado izquierdo la torsión del pedículo se realiza hacia el lado derecho; si el tumor es del lado derecho la torsión es hacia el lado izquierdo.
Signo de la ceja: desaparición del pelo de la mitad externa de las cejas en el hipotiroidismo
Signo de la escalera: dificultad que experimentan los enfermos de ataxia locomoriz de bajar las escaleras; signo descrito por Fourier como uno de los primeros síntomas de aquella enfermedad.
Signo de la fontanela: abultamiento constante de la fontanela anterior en los niños con infecciones meníngeas agudas o aumento de la presión intracraneal
Signo de la plomada: en los derrames pleurales considerables el abombamiento del hemitórax arrastra el apéndice xifoides y lo desvía lateralmente.
Signo de la prensión formada del pie: flexión plantar de los dedos del pie como resultado de estimulación plantar en las lesiones del lóbulo frontal.
Signo de Labougle: desdoblamiento del primer ruido del corazón, como indicio de astenia cardíaca en individuos sanos.
Signo de Ladin: signo del embarazo, caracterizado por la presencia de un área circular elástica, que da sensación de fluctuación a la palpación, situada en la cara anterior y en la línea media del útero en la zona de unión del cuerpo con el cérvix; esta zona aumenta en extensión a medida que progresa el embarazo.
Signo de Laennec: presencia de masas gelatinosas redondeadas en el esputo del asma bronquial.
Signo de Lafora: cosquilleo de la nariz, considerado como signo precoz de meningitis cerebrospinal.
Signo de Lagoria: relajación de los músculos extensores del muslo en la fractura intracapsular del cuello del fémur.
Signo de Lancini: en el corazón extremadamente debilitado, los latidos se perciben en forma de temblor.
Signo de Landolfi: contracción sistólica y dilatación diastólica de la pupila, observada en la insuficiencia aórtica.
Signo de Landou: imposibilidad de coger el útero por la palpación bimanual cuando existe una ligera ascitis.
Signo de Larcher: Manchas grises nebulosas de la conjuntiva, que se ennegrecen rápidamente; signo de muerte.
Signo de Larrey: dolor intenso en la sínfisis sacroilíaca, que perciben al sentarse bruscamente sobre un plano resistente los pacientes de sacrocoxalgia
Signo de Lasegue: en la ciática, la flexión del miembro inferior extendido sobre la cadera es dolorosa, pero si está doblada la rodilla, la flexión es fácil; signo que distingue la ciática de las afecciones articulares.
Signo de Laubry-Routier-Vanbogaert: anisorritmia y adición de un tercer ruido en la diástole en la taquicardia auricular.
Signo de Laugier: igualdad de nivel entre las apófisis estiloides de cúbito y radio, en las fracturas del extremo inferior del radio.
Signo de Legendre: en la hemiplejía facial, la resistencia del párpado a dejarse levantar por el dedo examinador es mayor en el lado sano.
Signo de Leichenstern: en la meningitis cerebrospinal, golpeando ligeramente cualquier hueso de los miembros el paciente se estremece súbitamente.

Signo de Lennhoff: surco que se forma en la inspiración profunda, debajo de la última costilla y encima de un quiste equinococo del hígado.

Signo de Leotta: la compresión con los dedos de la mano aplicada en el cuadrante abdominal superior derecho produce dolor si hay adherencias entre el colon y la vesícula biliar o el hígado.

Signo de Leri: la flexión pasiva de la mano y muñeca del lado afecto en la hemiplejía no produce flexión normal del codo.

Signo de Leriche: en la tromboangitis obliterante los pacientes no pueden, en posición sentada, mantener más de 5 min las piernas cruzadas sobre las rodillas.

Signo de Leser-Trelat: aparición súbita y rápidamente progresiva de telangiectasias y manchas pigmentadas que pueden indicar la existencia de neoplasia abdominal en un sujeto mayor. Puede tomar la forma de una acantosis nigricans, dermatomiositis, amiloidosis o queratosis senil.

Signo de Lesieur: disminución de la resonancia en la porción inferior derecha del tórax en la fiebre tifoidea.

Signo de Lesiuer-Privey: la presencia de albúmina en los esputos es signo de inflamación pulmonar.

Signo de Levasseur: extravasación nula de sangre por medio de las ventosas escarificadas; signo de muerte.

Signo de Levine: Señalar con toda la mano la región esternal en lugar de apuntar con el índice una región inframamaria para describir el dolor debido a una angina de pecho.

Signo de Lévi-Rothschild: escasez de pelos en la porción externa de la ceja en el hipotiroidismo.

Signo de Lhermitte: descarga nerviosa que recorre el raquis de arriba abajo prolongándose hacia las extremidades inferiores, provocada por la flexión del cuello, y que traduce una patología de los cordones posteriores (sea por su desmielinización, sea por su compresión).

Signo de Lian: sonido de percusión semejante a un eco sobre un quiste hidatídico.

Signo de Libman: Sensibilidad normal a la presión en el ángulo de la mandíbula, sobre la apófisis estiloides; la falta de esta sensibilidad indica hiposensibilidad, que se debe tener en cuenta en la apreciación de ciertos síndromes: angina de pecho.

Signo de Lincoln: Se debe a una hiperpulsatilidad de la arteria poplítea que se observa con las piernas cruzadas.

Signo de Lichtheim: en la afasia subcortical, aunque el paciente no pueda hablar, le es posible indicar con los dedos el número de sílabas de la palabra que tiene en el pensamiento.

Signo de Livierato: vasoconstricción por la excitación del simpático abdominal producida por golpes rápidos en la pared anterior del abdomen a lo largo de la línea xifoumbilical. Signo de hipotonía en el que hay ampliación de la zona correspondiente al corazón derecho al pasar de la posición decúbito a la de pie. También llamado signo abdominocardiaco.

Signo de Lloyd: la percusión profunda del riñón produce dolor, aunque no lo produzca la presión del mismo; signo de cálculo renal.

Signo de Lockwood: el examinador palpa la fosa ilíaca derecha en el punto de Mac Burney con los tres últimos dedos de la mano izquierda; si percibe el paso de flatulencias y este paso se repite a menudo después de una espera de 1 min o más, el paciente padece apendicitis crónica o adherencias próximas al apéndice.

Signo de Loewenberg: dolor intenso en la pantorrilla a la presión del esfigmomanómetro, por debajo de 180 mm, en la flebitis.

Signo de Lombardi: aparición de venas varicosas en la región de las apófisis espinosas de las vértebras CVII y primeras dorsales, observado en los primeros tiempos de la tuberculosis pulmonar.

Signo de Lorenz: rigidez de la columna vertebral, especialmente en las regiones dorsal y lumbar, en la tuberculosis incipiente

Signo de Love: se insertan dos agujas en el conducto vertebral, una en la región lumbar y otra en la caudal. A la primera se ajusta un manómetro y por la segunda se inyectan de 1 a 2 ml de solución de procaína al 2 %. Normalmente la inyección produce un ligero dolor, que desaparece al difundirse el líquido, y eleva la cifra manométrica. Si el dolor persiste violento y no hay aumento de la presión, hay obstrucción de una o más raíces caudales.

Signo de Lowy: notable dilatación de la pupila, por la instilación de adrenalina en el saco conjuntival, observada en la insuficiencia pancreática

Signo de Lucas: distensión del abdomen en los primeros periodos del raquitismo

Signo de Lucatello: en el hipertiroidismo, la temperatura axilar excede a la bucal en 2 o 3 décimas de grado.

Signo de Ludloff: tumefacción y equimosis en la base del triángulo de Scarpa, con imposibilidad de levantar el muslo en la posición sentada, en la separación traumática de la epífisis del trocánter mayor.

Signo de Lust: abducción con flexión del pie al golpear el nervio poplíteo externo debajo de la cabeza del peroné, observada en la espasmofilia.

Signo de Mac Clintock: si una hora o más después del parto el pulso excede de 100, señala una hemorragia.

Signo de Macewen: por la percusión de la eminencia parietal se produce una resonancia mayor que en estado sano en el hidrocéfalo interno y en los abscesos cerebrales.

Signo de Madelung: en la peritonitis purulenta existe un notable aumento de la temperatura rectal sobre la axilar.

Signo de Magendie-Hertwig: desviación ocular en la que un ojo se dirige más arriba que el otro.

Signo de Magnan: sensación de cuerpos extraños debajo de la piel, observada en los cocainómanos.

Signo de Magnus: después de la muerte, la constricción de un miembro o de uno de sus segmentos, no va seguida de congestión venosa distal.

Signo de Mahler: aumento rápido del número de las pulsaciones, sin elevación correspondiente de la temperatura, observado en la trombosis.

Signo de Maisonneuve: hiperextensibilidad notable de la mano; signo de la fractura de Colles.

Signo de Mangeldorf: Dilatación aguda del estómago en la hemicránea ya veces en las crisis epilépticas.

Signo de Mann: disminución de la resistencia del cuero cabelludo a la corriente eléctrica continua, observada en ciertas neurosis traumáticas. En el bocio exoftálmico los ojos no parecen estar en la misma línea horizontal.

Signo de Mannaberg: acentuación del segundo ruido cardiaco en las afecciones abdominales, especialmente en la apendicitis.

Signo de Mannkopf: aumento en la frecuencia del pulso por la presión de una región dolorosa; signo que no existe en el dolor simulado.

Signo de Marañon: La fricción de la región tiroidea en los hipertiroideos con un objeto obtuso provoca un enrojecimiento persistente.

Signo de Marfan: Un triángulo rojo en la punta de una lengua saburral es indicio de fiebre tifoidea.

Signo de Marie-Foix: movimiento de retirada de la pierna por la presión transversa del tarso o la flexión forzada de los dedos del pie, aun cuando la pierna sea incapaz de movimientos voluntarios.

Signo de Marinesco: mano edematosa azul y fría con lividez de la piel observada en lesiones neurológicas como la siringomielia.
Signo de Markle: el paciente en pie con las rodillas rectas se pone de puntillas y entonces se apoya bruscamente sobre sus talones lo que provoca un choque en el organismo. El signo es positivo si se produce dolor abdominal. Es característico de la irritación peritoneal y de la apendicitis.
Signo de Martoren: Red arteriolar arteriográfica, muy abundante, fina, flexuosa, junto a las obliteraciones tronculares múltiples y distales.
Signo de Masini: extensión dorsal notable de los dedos en los niños de mentalidad inestable.
Signo de Mastin: dolor en la región clavicular en la apendicitis aguda.
Signo de Mathieu: en la obstrucción intestinal completa se nota un ruido de bazuqueo por la percusión rápida de la región periumbilical.
Signo de May: en el glaucoma, la instilación de una gota de solución de adrenalina produce dilata ción de la pupila.
Signo de Mayne: Disminución de la PAD (presión arterial diastólica) mayor a 15 mmHg tomada con el brazo elevado respecto el valor obtenido con el brazo en posición estándar.
Signo de Mayo: relajación de los músculos del maxilar inferior, signo de anestesia profunda.
Signo de Mayor: ruido del corazón fetal en el embarazo.
Signo de McBurney: inflamación y endurecimiento de los tejidos por debajo del punto de McBurney. Puede significar una apendicitis.
Signo de Means: un signo de la orbitopatía de Graves. El examinador coloca una mano al nivel de los ojos de paciente y la sube: los párpados superiores del paciente suben más deprisa que los globos oculares. También se denomina signo de Kocher.
Signo de Mee: rayas o estrías horizontales en la uñas.
Signo de Meltzer: en la apendicitis crónica se produce dolor por la compresión del punto de Mac Burney, al mismo tiempo que se levanta el miembro inferior derecho con la rodilla en extensión.
Signo de Mendel: pequeña porción en el epigastrio, de unos 3 cm de diámetro, sensible a la percusión; signo de úlcera gástrica o duodenal.
Signo de Mendel-Bechterev: flexión de los dedos pequeños del pie por la percusión con un martillo de la cara dorsal del cuboides.
Signo de Mendelsohn: signo de astenia cardíaca, que consiste en la inestabilidad del pulso después de un esfuerzo muscular.
Signo del menisco: aspecto radioscópico especial del cráter del ulcus de la pequeña curvatura gástrica.
Signo de Meunier: pérdida diaria de peso en el sarampión después del período de incubación y antes del de erupción.
Signo de Meyer: Hormigueo en las manos y pies en el período eruptivo de la escarlatina.
Signo de Michaelis: temperatura subfebril después del parto o de una operación, sin causa aparente, como signo precursor de trombosis o embolia.
Signo de Michelon-Weiss: en la otitis media asociada con tuberculosis pulmonar, el paciente puede percibir con su oído afecto sus propios ruidos respiratorios.
Signo de Milian: en las inflamaciones subcutáneas de la cabeza y la cara no se afectan las orejas, y sí, en cambio, en las enfermedades cutáneas.
Signo de Minor: el paciente de ciática, para ponerse de pie estando sentado se apoya sobre el miembro sano, coloca una mano sobre el lomo y flexiona la pierna afecta.

Signo de Mirchamps: en la parotiditis, la aplicación de una sustancia sápida, como el vinagre, sobre la lengua, provoca una secreción refleja dolorosa en la parótida.
Signo de Mobius: imposibilidad de mantener en convergencia los globos oculares en el bocio exoftálmico, debido a insuficiencia de los músculos rectos internos.
Signo de Monteverde: falta de reacción a la inyección subcutánea de amoniaco; signo de muerte.
Signo de Morquio: En la poliomielitis epidémica, el paciente acostado resiste todas las tentativas para hacerle adoptar la posición sentada si no se le flexionan pasivamente las piernas.
Signo de Morris: la presión sobre el punto de Morris es dolorosa en la apendicitis.
Signo de Mortola: la intensidad del dolor provocado por el pellizcamiento de la pared abdominal relajada indica el grado de inflamación intraabdominal.
Signo de Moskowicz: signo de gangrena vascular, que consiste en el retardo de la aparición del color rosado en la piel de un miembro después de unos minutos de compresión elástica en la base del mismo, en comparación con el miembro sano
Signo de Moutard-Martin: en los casos de ciática se provoca un dolor en el miembro afecto cuando se dobla fuertemente la pierna opuesta.
Signo de Mulder: dolor a la presión transversal de la parte delantera del pie. Suele revelar la presencia de un neuroma de Morton.
Signo de Müller: en la insuficiencia de la aorta se observa la pulsación de la úvula y el enrojecimiento de las amígdalas y velo del paladar sincrónicamente con la acción cardíaca.
Signo de Murat: en la tuberculosis incipiente, el paciente cuando habla en voz alta siente la vibración torácica del lado afecto, de modo que le molesta y procura moderarla aplicando el brazo al pecho.
Signo de Murphy: en las afecciones de la vesícula biliar, el paciente no puede hacer una inspiración profunda si el médico tiene introducidos los dedos en forma de gancho por debajo del borde anterior del hígado.
Signo de Murphy II: reblandecimiento en el ángulo costo-vertebral en casos de abscesos perinefríticos.
Signo de Musset: pequeñas sacudidas rítmicas de la cabeza sincrónicas con los latidos cardiacos en los casos de aneurisma o insuficiencia aórtica.
Signo de Myer: hormigueo y entorpecimiento de las manos en la escarlatina.
Signo de Naclerio: presencia de bandas radiolucentes de aire que forman una letra V detrás del corazón en el neumomediastino. Es un signo típico de la perforación esofágica.
Signo de Naffziger-Jones: la compresión enérgica de las yugulares durante breves minutos hasta que la cara se congestione produce un aumento de la presión del líquido cefalorraquídeo y la aparición de dolor. Tiene un valor casi absoluto en la ciática radicular.
Signo de Nathan: los cuadros anémicos o hemorrágicos en los pacientes sometidos a anticoagulantes pueden revelar tumores ocultos y no ser necesariamente una manifestación yatrógena.
Signo de Naunyn: en la colecistitis, la introducción de los dedos debajo del arco costal, entre el epigastrio y el hipocondrio, provoca un dolor profundo.
Signo de Negro: en la parálisis facial periférica, el globo ocular del lado afecto sube más que el otro al mirar el paciente hacia arriba.
Signo de Neri: en la hemiplejía orgánica, estando el paciente en decúbito dorsal se flexiona espontáneamente la rodilla del lado afecto cuando se levanta pasivamente la pierna.

Signo de Nikolsky: desprendimiento de las capas de la piel, aparentemente sana, por efecto de la presión tangencial del dedo, con una ventosa o con un esparadrapo. Se observa en el pénfigo verdadero.
Signo de Nothnagel: en los casos de tumor del tálamo óptico se observa la parálisis de los músculos faciales, especialmente en los movimientos relacionados con las emociones.
Signo de Ober: estando el paciente en decúbito lateral izquierdo con el miembro inferior del mismo lado flexionado, el examinador sostiene el miembro inferior derecho en abducción y extensión; si al cesar bruscamente este sostén el miembro mantiene su posición en lugar de caer, hay contracción del tensor de la fascia lata.
Signo del Obturador: ampliación y cambio en el contorno del agujero obturador vistos en radiografía en los estados patológicos de la cadera.
Signo de Oefelein: estando el paciente en decúbito prono, se percuten los músculos de la espalda desde las vértebras D VII-XII: en la úlcera péptica se produce un reflejo unilateral en dichos músculos.
Signo de Okada: flexión lateral de la cabeza sobre el lado afecto y rotación hacia el opuesto (desviación del occipucio hacia el lado de la lesión) en los cerebelosos.
Signo de Oliver-Cardarelli: movimientos ríitmicos de la laringe y tráquea sincrónicos con los latidos cardiacos. Se pueden observar en la mediastinitis y en el aneurisma del cayado aórtico.
Signo de Oliver-Olshausen: en las jóvenes solteras los tumores situados delante del útero son generalmente quistes dermoides.
Signo de Ollow: Dolor al apretar la pantorrilla posterior. No funcionan del todo bien como valor pronóstico y no se incluyen en las reglas de predicción clínica que combinan las mejores conclusiones para diagnosticar TVP.
Signo de Oppenheim: en los estados espasmódicos de los miembros inferiores la percusión fuerte de arriba abajo de la cara interna de la pierna produce la contracción de los músculos extensores del pie y de los dedos.
Signo de Oppolzer: en la pericarditis serofibrinosa el latido de la funta varia de lugar se- gún la posición del paciente.
Signo del Orbicular: imposibilidad de cerrar el ojo del lado paralizado sin cerrar el otro en la hemiplejía.
Signo de Osiander: pulsación vaginal, signo precoz de embarazo.
Signo de Osler: tumefacción eritematosa, pequeña y dolorosa, de la piel de las manos en la endocarditis maligna.
Signo de Ott: sensación dolorosa de estiramiento dentro del abdomen en la apendicitis, estando el paciente en decúbito lateral izquierdo.
Signo del Ojo De Tigre: un signo de las imágenes de resonancia magnética del cerebro en T2 por el que se observa una señal hiperintensa debida a la necrosis, rodeada de una señal hipointensa (debida a los depósitos de hierro) en el globo pálido. Es una característica del síndrome de Hallervorden-Spatz
Signo de Pagnielli: dolor intenso a la presión en el IX espacio intercostal izquierdo, entre las líneas axilares media y posterior, en el paludismo.
Signo de Pardee: en el electrocardiograma de un sujeto curado de infarto miocardíaco, ligera elevación de las ondas R-T o S-T con una onda T agudamente negativa.
Signo de Parkinson: expresión facial inmóvil, como máscara, en la parálisis agitante.
Signo de Parrot: dilatación de la pupila por el pellizcamiento de la piel del cuello, observada en la meningitis.
Signo de Parrot II: nódulos óseos en la tabla externa los huesos de niños con sífilis congénita.

Signo de Pastia: dos o tres líneas transversales, de color rosa al principio de la escarlatina pero van oscureciendo en el pliegue del codo. También se conocen como Líneas de Pastia.
Signo de Patrick: dolor en la artritis de la cadera en la flexión, aducción, extensión y rotación.
Signo de Paul: debilidad del latido de la punta con impulso fuerte del resto del corazón, signo de adherencias pericardíacas.
Signo de Payr: Dolor a la presión en el lado interno del pie, signo de trombosis postoperatoria inminente.
Signo de Peaboby: consiste en un espasmo de poca intensidad de los músculos de la pantorrilla. Aparece en las tromboflebitis superficiales de la pantorrilla.
Signo de Pedro-Pons: en la espondilitis melitocócica, foco destructivo en el ángulo anterosuperior de una o más vértebras (principalmente lumbares).
Signo de Pemberton: Después de un minuto de la elevación de los brazos por arriba de la cabeza, este método pone de manifiesto un incremento de presión sobre el opérculo torácico manifestandose congestión de la cara, cianosis y finalmente disnea (útil en pacientes con bocio con extensión subesternal).
Signo de Pende: reflejo pilomotor por irritación de la piel; signo de hipoadrenia.
Signo de Pérez: ruido de roce percibido por la auscultación sobre el mango del esternón cuando el paciente levanta y baja los brazos; signo de tumor mediastínico o de aneurisma del cayado de la aorta.
Signo de Perret: dilatación de la pupila por pellizcamiento de la piel.
Signo de Perret y Devic: sinónimo de Signo de Pins (ver signo de Pins).
Signo de Perroncito: dolor a la presión en el duodeno y timpanismo de esta región, frecuente en la anquilostomiasis.
Signo de Petruschky: sensibilidad al tacto de las primeras vértebras dorsales en la adenopatía traqueobronquial.
Signo de Pfuhl: en los abscesos subfrénicos el líquido sale con mayor fuerza durante la inspiración y con menor fuerza en el caso de pioneumotórax.
Signo de Pilcz-Westphal: Constricción de las dos pupilas cuando el paciente se esfuerza en cerrar los párpados sujetos por el experimentador. Se consideró como un signo característico de neurosis o psicosis.
Signo de Pinard: dolor agudo a la presión sobre el fondo del útero; después de los seis meses del embarazo es un signo de presentación de nalgas.
Signo de Pinkus: linfocitosis relativa.
Signo de Pinós: ausencia de aire y movimientos peristálticos en la tuberosidad mayor del estómago en el megaesófago.
Signo de Pins: desaparición de los signos que simulan una pleuresía cuando el paciente se coloca en la posición genupectoral; signo de pericarditis. (sinónimo: signo de Perret y Devic).
Signo del pinzamiento del flanco de Piulachs: Con el pulgar sobre y dentro de la espina iliaca y los otros dedos en la fosa lumbar, se abarca el flanco del paciente. En caso de apendicitis se provoca dolor y defensa parietal que impide el cierre de la mano.
Signo de Piotrowski: la percusión del músculo tibial anterior produce la flexión y supinación del pie. La exageración de este reflejo indica una lesión orgánica del sistema nervioso central.
Signo de Piskacek: aumento asimétrico del cuerpo del útero; signo de embarazo.
Signo de Pitfield: en la ascitis libre, si estando el paciente sentado se percute sobre el cuadrado de los lomos, la mano aplicada a la pared abdominal anterior percibirá las vibraciones.
Signo de Pitfield II: en el derrame pleural, percutiendo sobre el área afecta las vibraciones se transmiten a la mano aplicada sobre el cuadrado de los lomos.

Signo de Pitres: analgesia a la presión del escroto y los testículos en la tabes dorsal.
Signo de Pitres II: en la parálisis facial la comisura labial se desvía y eleva en el lado sano.
Signo de Pitres III: desviación del esternón hacia el lado donde existe un derrame pleural; se comprueba extendiendo un cordel desde la horquilla hasta la sínfisis púbica.
Signo de Plummer: un signo de la enfermedad de Graves-Basedow. Incapacidad del paciente para mantenerse sentado en una silla debido a una miopatía tirotóxica.
Signo de Pool-Schleinger: espasmo de los músculos en la tetania, cuando se aplica un estímulo al plexo braquial o al ciático.
Signo de Potain: extensión de la zona de matidez en la dilatación de la aorta desde el mango del esternón al III cartílago costal derecho. Timbre metálico del segundo ruido en la aortitis.
Signo de Pottenger: rigidez muscular intercostal en las afecciones inflamatorias pulmonares y pleuráles.
Signo de Prat: rigidez muscular como signo de gangrena o necrosis en las heridas e indicación de la operación.
Signo de Prehn: la elevación y sostenimiento del escroto alivia el dolor de la epididimitis, pero no el de la torsión del testículo.
Signo de Prevel: aceleración de los latidos cardiacos cuando el individuo pasa de la posición echada a la de pie.
Signo de Prevost: desviación conjugada de la cabeza y ojos hacia el lado afecto en la hemiplejía.
Signo de Priewalsky: disminución de la capacidad de sostener levantada la pierna derecha en la apendicitis.
Signo de Proust: tambien denominado signo o grito de Douglas. Grito agudo prolondado que profieren algunas pacientes al manipular el saco de Douglas, en particular cuando se ha producido una hemorragia o un embarazo ectópico.
Signo de Putonam: alargamiento de la pierna en la coxalgia histérica, atribuido al alcoholismo.
Signo del Pulgar: en la contractura hemipléjica se dobla espontáneamente el pulgar al extender los otros dedos, signo que no se observa en la hemicontractura histérica
Signo de Quant: depresión en forma de T en el hueso occipital; observado a veces en el raquitismo.
Signo de Queckenstedt: la compresión de las venas del cuello produce aumento de la presión del líquido cefalorraquídeo en el individuo normal, aumento que desaparece al cesar la compresión; pero si por cualquier causa hay bloqueo del conducto espinal, la compresión de las venas no produce ningún efecto
Signo de Quenu-Muret: se comprime la arteria principal de un miembro en el aneurisma y se punciona el miembro en la periferia; la salida de sangre indica el establecimiento de la circulación colateral.
Signo de Quincke: pulsación rítmica del lecho ungüeal, que se observa al comprimir levemente la uña.
Signo de Quinquaud: temblor de los dedos estando la mano en semipronación y con los dedos bien separados unos de otros; signo atribuído al alcoholismo.
Signo de Radovici: la irritación de la eminencia tenar con un alfiler produce contracción muscular de la barbilla; la ausencia de este reflejo en un lado y su persistencia en el otro indica una parálisis periférica del facial; su exageración en el lado afecto indica que la lesión es central.

Signo de Railsuch-Doch: imágenes radiológicas erosivas en el borde superior de las costillas, debido a la compresión por las arterias intercostales dilatadas en la coartación de la aorta.
Signo de Raimiste: si a un paciente parético se le levantan el brazo y la mano, ésta se flexiona inmediatamente en cuanto no se sostiene.
Signo de Ramond: rigidez de los erectores del raquis en la pleuresía con derrame, rigidez que desaparece si el derrame se vuelve purulento.
Signo de Randall: en la mujer embarazada, la reacción exagerada en la inmersión de los brazos en agua fría señala la posibilidad de toxemia.
Signo de Rasch: fluctuación del líquido amniótico al principio del embarazo.
Signo de Reder: punto doloroso por encima ya la derecha del esfínter de O'Beirne, observado en la apendicitis.
Signo de Rees: la contracción del músculo pectoral mayor inmoviliza los tumores malignos de la mama fijados en la aponeurosis pectoral.
Signo de Remak: doble sensación producida por una aguja en la tabes dorsal.
Signo de Remlinger: dificultad de sacar la lengua y temblor de ésta cuando está fuera en la fiebre tifoidea.
Signo de Reusner: pulsación más fuerte de las arterias uterinas, perceptible en el fondo de saco de Douglas, desde el cuarto mes de embarazo.
Signo de Reviet: menor depresión unilateral de la fosa supraclavicular durante la inspiración.
Signo de Revilliod: imposibilidad de cerrar aisladamente el ojo del lado afecto en la parálisis del nervio facial superior.
Signo de Richardson: aplicación de una venda apretada al brazo como prueba de muerte, que en este caso no da lugar a la repleción de las venas periféricas
Signo de Rihet-Nette: contracción de los aductores de! muslo derecho en la apendicitis.
Signo de Riesman: en el bocio exoftálmico se oye ruido con el estetoscopio aplicado sobre el ojo.
Signo de Riesman II: en las afecciones de la vesícula biliar, la percusión del músculo recto con el borde cubital de la mano mientras el paciente mantiene suspendida la respiración produce un dolor agudo.
Signo de Riess: en algunos casos de pericarditis adhesiva, la auscultación sobre el estómago permite percibir los ruidos cardiacos con un timbre elevado y metálico.
Signo de Riault: la presión externa sobre el ojo durante la vida produce solamente una alteración temporal en la forma normal de la pupila; pero después de la muerte el cambio puede ser permanente.
Signo de Risquez: presencia del pigmento libre en la sangre circulante en el paludismo.
Signo de Riviere: zona de percusión mate en la espalda a la altura de las apófisis espinosas de las vértebras DV, VI y VII; signo de tuberculosis pulmonar
Signo de Robertson: aparición de maculopápulas rojizas en el tronco en la degeneración del miocardio
Signo de Rockley: colocadas verticalmente dos reglas en el borde externo de las órbitas, desde la prominencia del pómulo, la depresión de éste si existe, se hace evidente.
Signo de Roche: en la torsión del testículo no es posible distinguir el epidídimo
Signo de Romaña: oftalmía unilateral en la enfermedad de Chagas.
Signo de Romberg: vacilación del cuerpo estando el paciente con los pies juntos y los ojos cerrados; signo de ataxia locomotriz.
Signo de Romberg-Howship: dolores lancinantes en la pierna en la hernia obturatriz estrangulada.
Signo de Rommelaere: proporción anormalmente escasa de fosfatos y cloruro de sodio en la orina en la caquexia cancerosa.

Signo de Roque: dilatación unilateral de la pupila y elevación del párpado superior por la compresión de la cadena simpática cervical por una lesión tuberculosa del vértice pulmonar
Signo de Rosenbach: falta de reflejo abominal en la hemiplejia orgánica. Higado pulsátil en la Insuficiencia aórtica.
Signo de Rosenbach II: temblor de los párpados en el bocio exoftálmico.
Signo de Rosenbach III: imposibilidad para los neurasténicos de cerrar inmediatamente los ojos cuando se les indica hacerlo
Signo de Rosenheim: ruido de roce en el hipocondrio izquierdo; sigo de perigastritis.
Signo de Rosenthal: Dolor urente y penetrante producido por la aplicación de una corriente farádica a la columna vertebral; signo de espondilitis.
Signo de Roser-Braun: falta de pulsación dural; signo de absceso o tumor cerebral
Signo de Rössler: hipersensibilidad plantar, signo de trombosis
Signo de Rossolimo: flexión de los dedos de! pie por percusión de su cara plantar en el surco metacarpofalángico. Indica una lesión piramidal
Signo de Rotch: matidez a la percusión en el V espacio intercostal derecho; signo de derrame pericardiaco.
Signo de Rothschild: aplanamiento y movilidad del ángulo del esternón, observados en la tisis.
Signo de Rothschild II: escasez de pelos en el tercio externo de las cejas en la insuficiencia tiroidea.
Signo de Roussel: dolor agudo por la percusión ligera en la región subclavicular entre la clavícula y la IV costilla; signo de tuberculosis incipiente.
Signo de Roux: sensación de resistencia blanda por la palpación del ciego vacío en la apendicitis supurada.
Signo de Rovighi: estremecimiento percibido por la percusión y palpación de un quiste hidatídico superficial del hígado.
Signo de Rovsing: la presión en el lado izquierdo sobre un punto correspondiente al de MacBurney en el derecho, despierta el dolor en este punto en los casos de apendicitis, pero no en otras afecciones abdominales
Signo de Ruault: disminución de la amplitud respiratoria de un vértice pulmonar en la tuberculosis incipiente.
Signo de Ruggeri: aceleración del pulso despues de una fuerte convergencia de los globos oculares hacia un objeto muy próximo a los ojos. Revela una excitabilidad simpática
Signo de Rumpel-Leede: aparición de pequeñas hemorragias en la parte superior del brazo por la presión no muy fuerte de una venda de goma durante 10 min.
Signo de Rumpf: contracciones tónicas y fibrilares alternativamente después de la cesación de una faradización enérgica; observado en las neurosis traumáticas.
Signo de Rust: en la caries o afecciones malignas de las vértebras cervicales, el paciente sostiene la cabeza con sus manos cuando mueve el cuerpo.
Signo de Stranski: Sucedaneo de Babiski. se separa o abduce el 5º dedo del pie, la respuesta esperada es la extensión del primer dedo.
Signo del Suspiro: necesidad de efectuar periódicamente suspiros seguidos de respiraciones superficiales, en los sujetos vagotónicos emotivos
Signo de Tansini: en el cáncer del píloro el abdomen está hundido, a no ser que exista metástasis en el intestino, y en este caso el abdomen es prominente.
Signo de Tarnier: desaparición del ángulo entre los segmentos uterinos superior e inferior, en el embarazo; signo de aborto próximo e inevitable.
Signo de Tay: manchita roja que se observa en ambas retinas, en la región de la mancha amarilla, en la idiocia amaurótica familiar.

Signo de Tellais: pigmentación del párpado en el bocio exoftálmico.
Signo de Ten-Horn: hay que sospechar la apendicitis si la tracción moderada del cordón espermático derecho produce dolor.
Signo de Testivin: fenómeno que al parecer ocurre durante la incubación de las enfermedades infecciosas: en la orina exenta de albúmina y tratada ccn un ácido y luego con el tercio de su volumen de éter se forma una película semejante al colodión.
Signo de Theimich: protrusión de los labios suscitada por ligeros golpes en el orbicular de los mismos.
Signo de Thomas: lordosis compensatoria de una flexión de la cadera.
Signo de Thomayer: en las inflamaciones peritoneales el mesenterio se contrae y arrastra los intestinos hacia la derecha; de ahí que estando el paciente en posición supina el lado derecho sea timpánico y mate el izquierdo.
Signo de Thorton: dolor intenso en la región de los costados en la litiasis renal.
Signo de Tillaux: la presencia de una zona sonora a la percusión entre el pubis y un tumor abdominal está a favor de la naturaleza mesentérica del mismo.
Signo de Tinel: sensación de picadura en el extremo de un miembro cuando se percute sobre la sección de un nervio. Señala la regeneración incipiente de éste.
Signo de Toma: en la ascitis por inflamación peritoneal, cuando el paciente se halla en decúbito supino, la percusión del lado derecho del abdomen produce un sonido timpánico, y la del lado izquierdo, un sonido mate.
Signo de Tommasi: alopecia de las pantorrillas, casi exclusiva de adultos afectos de gota.
Signo de Tomopolsky: aparece en los procesos inflamatorios y degenerativos de la cadera, el enfermo no puede acostarse en decúbito ventral, a causa de la flexión permanente del muslo del lado enfermo; su posición entonces forma un arco descansando el cuerpo sobre la rodilla y el tórax.
Signo de Tournay: dilatación pupilar en el ojo en la abducción lateral extrema.
Signo de Traube: débil sonido doble percibido por la auscultación de la arteria femoral en la insuficiencia de la válvula aórtica.
Signo de Trélat: pequeñas manchas amarillas adyacentes a las úlceras tuberculosas de la boca.
Signo de Trendelenburg: un signo de dislocación congénita de la articulación de la cadera. Los síntomas son una insuficiencia estática de los músculos glúteos, doblándose la pelvis hacia arriba y sobresaliendo las nalgas. Al intentar restaurar el equilibrio, la marcha se hace cojeante moviéndose el cuerpo de un lado al otro. Este signo se observa en la enfermedad de Perthes (osteocondropatía deformante del coxis juvenil), la parálisis infantil de los músculos del glúteo, la fracturas antiguas de cuello del fémur y en la osteoartritis avanzada.
Signo de Tresllian: aspecto rojo del conducto de Stenon en la parotiditis.
Signo de Tressder: el decúbito prono alivia el dolor de la apendicitis.
Signo de Trimble: las lesiones pigmentadas alrededor de la boca son indicio de sífilis secundaria.
Signo de Tripier: fluctuación vibratoria de la pared torácica por percusión digital en los derrames abundantes de la pleura.
Signo de Troisier: engrosamiento de los ganglios linfáticos encima de la clavicula, signo de enfermedad maligna intraabdominal o tumor retrosternal.
Signo de Trömmer: en las afecciones del sistema piramidal, un golpe súbito en la uña del índice, el medio o el anular de la mano del lado afecto produce la flexión de la falange terminal del pulgar y de las dos últimas falanges de más de los otros dedos.
Signo de Trousseau: espasmo muscular por la presión de arterias y nervios, observado en la tetania.
Signo de Trousseau II: trombosis de las extremidades en el cáncer visceral.

Signo de Turgensen: estertor crepitante considerado como signo de pleuresía tuberculosa.
Signo de Turner: en la pancreatitis aguda hay decoloración de la piel en la espalda.
Signo de Turyn: en la ciática, la flexión dorsal del dedo gordo produce dolor en la región glútea.
Signo de Uhthoff: nistagmo en la esclerosis cerebrospinal múltiple. Déficit visual inducido por el ejercicio o por al aumento de la temperatura corporal.
Signo de Unschuld: tendencia a los calambres de las pantorrillas; signo precoz de la diabetes.
Signo de Uriolla: presencia de gránulos melaníferos en la orina de pacientes con paludismo grave.
Signo de van der Hoeve: ensanchamiento del punto de Mariotte en la inflamación de los senos nasales
Signo de Vanzetti: en la ciática, la pelvis es siempre horizontal a pesar de la escoliosis, pero en las demás lesiones con escoliosis la pelvis está inclinada.
Signo de Varela Fuentes-Irala: deformidad en la sombra radiográfica del músculo psoas en las afecciones agudas del mismo; la sombra es más ancha y de perfil convexo en lugar de recto.
Signo de Vedder: en el beriberi, una ligera presión en la pantorrilla produce dolor.
Signo de Vélez: inversión de la fórmula leucocitaria de Arneth en la tuberculosis pulmonar .
Signo de Velpeau: deformidad en dorso de tenedor en las fracturas del extremo inferior del radio.
Signo de Verco: estrías o manchas hemorrágicas en las manos y pies en el eritema nudoso.
Signo de Vermel: hipotensión con pulsaciones visibles de la arteria temporal del lado afecto en la cefalalgia unilateral.
Signo de Vigourou: disminución de la resistencia eléctrica de la piel en el bocio exoftálmico.
Signo de Villaret: flexión del dedo gordo del pie por la percusión del tendón de Aquiles, en la lesión del nervio ciático o de sus ramas.
Signo de Vincent: pérdida de la sensibilidad en la región inervada por el nervio dentario inferior, que se observa en casos de osteomielitis de la mandíbula que afecta dicho nervio.
Signo de Vipond: adenopatía generalizada durante el período de incubación de las fiebres eruptivas en los niños.
Signo de Volkovitsch: relajación notable de los músculos abdominales en la fosa ilíaca derecha en la apendicitis crónica recurrente.
Signo de Wachenheim-Reder: dolor por el tacto rectal en la región ileocecal en la apendicitis.
Signo de Wahl: meteorismo local o distensión por encima del punto de obstrucción en la oclusión intestinal.
Signo de Waldenström: desplazamiento superolateral positivo de la cabeza del fémur.
Signo de Wanner: acortamiento de la conducción ósea de un sonido que ocurre sin lesiones del laberinto y que indica una lesión intracraneana.
Signo de Waring-Gruffiths: palidez plúmbica de las mejillas, frialdad de la nariz y ojos semientornados y hundidos en la pancreatitis aguda.
Signo de Wartenberg: limitación o ausencia de los movimientos pendulares del brazo al andar en las afecciones cerebelosas.
Signo de Wartenberg II: sincinesia piramidal en la que se flexiona involuntariamente el pulgar al flexionar vigorosamente los otros cuatro dedos.

Signo de Warthin: ruidos pulmonares exagerados en los casos de pericarditis aguda.
Signo de Weber: parálisis del nervio motor ocular común de un lado y hemiplejía del otro lado.
Signo de Wegner: amputación y decoloración de la línea epifisaria en los niños que mueren de sífilis hereditarial.
Signo de Weill: falta de expansión de la región subclavicular del lado afecto en la neumonía infantil.
Signo de Weiss: contracción de los músculos faciales cuando se percute ligeramente el nervio facial en el ángulo orbitario externo, observado en la tetania, histerismo, etc.
Signo de Wenckenbach: cruzamiento de los perfiles torácicos en la inspiración profunda y en el descanso respiratorio; observado en la pericarditis adhesiva.
Signo de Wernicke: ausencia de respuesta a la luz directa en la parte ciega de la retina que tiene lugar en las hemianopsias que son causadas por una lesión del tracto óptico
Signo de Westermark: Area de vascularización y perfusión disminuída como consecuencia de una embolia pulmonar, acompañada de un ensanchamiento de la arteria pulmonar central del lado afectado. Se observa en el 2% de los casos.
Signo de Westphal: pérdida del reflejo rotuliano.
Signo de Westphal-Erb: la más importante anomalía de los reflejos observados en la tabes dorsales debido a una sífilis del sistema nervioso central
Signo de Westphal-Pilcz: constricción de ambas pupilas cuando se realiza un esfuerzo para cerrar los párpados mantenidos abiertos a la fuerza. Es un tipo de reacción pupilar que ha sido considerada ser característica de neurosis o psicosis.
Signo de Widowitz: prominencia de los globos oculares y movimientos perezosos de los párpados en la parálisis diftérica.
Signo de Wilder: signo precoz del bocio exoftálmico, ligera oscilación del globo ocular en los movimientos laterales.
Signo de Wilms: percepción de ruidos hidroaéreos, en caso de obstrucción intestinal, inmediatamente por encima del obstáculo.
Signo de Williams: resonancia timpánica oscura percibida en el II espacio intercostal en los derrames abundantes de la pleura.
Signo de Williams II: disminución de la expansión pulmonar en el lado afecto; signo de pericarditis adhesiva
Signo de Williamson: tensión sanguínea manifiestamente disminuida en la pierna, en comparación con el brazo del mismo lado, observada en el neumotórax y derrame pleural.
Signo de Wilson: la extensión de los brazos por encima de la cabeza hará que las palmas miren hacia afuera en la corea de Sydenham debido a la pronación de los antebrazos.
Signo de Wilson II: pupila excéntrica en las enfermedades neoencefálicas.
Signo de Wimberger: lesiones simétricas (metafisitis sifilíticas) en los aspectos medios de las terminaciones proximales de la tibia observadas en la sífilis congénita.
Signo de Wintrich: cambio de tono en el sonido de percusión, según la boca esté cerrada o abierta, signo de caverna pulmonar.
Signo de Wölfler: en el estómago en forma de reloj de arena, los líquidos pasan rápidamente, pero en un lavado consecutivo el agua arrastra sustancias alimenticias y otras.
Signo de Wood: en la anestesia profunda hay relajación del músculo orbicular, fijación del ojo y estrabismo divergente.
Signo de Woss: en la trombosis del seno lateral desaparece el soplo venoso percibido por auscultación del cuello en el lado afecto.

Signo de Wynter: falta de respiración abdominal en la peritonitis aguda.
Signo de Zaufal: nariz en forma de silla de montar.
Signo de Zeleny: gorgoteo de la fosa ilíaca izquierda durante todo el curso de la fiebre tifoidea
Signo de Zeri: sincronismo entre los latidos cardiacos y los movimientos respiratorios en la enfermedad de Adam-Stokes.
Signo de Zugsmith: matidez en la percusión del II espacio intercostal, a distancia variable del esternón, observada algunas veces en la úlcera y el cáncer de estómago.
Signo objetivo: el que puede ser percibido de un modo cualquiera por el médico.
Signo plantar combinado: desaparición simultánea del reflejo plantar cortical y el reflejo plantar espinal,
Signo subjetivo: Signo que sólo aprecia el enfermo, como el dolor o el vértigo.
Signo vital: cualquier evidencia de vida y funciones vitales como presión arterial, pulso, respiración, reacción al dolor, reflejos de la pupila, etc.
Sincinecia: Movimiento involuntario de una extremidad cuando se realiza el movimiento voluntario de la otra.
Síndrome: conjunto de síntomas y signos que se relacionan entre sí en determinadas enfermedades (p. ej., síndrome ictérico, síndrome anémico).
Síndrome auriculo temporal: ver síndrome de Frey.
Síndrome de Adams-Stokes: crisis neurológicas paroxísticas que se manifiestan por convulsiones y ataques sincopales, debidos a una insuficiencia circulatoria aguda por disminución del ritmo cardíaco, taquicardia ventricular o paro cardíaco. Otros síntomas incluyen pupilas fijas, incontinencia, signo de Babinski bilateral al reasumirse los latidos cardíacos y sofocos.
Síndrome de Adams-Victor-Mancal: un síndrome que afecta a ambos sexos, caracterizado por una debilidad progresiva de la cara y de la lengua, y dificultades del habla y de la deglución. Ocasionalmente se observan fenómenos seudobulbares y signo de Babinski postivo. Esta condición se observa en el alcoholismo y en algunas carencias nutricionales.
Síndrome de Addison-Schilder: enfermedad hereditaria que combina las características de la enfermedad de Addison y esclerosis cerebral. Los primeros síntomas consisten en dificultades en el aprendizaje, ataxia y convulsiones, a menudo asociadas a inestabilidad emocional. Se observa sobre todo en niños de 5 a 15 años. El cuadro clínico está dominado por la insuficiencia adrenal, con piel bronceada.
Síndrome de Addison-Gull: un desorden caracterizado por vitiligoides de la piel, ictericia crónica, esplenomegalia y hepatomegalia como consecuencia de una cirrosis biliar. También se denomina enfermedad de Rayer.
Síndrome de Achenbach: hematoma del tamaño de una moneda en el lado palmar de la mano, asociado a un dolor punzante y edema circunstrito. Más frecuente en las mujeres.
Síndrome de Angelman: Es una enfermedad neuro-genética caracterizada por un retraso en el desarrollo, una capacidad lingüística reducida o nula, escasa receptividad comunicativa, escasa coordinación motriz, con problemas de equilibrio y movimiento, ataxia, estado aparente permanente de alegría, con risas y sonrisas en todo momento, siendo fácilmente excitables, hipermotricidad, déficit de atención.
Síndrome antifosfolípido: el síndrome antifosfolípido (o síndrome del anticuerpo antifosfolípido) está definido por tromboembolismos recurrentes, pérdidas fetales repetidas y livedo reticularis en sujetos con anticuerpos anticardiolipina o niveles del anticoagulante lúpico elevados. Frecuentemente, estos pacientes tienen trombocitopenia y enfermedad valvular, y más frecuentemente insuficiencia de las válvulas aórtica y mitral.

Síndrome de Apert: Se hereda como un rasgo autosómico dominante, es causado por mutaciones en un gen llamado receptor 2 del factor de crecimiento de fibroblastos. Esta anomalía provoca craneosinostosis. Las personas pueden desarrollar membranas interdigitales completas o una fusión entre el segundo, tercer y cuarto dedos de la mano y de los pies.

Síndrome de Albright: nefropatía tubular evolutiva con poliuria, trastornos digestivos, orina alcalina en contraste con acidosis cutánea hiperclorémica y nefrocalcinosis con hipocalcemia. En niños pequeños, retraso de crecimiento, deshidratación aguda y raquitismo que ceden con la administración de álcalis.

Síndrome de Alport: es una enfermedad genética inflamatoria, en la que una alteración en la síntesis del colágeno afecta los riñones, oídos y ojos causando sordera y trastornos de la vista, incluyendo megalocórnea y cataratas.

Síndrome Argentafin: expresión sistémica de los tumores carcinoides secretores de serotonina que se manifiesta por enrojecimiento, diarrea, calambres, lesiones cutáneas que recuerdan a la pelagra, dificultad respiratoria, palpitaciones y valvulopatía, especialmente pulmonar.

Síndrome de Arnold Chiari: Malformacion congénita que desplaza el tronco cerebral y el cerebelo hacia el canal espinal, se ha restringido a los tipos I y II de Chiari -esto es la malformación cerebelobulbar sin o con mielomeningocele respectivamente. El tipo III no es más que un meningomielocele cervical alto u ocipitocervical con herniación tonsilar y el tipo IV consiste sólo en hipoplasia cerebelosa.

Síndrome de Asherman: Es la formación de adherencias intrauterinas (tejido cicatricial) que se desarrolla de manera característica después de una cirugía uterina, o infección pélvica severa como tuberculosis o esquistosomiasis.

Síndrome de Asperger: Se trata de una discapacidad social de aparición temprana, que conlleva una alteración en el procesamiento de la información. La persona que lo presenta tiene inteligencia normal o incluso superior a la media, presenta un estilo cognitivo particular y frecuentemente, habilidades especiales en áreas restringidas. En particular se encuentra perturbada la capacidad para reconocer intuitivamente las señales no verbales o paralingüísticas emitidas por otras personas y también para realizar lo equivalente enviando las propias

Síndrome de Astenia Crónica: síndrome de etiología desconocida, patogenia incierta y tratamiento decepcionante, caracterizado por cansancio o astenia de más de 6 meses de evolución con la exclusión de cualquier causa que pueda justificarlo. Otros síntomas son temperaturas entre 37,6 y 38,6 °C, molestias faríngeas, adenopatías axilares o cervicales, cansancio prolongado y generalizado tras un ejercicio (previamente bien tolerado), cefalea, trastornos del sueño y problemas neuropsicológicos (déficit de memoria, irritabilidad, incapacidad de concentración, depresión).

Síndrome de Axenfeld-Rieger: Es una enfermedad progresiva de herencia autosómica dominante que afecta el segmento anterior del ojo así como estructuras no oculares. Las alteraciones oculares consisten en anomalías periféricas de la córnea, el ángulo de la cámara anterior y el iris, normalmente bilaterales, aunque no siempre simétricas.Se ha relacionado genéticamente con el cromosoma 4q25.

Síndrome de Baillarger: ver síndrome de Frey.

Síndrome de Benedikt: Lesión ipsilateral del III nervio craneal, normalmente incluyendo midriasis. Movimientos anormales involuntarios contralaterales (hemicorea, temblor intencional, hemiatetosis)

Síndrome de Budd-Chiari: transtorno raro consistente en trombosis de venas suprahepaticas.

Síndrome de Claude-Bernard-Horner: ptosis palpebral, miosis, anhidrosis y enoftalmo por compromiso de ganglios simpáticos cervicales y torácicos altos (lo que más frecuentemente se presenta es la ptosis y la miosis).

Síndrome de Criggler-Najjar tipo 1: es un trastorno del metabolismo de una bilirrubina consistente en un déficit de la enzima UDP-glucuroniltransferasa (UGT) de forma TOTAL.
Síndrome de Criggler-Najjar tipo 2: es un trastorno del metabolismo de una bilirrubina consistente en un déficit de la enzima UDP-glucuroniltransferasa (UGT) de forma PARCIAL.
Síndrome de Dupuy: ver síndrome de Frey.
Sindrome de Frey: también conocido como síndrome de Baillarger, síndrome de Dupuy, síndrome auriculotemporal o síndrome de Frey-Baillarger es un síndrome relacionado con la ingesta, que puede ser congénito o adquirido, especialmente tras cirugía de la parótida. Los síntomas del síndrome de Frey son rubor y sudoración de la mejilla, en el área adyacente a la oreja. Pueden aparecer cuando la persona afectada come, ve, sueña, piensa o habla sobre ciertos tipos de comida que producen una fuerte salivación.El síndrome de Frey aparece a menudo como un efecto secundario de la cirugía de la glándula parótida, debido al daño del nervio auriculotemporal, rama colateral del nervio trigémino. Esta rama contiene fibras simpáticas que inervan las glándulas sudoríparas del cuero cabelludo y fibras parasimpáticas que inervan la parótida. Al dañar este nervio, y como resultado de una reparación defectuosa, las fibras pueden entrecruzarse de forma que el estímulo salival produzca sudor en lugar de la respuesta salival normal.
Síndrome de Frey-Baillarger: ver síndrome de Frey.
Sindrome de Gerstmann: Agrafia, acalculia, agnosia digital y confusión derecha-izquierda.
Sindrome de Gilbert: Enfermedad hereditaria que se manifiesta por niveles elevados de bilirrubina no conjugada o indirecta provocada por una deficiencia parcial de la enzima glucuroniltransferasa, por lo general es asintomátic, aparece en condiciones de estrés, esfuerzo, insomnio, ayuno, infecciones, etc.
Sindrome de Jaccoud: severa deformidad de las manos con desviación en cuello de cisne, con dolor ligero y adecuada función.
Sindrome de Horner: Ver Síndrome de Claude-Bernard-Horner.
Sindrome de Kearns-Sayre (SKS): Incluye tres criterios mayores como son el inicio de los síntomasantes de los 20 años, la oftalmoplejía progresiva y la retinitis pigmentaria. Una segunda tríada de síntomas son el bloqueo de la conducción cardíaca, síntomas cerebelosos y la elevación de las proteínas en el líquido cefalorraquídeo (superior a 100 mg/dl). Se han descrito formas plus con ataxia, retraso mental, sordera y signos piramidales, además de debilidad en los miembros, pubertad retrasada, estatura pequeña y endocrinopatías que incluyen la diabetes, el hipoparatiroidismo o la deficiencia aislada de la hormona de crecimiento.
Sindrome de Klippel-Trenaunay-Weber (SKTW): El defecto congénito que se diagnostica por la presencia de una combinación de estos síntomas (a menudo en aproximadamente ¼ del cuerpo, aunque algunos casos pueden presentar más o menos tejido afectado) son:1. Una o más manchas distintivas en vino de oporto con bordes bien definidos. 2. Venas varicosas. 3. La hipertrofia de los tejidos blandos y óseos, que pueden llevar a gigantismo locales o disminución. 4. Un mal desarrollo del sistema linfático.
Sindrome de Klüver-Bucy: Se presenta en personas con lesiones en lobulos temporales (bilaterales) mostrando conductas exploratorias orales o táctiles (tocamientos o succiones socialmente inapropiadas), hipersexualidad, bulimia, transtornos de la memoria, emociones planas (apacibilidad), astereognosia y prosopagnosia.
Sindrome de Lennox-Gastaut: Agrupa a un conjunto de epilepsias con caracteres comunes: Inicio en sujeto joven, crisis con sintomatología evocadora,

puntas-ondas lentas en el EEG muy particulares, evolución psíquica desfavorable y, por último, una temible resistencia al tratamiento.

Síndrome de Melas: asociación de intolerancia al ejercicio, cefalea, episodios que simulan un accidente vascular cerebral y crisis epilépticas generalizadas, además de pérdida de audición, estatura pequeña, hemiparesia, debilidad muscular y oftalmoparesia hasta en un 10% de casos

Síndrome de Merf: se caracteriza por la presencia de crisis convulsivas generalizadas, mioclonías, demencia, síndrome cerebeloso, sordera y alteración de la sensibilidad profunda; puede también incluir atrofia óptica y estatura pequeña.

Síndrome de Raab: asociación de obesidad, hemeralopía, retinosis pigmentaria y trastornos psíquicos.

Síndrome de Rabson-Mendenhall: un síndrome poco frecuente caracterizado por una elevada resistencia a la insulina, intermedio entre el leprechaunismo y el síndrome de tipo A. Entre los hallazgos clínicos se encuentran displasia dental, hiperplasia pineal y otras dismorfias. Suelen tener asociados otros síndromes presentes en la resistencia insulínica como acantosis nigricans, crecimiento abundante del cabello y de las uñas, seudopubertad e hiperplasia fálica. Se han identificado en varios casos mutaciones en el gen receptor insulínico (SNRI), un gen que se localiza en el 19p13.2, que implican ambos alelos. No se conoce la etiología de la hiperplasia pineal.

Síndrome de Raeder: neuralgia del V par y de las fibras simpáticas del plexo carotídeo cuya causa más frecuente es un meningioma o aneurisma carotídeo. Se manifiesta como cefalea y dolor en territorio trigeminal, hipertensión, epífora, hipotonía y miosis unilateral junto con discreto enoftalmos. Parálisis paratrigémina. Neuralgia paratrigeminal de Raeder.

Síndrome de Raynaud: crisis de palidez seguida de cianosis y luego rubicundez, que se presenta en los dedos de la mano, frecuentemente desencadenado por el frío.

Síndrome de Samter: Enfermedad en la que el paciente presenta alergia a aspirina y analgésicos derivados, desencadenando crisis asmática y obstrucción nasal, además de pólipos nasales.

Síndrome queloide de Addison: una enfermedad de la piel de la que existen cinco variantes en la que se producen manchas, línea o bandas rodeada de un halo púrpura. A medida que la enfermedad se desarrolla, el color cambia a marrón oscuro y las lesiones se vuelven más duras y dolorosas. Las lesiones pueden ser múltiples con un tamaño que oscila entre menos de 1 mm y varios centímetros. El factor precipitante es el trauma. Se asocia a migraña, artralgia, dolor abdominal y articular. Los negros son más susceptibles y es prevalente en las mujeres (3:1), apareciendo usualmente a partir de los 20 o 30 años. También puede aparecer durante el embarazo. También recibe el nombre de enfermedad de Alibert.

Singulto: corresponde al hipo.

Síntoma: manifestación de una alteración orgánica o funcional que sólo es capaz de apreciar el paciente (ej., el dolor).

Síntomas B: corresponde a la triada de fiebre inexplicable, sudoración nocturna, perdida de peso involuntario >10% o diarrea durante mas de 2 semanas.

Situs inverso: anormalidad en la que existe una inversión de las vísceras de modo que el corazón y el estómago se ubican en el lado derecho y el hígado, en el izquierdo.

Soplo de Austin Flint: Soplo mesodiastólico que llega hasta el final de la diastole, de mejor intensidad en focos de la punta, simula un soplo de estenosis mital, se ausculta mejor con la campana del fonendoscopio y con el paciente en decúbito lateral.

Soplo tubario o **respiración soplante**: auscultación de los ruidos traqueobronquiales en la superficie del tórax debido a condensación pulmonar con bronquios permeables.
Sopor: el paciente impresiona estar durmiendo. Si al estimularlo, despierta, pero no llega a la lucidez, y actúa como si estuviera obnubilado, respondiendo escasamente preguntas simples, se trata de un *sopor superficial*; al dejarlo tranquilo, el paciente vuelve a dormirse. Si es necesario aplicar estímulos dolorosos para lograr que abra los ojos o mueva las extremidades (respuesta de defensa), se trata de un *sopor profundo*.
Telangiectasia: dilatación de pequeños vasos sanguíneos visibles a ojo desnudo.
Telarquia: aparición de los primeros signos de desarrollo mamario.
Tenesmo: deseo de seguir evacuando (*tenesmo rectal* en una rectitis) o de tener micciones (*tenesmo vesical* en una cistitis), aunque ya se haya eliminado todo el contenido.
Tetraplejía: alteración o pérdida de la función sensitiva y/o motora de las 4 extremidades secundaria a daño a la médula espinal.
Tiempo de Inicio de deflexión intrinsecoide (TIDI): tiempo que transcurre del inicio del QRS a la cúspide de la R, si existe empastamiento el TIDI se prolonga.
Tiempo de Protrombina: Valora la via extrínseca que incluye los factores I, II, V, VII y X.
Tiempo de Trombloplastina parcial: valora defectos en la via intrínseca incluidos los factores I, II, V, VIII, IX, X, XII y XIII.
Tinnitus: zumbido de los oídos.
Tiraje: retracción del hueco supraesternal con cada inspiración en cuadros de obstrucción de las vías aéreas.
Tofos: nódulos por depósito de cristales de ácido úrico en la dermis y tejido subcutáneo que puede ocurrir en pacientes con gota.
Tonsilolito: cálculo o concreción en una amígdala.
Tríada abdominal: asociación en el mismo individuo de apendicitis, angiocolecistitis y úlcera gástrica.
Tríada adrenomedular: síntomas causados una un exceso de secreción de catecolaminas adrenomedulares: taquicardia, vasoconstricción y sudoración.
Tríada bucolinguomasticatoria: conjunto movimientos involuntarios de los labios, la lengua, la mandíbula y la cabeza que aparece en la discinesia tardía.
Tríada de Abascal: máculas hipercrómicas, acrómicas y cicatrices, patognomónicas de las toxicomanías crónicas.
Tríada de Abeshouse: molestias en un costado, y síntomas gastrointestinales y renales.
Tríada de Andersen: bronquiectasia, fibrosis quística y deficiencia de vitamina A.
Tríada de Beck: tres características de la compresión cardíaca aguda: presión venosa elevada; presión arterial disminuida; corazón pequeño lento.
Tríada de Bezold: conducción ósea retardada, disminución de la percepción de sonidos graves y prueba de Rinne negativa, indicativa de esclerosis del oído.
Tríada de Bradbury-Eggleston: 1. hipotensión ortostática. 2. Impotencia. 3. Anhidrosis. Es considerada como una de las dos condiciones responsables de la hipotensión ortostática primaria.
Tríada de Carney: desórdenes de caracter autosómico dominanta caracterizados por mixomas de los tejidos blandos, pigmentación punteada de la piel, y tumores de la glándula adrenal, pituitaria y testículo conjuntamente con schwannomasde los nervios periféricos. También recibe el nombre de complejo de Carney.
Tríada de Caroli: urticaria, fiebre y artralgias. Aparece en un 5-10 % de los enfermos hepatíticos agudos víricos, en su fase preictérica.

Tríada de Currarino: conjunto de malformaciones congénitas de la región anococcigea mas o menos graves con meningocele, teratoma, quistes y malformaciones rectales como estenosis o imperforación.
Tríada de Cushing: signos de presión intracraneal elevada: 1. Hipertensión. 2. Bradicardia. 3. Respiración irregular.
Tríada de Charcot: combinación de nistagmo, temblor intencional y lenguaje espasmódico habitual en la esclerosis en placas.
Tríada de Charcot: combinación de fiebre, ictericia y dolor característicos de la colangitis.
Tríada de Dieulafoy: hipersensibilidad de la piel, contracción muscular refleja o defensa muscular y dolor a la presión en el punto de Mac Burney; indicativa de apendicitis.
Tríada de Eisnlein: tríada formada por un cráneo en forma de torre debido a una osificación prematura de las suturas coronales, hipertrofia adenoidea y exoftalmia.
Tríada de Falta: páncreas, hígado y glándula tiroides son los tres órganos que cooperan a la producción de la diabetes mellitus.
Tríada de Franke: anomalías palatinas, desviación del tabique nasal y adenoides. Puede haber además, respiración por la boca, labios secos y susceptibilidad a la infección.
Tríada de Gallavardin: palpitaciones, disnea de esfuerzo y reacciones dolorosas diversas.
Tríada de Grancher: disminución del murmullo vesicular, resonancia escódica y aumento de las vibraciones vocales; indicativa de tuberculosis pulmonar incipiente.
Tríada de Herz: frenocardia, cardiastenia; estado morboso caracterizado por dolor precordial, trastornos respiratorios y palpitaciones cardíacas.
Tríada de Hutchinson: queratitis intersticial difusa, afección laberíntica y dientes de Hutchínson; indicativa de sífilis hereditaria.
Tríada de Kartagener: bronquiectasia y sinusitis en un indiviDuo portador de la anomalía situs inversus.
Tríada de Killian: dolor, fiebre y tumefacción del cuello, síntoma de mediastinitis.
Tríada de Luciani: astenia, atonía y astasia, los tres síntomas principales de las afecciones cerebelosas.
Tríada de Lewis: papula, eritema y prurito.
Tríada de Merseburgo: taquicardia, bocio y exoftalmía síntomas cardinales de la enfermedad de Basedow.
Tríada de Osler: telangiectasia, fragilidad capilar y diátesis hemorrágica que se observa en la telangiectasia hemorrágica hereditaria.
Tríada de Patel: dolor cólico intestinal, ictericia y hemorragia intestinal.
Tríada de Péan: se observa en los tumores quísticos del epiplón mayor. Consiste en: situación superficial del tumor; movilidad manual del tumor y falta o escasez de manifestaciones patológicas.
Tríada de Price: oligofrenia, delincuencia agresiva violenta y talla elevada.
Tríada de Saint: asociación de litiasis biliar, diverticulitis cólica y hernia del hiato.
Tríada de Samter: tríada de la aspirina, representada por alergia a la aspirina, pólipos y asma.
Tríada de Scherf: respiración de Cheyne-Stokes, ritmo de galope izquierdo y pulso alternante (signo grave de lesión miocárdica).
Tríada de Souques: 1. La elevación y extensión del brazo parético resulta en la extensión involuntaria de los dedos. 2. En el Parkinsonismo, el echar hacia atrás bruscamente la silla en la que esta sentado el paciente no hace que este extienda las piernas para mantener el equilibrio. 3. En el parkinsonismo puede

hacer un súbito empeoramiento si el paciente intenta andar o correr debido a una rigidez generalizada.
Tríada Villard: ictericia, fiebre y dolor en hipocondrio derecho. Afirma la infección de las vías biliares ocluidas a nivel del colédoco.
Tríada de Virchow: la patogenesis de la trombosis se debe a: 1) cambios en la pared de los vasos. 2) cambios en las características del flujo sanguíneo (volumen) y 3) cambios en los constituyentes de la sangre (hipercoagulabilidad).
Tríada de Whipple: tríada propuesta como definición de la hipoglucemia: 1) niveles bajos de glucosa en sangre. 2) síntomas de hipoglucemia simultáneos a los niveles bajos de glucosa en sangre. 3) alivio de los síntomas al corregir la hipoglucemia.
Tríada de Wunderlich: aparece en el hematoma perirrenal espontáneo. Consiste en dolor, shock y masa palpable en el flanco.
Tríada del cono retinal: el extremo de dos dendritas horizontales y de una célula central incluídas en una invaginación sináptica del pedículo del cono retinal.
Tríada del taponamiento cardíaco: hipertensión venosa, hipotensión arterial sistémica y corazón agrandado y quieto (ver triada de Beck).
Tríada infantil: tres tipos de conducta --incendiaria, enuresis y crueldad con los animales-- que pueden ser indicativos de una sociopatía incipiente cuando se producen de forma constante y combinada.
Tríada hepática: agrupamiento de las tributarias de la arteria y venas hepáticas y del conducto biliar en los ángulos de los lóbulos hepáticos.
Tríada patológica: combinación de tres síntomas de enfermedad respiratoria: broncospasmo, acumulación de secreciones y edema de la mucosa.
Tríada primaria: teoría de Beck de la depresión, en la que se producen tres patrones cognitivos principales que obligan al individuo a contemplarse a sí mismo, al entorno y al futuro de forma negativista.
Trombosis: formación de un coágulo en el lumen de un vaso (ej.: flebotrombosis).
Úlcera: solución de continuidad que compromete el dermis y los tejidos profundos; su reparación es mediante una cicatriz.
Uretrorragia: salida de sangre por la uretra, independiente de la micción.
Valgo: dirigido hacia fuera (ej. genu valgo).
Várice: dilatación permanente de una vena.
Varicocele: dilataciones varicosas de las venas del cordón espermático; es más frecuente de encontrar en el lado izquierdo.
Varo: dirigido hacia dentro (ej. genu varo).
Vasculitis: inflamación de vasos sanguíneos.
Vesículas, ampollas y bulas: son lesiones solevantadas que contienen líquido. Las más pequeñas son las vesículas; las ampollas tienen más de 1 cm de diámetro; las bulas alcanzan tamaños mayores.
Vómito: expulsión violenta por la boca de materias contenidas en el estómago.
Xantelasmas: formaciones solevantadas y amarillentas que se presentan en los párpados de algunos pacientes con trastornos del metabolismo del colesterol.
Xeroftalmía: condición en la que existe falta de lágrimas y el ojo se irrita.
Xerostomía: sequedad de la boca por falta de producción de saliva.

16.1 ABREVIATURAS

AAA	Aneurisma de aorta abdominal
AaDO2/Fi O2	Gradiente alveolo-arterial de O2/fracción inspiratoria de O2
ACTP	Angioplastia coronaria transluminal percutánea
AMA	Anticuerpos antimitocondriales.
ANA	Anticuerpos antinucleares
anti-LKM1	Anticuerpos microsomal anti hígado/riñón tipo 1;
AVC	Accidente vascular cerebral
BGNNF	Bacilo Gram negativo no fermentador
BIAP	Balón de contrapulsación intraaórtica
CRF	Capacidad residual funcional;
CID	Coagulación intravascular diseminada
CV	Capacidad vital
CIV	Comunicación interventricular
CVF	Capacidad vital forzada
DLCO	Capacidad de difusión en el pulmón para CO;
DEM	Disociación electro-mecánica;
E. neurológica:	Enfermedad neurológica.
EPI	Enfermedad intersticial pulmonar;
EPOC	Enfermedad pulmonar obstructiva crónica
FEV1	Volumen espiratorio forzado en el primer segundo.
FG:	Filtrado glomerular.
FiO2	Fracción inspiratoria de O2;
FR	frecuencia respiratoria
FRA	fracaso renal agudo
FRC	Fracaso renal crónico;
FV	Fibrilación ventricular
FVC	Capacidad vital forzada.
GCS	Escala de coma de Glasgow.
GOLD	Global Initiative for Chronic Obstructive Lung Disease
HTA	Hipertensión arterial;
HTP	Hipertensión pulmonar (pm: presión media);
HDA	Hemorragia digestiva alta
IAA	Insuficiencia aórtica aguda
IAM	Infarto agudo de miocardio.
ICC	Iinsuficiencia cardíaca congestiva;
I:E	Relación inspiración/espiración
IMA	Insuficiencia mitral aguda
IMC	Indice de Masa corporal.
Intervalo I-E	Intervalo ictericia-encefalopatía
LBA	Lavado broncoalveolar
LCR	Líquido cefalorraquideo
LDH	Láctico-deshidrogenasa
MP	Marcapasos
P(A–a)O2	Diferencia de presión alveolar–arterial de O2;
paO2	Presión arterial de O2
PCR	Parada cardio respiratoria
paCO	Ppresión arterial de CO2.
PEEP	Presión espiratoria positiva final.
PEFR	Pico de flujo espiratorio.
PTI:	Presión teleinspiratoria.
PTI	Púrpura trombocitopénica idiopática
QS/QT	Shunt arterio-venoso

RCP:	reanimación cardio respiratoria
SMA	Anticuerpos antimúsculo liso
SVB	Soporte vital básico
SVA	Soporte vital avanzado
T	Temperatura.
TAS	Presión arterial sistólica
TC	Tomografía computarizada;
Ti	Tiempo inspiratorio
Te	Tiempo espiratorio
TGO	Transaminasa glutámico-oxalacética
TGP	Transaminasa glutámico-pirúvica.
TV	Taquicardia ventricular
SDRA	Síndrome del distrés respiratorio del adulto
SNC:	Sistema nervioso central
TAS	Presión arterial sistólica
VA	Ventilación alveolar
VA	Válvula aórtica.
VEF1	Volumen espiratorio forzado en un segundo
VHA	Virus de la hepatitis A
VHB	Virus de la hepatitis B
VHD	Virus de la hepatitis D
VI	Ventrículo izquierdo
VM	Válvula mitral
VPP	Ventilación con presión positiva
VT	Válvula tricúspide